想象另一种可能

理
想
国
imaginist

VICTOR PAPANEK

DESIGN

为真实的世界设计

人类生态与社会变革

FOR THE

[美] 维克多·J.帕帕奈克　著　周博　译

REAL

WORLD

北京日报出版社

目 录

第一部分 设计处于什么状态

第二部分　设计能成为什么样

划时代的设计宣言

艾莉森·J.克拉克 (Alison J. Clarke)

维克多·帕帕奈克基金会主席

维也纳实用艺术大学教授

1971 年,《为真实的世界设计:人类生态与社会变革》的出版,把设计师和批评家维克多·J.帕帕奈克(Victor J. Papanek)推到了其职业生涯的顶点,他发出了 20 世纪末设计观念变革的最强音。作为有史以来读者最多且影响全球的设计著作之一,《为真实的世界设计》已经被翻译成了 20 多种语言。在工业设计领域,它高呼社会责任,改变了一代设计师。该书的影响遍及亚洲、美国、斯堪的纳维亚国家、西欧和东欧以及南半球,并推动了设计教育的革命。他最重要的思想是,认为具有批判思维和生态敏感性的用户自身才是设计实践的核心。时至今日,他的思维方式已经影响到了诸多领域,从设计人类学、创客运动到批评性设计和全因素设计,不一而足。在 21 世纪,设计正转变为一种连接模拟和数字世界的离散现象,《为真实的世界设计》是有先见之明的,书中批评设计扶植消费主义、造成环境破坏,并用"一刀切"的办法造成了文化的同质化,这些观点在众多设计院校中激起了革命。对于刚刚到来的后工业时代来说,该书的内容可以说是一篇宣言。在书的前言中,帕帕奈克颇具预见性地写道："正如我们所认识到的那样，工业设计到了该寿终正寝的时候了。"

　　《为真实的世界设计》很快就成了非主流文化的一部经典。在思想激进的学生的书架上，它被夹在这样一些书中间，比如蕾切尔·卡逊（Rachel Carson）警示生态灾难临近的《寂静的春天》（Silent Spring，1962）和特蕾莎·海特（Teresa Hayter）批判新殖民主义机制的《作为帝国主义的援助》（Aid as Imperialism，1971）。帕帕奈克对传统设计理念的激烈批评及那些独特的教学项目，使企业化的设计机构和看似先锋的设计都感到惴惴不安。其"真实世界"的范式提出了一种从文化和实践上服务于人类的设计模式，他所考虑的是满足那些以前在社会上不受重视的需求，而不是为消费型企业那利润丰厚的轮子加油，或助长个体设计师的自负。帕帕奈克用书中典型的犀利文风叹道："设计和制造的才能已经被浪费在了一些瞎编乱造的琐碎事物之中，比如用貂皮裹起来的马桶盖、电子指甲油烘干机和巴洛克风格的苍蝇拍。"设计没有发挥其作为一种政治工具的潜能，去解决全球社会的不平等、地缘政治和悬而未决的环境灾难等问题，而是退化成了一种盲目的流行文化，以及用完就扔的产品废弃制度的帮凶。市场逻辑强调不惜任何代价提高产量和产品的多样性，其荒谬性把这个世界搞得颠三倒四，与之相关的例子在帕帕奈克的著作中俯拾皆是。他写道："在一架飞往休斯敦的航班上，我的注意力被一个夸赞为小鹦鹉做的尿布如何如何好的广告所吸引。我给制造商打了个长途电话，他告诉我一个令人愕然的消息，这种荒唐小玩意儿每月竟有 20 000 件的销量。"帕帕奈克谴责那些设计师为了赚快钱而不惜以牺牲环境或社会利益为代价的不道德的做法，显然，他的观念在今天看来是很有先见之明的，因为设计在社会和地缘政治上的必然性已经越来越紧迫了。

对于他那个时代来说，帕帕奈克的视野超越了其现代主义先辈的观念。后者通过西方的理性主义视角观察大批量生产和标准化的工业设计，而帕帕奈克则提出了一种人性化的设计方法，这种方法对于本乡本土充满了人类学般的敏感，对于设计在瓦解或巩固社会内涵方面的作用，它也能够理解到一些更为广泛的文化上的细微差别。在一个过度富足的时代，设计的角色往往被设定为轻佻浮夸的创造者。当帕帕奈克挑战这种成见时，他的想法转向一种总体性的理论，他认为设计是社会变革的关键推动者，而不只是一个美化样式的工具，一个拉动消费的引擎。从因纽特人到巴厘岛苏库人的物质文化，在研究过这些非西方的设计修辞之后，帕帕奈克开始倡导一种更具整体性的模型，其中，"事物"与它们所嵌入的社会关系、习俗、仪式和历史密不可分。

正如"最小设计团队"（The Minimal Design Team）图表（见本书第 432 页）的陈述中所总结的那样，帕帕奈克早就预见到了 21 世纪向跨学科设计的转变，他从根本上指出了设计师在一个更广泛的团队中作为调解人的角色，这样的团队应该包括人类学家、心理学家、结构生物学家、仿生学和生物力学专家、电影制作人、工程师、数学家和生态学家等，还可能包含来自计算机科学、人口学、词源学、统计学、经济学、政治学、法律和气候学等方面的专家，这与将设计作为个体（必然是男性）创作现象的想法相去甚远。

乍一看，帕帕奈克的论战立场似乎属于战后北美的一些公众人物所宣扬的那种美国消费者评论，如万斯·帕卡德（Vance Packard）揭露广告业内幕的畅销书《废物制造者》（The Waste Makers，1960），以及消费者活动家拉尔夫·纳德（Ralph Nader）的《任何速度都不安全：美国汽车的设计风险》（Unsafe at Any Speed: The Designed-In Dangers of the American Automobile，1965）之类，然而，他在责难庸俗夸张的美国资本主义文化时，其辩论风格其实与欧洲的知识分子更为接近。

在这种以社会为基点的路径背后，其原动力无疑植根于帕帕奈克作为犹太难民的人生经历。年轻的时候，为了逃离纳粹的统治，他离开了祖国，流离失所。在美国，帕帕奈克成了一个"内部的局外人"，他所采取的批判立场也来自他作为流亡者的视角。追随着20世纪中叶那些一流的文化理论家的脚步——包括德国犹太人、流亡者西奥多·阿多诺（Theodor W. Adorno）和马克斯·霍克海默（Max Horkheimer），二人影响深远的文章《文化产业：作为大众欺骗的启蒙》（The Culture Industry: Enlightenment

as Mass Deception，1944）令美国流行文化的肤浅和麻
木所造成的诸多影响无所遁形——帕帕奈克批判北美文化
的挥霍过度，其敏锐而独到的视角使他的观点一直居于其
方法的最前沿。

在倡导变革设计实践对于环境和社会的影响方面，也
许帕帕奈克最意想不到的忠实盟友便是偶像级的人物 R. 巴
克敏斯特·富勒（R. Buckminster Fuller），他特立独行
设计出了一种技术统治论的网格穹顶结构，以及北美大名
鼎鼎的媒介理论家、《媒介即信息》（The Medium is the
Message，1964）的作者马歇尔·麦克卢汉（Marshall
McLuhan），他创造了"地球村"（Global Village）一词
来描述当今信息时代新兴的地缘政治。

1968 年，在芬兰赫尔辛基外海港岛上举行的泛斯堪的
纳维亚设计学生组织（SDO）研讨会是一个关键性的事件，
它将富勒和帕帕奈克带到了一起，这对帕帕奈克的职业生
涯具有重大意义。帕帕奈克后来曾经描述过，在"行动更
重要"（"Action Speak Louder"）的口号下，这个基于
行动的研讨会是如何挑战了常规设计会议的陈腐僵化。为
期多天的研讨会是在学生和民权抗议运动席卷欧洲和美国
的大背景下举行的，帕帕奈克和富勒等人所领导的跨学科
设计团队，设计了一些作为行动主义形式的政治和社会参
与原型。帕帕奈克的团队为脑瘫儿童制作了一种环境装置。
他们设计的 CP-1 立方体，通过对"用户群体"（包括临床
医生、心理学家和儿童）的半人种学观察，使其设计实践

在利润驱动范式之外别开生面。许多在斯堪的纳维亚学设计和工程的学生参加了这类活动，他们的作品对《为真实的世界设计》一书启发很大，事实上该书首版也是1970年以瑞典语面世的，其标题为《环境与大众：为服务设计还是为利润设计？》(Miljön och miljonerna: design som tjänst eller förtjänst?)，此书是他结合斯堪的纳维亚地区以政府支持为基础的设计经验，以及系统论、环境保护和人类学的观念创造出来的一份纲领宣言。当今天的设计受众渴望在一个充斥着过剩、浪费和生态灾难的社会中寻找解决方案并理解设计的角色时，这部著作仍旧具有巨大的现实意义。

从历史的角度看，《为真实的世界设计》可以被看作是一种对20世纪晚期地缘政治学的介入，尽管从其首版面世算起，近半个世纪的时间已经过去了，但当我们重新审视帕帕奈克的著作和理念时，我们会发现，他还是那么及时——在市场驱动的生产和消费模式之外，为了达成一种批判性的解构消费和注重环境的新范式，我们仍旧迫切地需要在经济和物质的层面上寻求替代性的解决方案。

2019年8月
于奥地利维也纳

负责任的设计

柳冠中　清华大学教授

　　美国设计理论家维克多·帕帕奈克大力倡导在设计产品、工具和社区基础设施时，设计师要具有社会与生态责任感。他反对制造不安全、花哨、不当或基本无用的产品。他的设计产品、著作与演讲成为许多设计师的榜样与动力。帕帕奈克可谓是当代"负责任设计"之父。他最重要的著作之一《为真实的世界设计》，提出自己对于设计目的性的新看法，即：设计应该为广大人民服务；设计不但应该为健康人服务，同时还必须考虑为残疾人服务；设计应该认真考虑地球的有限资源使用问题，为保护我们居住的地球的有限资源服务。帕帕奈克检验了设计师与华而不实、不安全、琐碎、没用的产品做斗争的各种尝试，并再次为资源匮乏的世界勾画了一幅高明、负责任的设计蓝图。这对于现代设计的伦理、现代设计的目的性理论来说，是非常重要的一个起点。

　　这与我一向提倡的"设计是一种处理矛盾和关系的学问，是使人类在空前发达的技术刺激下的物欲或被异化了的'创意'必须被人类的道德、伦理与自然生态所约束"

有共鸣。我在 20 世纪 80 年代初就强调过："设计不仅是一种技术，还是一种文化。"即使当时被误会，我仍然由此引申出：设计是一种创造行为，是"创造一种更为合理的生存（使用）方式"。

中国的文字——"品"早就道破了这个设计的观念与评价体系：品位、品格、品行是形容人和物的最高境界。一个"口"仅是生理的饥渴，会饥不择食，狼吞虎咽；两个"口"会炫耀地位，玩弄奇技淫巧，追求占有、奢华、享受；三个"口"才懂得节制、适可而止，会品鉴生存，与自然协调共生，这就是现在我们提倡的"人类可持续发展"之路。这不就是《为真实的世界设计》所提倡的原则吗？

我们当代中国必须创造符合我国发展需要的、为大众利益的、可持续的设计，而不是满足少数人所需要的"奢侈品"，或被商业集团的"定制的幸福模式"引导的"多元化"！

争夺资源、输出污染与节能、减排，商业社会的"消费黑洞"与可持续消费观是最真实的问题，当代生态环境与社会问题促使设计师要关注可持续发展观和生存方式的变革：关注弱势群体，营造公平的社会公共环境、利益基础上的多元价值取向；提倡个人使用，而不提倡私人占有；留有余地，适可而止。

市场上的商品狂欢刺激着过度消费，商业集团"定制的幸福模式"孕育着奢华追求。沉溺于工业文明表象的"技术膨胀"，淡化了我们对污染、对地球资源浪费、对我们子孙生存资源剥削的罪孽，腐蚀了人类的道德伦理观。当代中国社会的"设计审美"取向严重偏移，"以多为美，以大为美，以奢为美"，感官刺激的时空符号取代了启迪精神家园的艺术。

试想当代交通与网络通信技术的发达，缩小了地球，却发现人与人之间越发生疏、疏离、难于理解。只懂得应用科学和技术是不够的，要保证我们的科学思想的成就能造福人类，而不致成为祸害，就必须在赞颂人类过去与现在的同时，审视人类的责任感以面向未来。关心自然的存在就是关心人类本身的未来，这才是真正的科学观和技术发展的目标。在反思中升华，是继承人类历史文化宝库中更为抽象的、本质的精神，它能激起我们对人类单纯、和谐、美好的智慧的追求。

我们习惯把眼光放在人类自身的过去和现在，人类过去和现代的辉煌成就的确耀眼无比。

那么，未来呢？我们有必要再思考一下，人类早期穴居与当代宇宙空间站的反差。埃及金字塔与图坦卡蒙陵墓，罗马输水道与卡拉卡拉大浴场，阿房宫与始皇陵，圣彼得大教堂与无锡梵宫等奇迹，伴随的是残酷的宗教与帝王统治观念、制度。

创造人类未来生存方式的出路不仅在于发明新技术、新工具，而且在于善用新技术，带来人类视野和能力维度的改变，以调整我们观察世界的方式，开发我们的理想，提出新的观念、理论。

不能站在巨人肩膀上，只看脚下！

当前经济全球化、技术潜能扩延、需求地域化、消费个性化，然而资源匮乏、污染严重，人类未来生存方式的变革正在酝酿。不仅经济、政治，而且文化也将产生观念性的革命。要知道，社会的任何进步，首先是品行道德、社会风俗、政治制度的进步，这都属于"设计——创造更合理、更健康的生存方式"。

设计是人类生存并与大自然共生的最早的本能，也是人类社会进步和社会关系进化的智慧；设计是人类远早于科学、艺术的一种最真实的需求与行为。所以，研究型设计将是未来设计的立足之本，否则，设计只是金钱和权力的附庸。

设计应是使人类的未来不被毁灭的，除科学和艺术之外的"第三种智慧和能力"。

设计作为生产关系，一直在发挥着催化、引导、调整人类与自然、与社会关系的巨大作用。理应成为推动人类社会的经济、科技、文化、教育和社会结构转变的整合与集成创新。

所以工业设计的本质是：

重组知识结构和产业链，以整合资源，创新产业机制，引导人类社会健康、合理、可持续生存发展的需求。

理科——发现并解释真理。

工科——解构、建构的技术。

文科——是非与道德的判断。

艺术——品鉴自然、人生、社会的途径。

而设计的目的则是在上述人类理想、道德、情感与工具这四根柱子上建造人类真实的伊甸园，是实事求是地整合上述所有因素，去创造人类未来更真实、更健康、更合理的生存方式。

超以象外

得其环中

2012 年 6 月 11 日

反对无用的设计

何人可　湖南大学教授

　　维克多·帕帕奈克是 20 世纪最重要的设计师、设计理论家、设计教育家之一，他关于绿色设计的理论与实践，以及他所大力提倡的设计师的社会责任感，在今天的全球设计界仍具有巨大的影响力。他在 1971 年出版的《为真实的世界设计》被认为是可持续设计理论的里程碑式著作。

　　早在 1908 年，维也纳建筑师阿道夫·卢斯（Adolf Loos, 1870—1938）发表了论文《装饰即罪恶》，认为装饰表现了文化的堕落，现代文明社会应以无装饰的形式来表现。"装饰是一种精力的浪费，因此也就浪费了人们的健康，历来如此。但在今天它还意味着材料的浪费，这两者合在一起就意味着资产的浪费。"帕帕奈克也出生于维也纳，他的思想与卢斯一脉相承，反对一切不安全、花哨、不当或基本无用的产品。

　　20 世纪 60 年代正是美国商业设计甚嚣尘上的时代。工业设计在为人类反对无用设计、创造现代生活方式和生活环境的同时，也加速了对资源、能源的消耗，对地球的生态平衡造成了巨大的破坏。设计成了鼓励人们无节制消费的重要介质。"有计划的商品废止制"就是这种现象的极端表现，因而招致了许多批评和责难，一些具有社会责任感和环境意识的设计师们开始反思工业设计的职责与作用，帕帕奈克就是其中一位杰出代表。他在《为真实的世界设计》中指出，工业设计是一种"犯罪活动"，除非设计师致力于改善他笔下"真实的世界"，从深层次上探索工业设计与人类永续发展的关系。《为真实的世界设计》提出了设计师面临的人类需求中最紧迫的问题。帕帕奈克认为，设计的最大作用并不是创造商业价值，也不是在包装及风格方面的竞争，而是一种适当的社会变革过程中的元素。他强调，设计应认真考虑有限的地球资源的使用问题，并为保护地球的生态环境服务。他的这些思想在当时引起了极大的争议，美国工业设计师协会（IDSA）甚至中止了他的会员资格，以表示对他观点的不满。但是，自从 20 世纪 70 年代"能源危机"爆发,他的"有限资源论"得到了普遍的认同。

　　本书出版于 41 年前，他关于绿色设计的许多概念在当年是极为超前的，但在今天许多设想都正在成为现实，使我们能深切地感受到帕帕奈克思想的经典与前瞻。另一方面，就像现代主义所追求的乌托邦式的社会理想与资本主义社会的经济现实难以协调一样，绿色设计在一定程度上也具有理想主义的色彩，要达到舒适生活与资源消耗的平衡以及短期经济利益与长期环保目标的平衡并非易事。这

不仅需要消费者有自觉的环保意识，也需要政府从法律、
法规方面予以推进。当然，设计师的努力也是必不可少的。
相信读者可以从本书中得到许多有益的启示。

2012 年 6 月 27 日

于岳麓山下

走向真实的设计世界

许平 中央美术学院教授

设计，就其根本意义而言，是一种"人与理想世界的现实关系"的构建。维克多·帕帕奈克的这部《为真实的世界设计》再准确不过地诠释了这一定义。设计本身是不能创造什么的，它所创造的或者说它所提供的，只是人与外部世界交互相处的一种可能性，一种改变生存方式的提案和隐含在其中的某种创造性态度，正如莫霍里-纳吉（Laszlo Moholy-Nagy，1895—1946）在他生命中的最后一次演说中所强调的那样。设计的结果必须通过加工实施才能转变为这个世界中某种真实的存在，所以只要不是幻想而是真实地创造提案，设计就必然涉及它与真实世界的种种关系。在现代设计的滥觞之处，威廉·莫里斯（William Morris，1834—1896）将设计视为艺术与日常生活相连接的方式；在包豪斯大胆的教育改革中，设计关联着艺术思维与工业技术逻辑的对接；在美国最先活跃起来的那一代商业设计师如雷蒙德·洛伊（Raymond Ferdinand Loewy，1893—1986）那里，设计则被视为高雅趣味与商业运营之间的最佳状态（MAYA方式）。而帕帕奈克，则将这种关系定义为设计者的理想与"真实世界"的关联。在帕帕奈克的世界中,设计不再神秘,不再为少数人专有,设计应当回归占人口总数90%以上的普通人群,设计师应当学会如何与这样的人群相处共生。巴克敏斯特·富勒在为本书1971年英文版所作的序言中,以他的远见卓识,对帕帕奈克所向往、宣示和亲身实践的这种关系予以肯定,当然也以他的方式把这种关系加以拓展,甚至扩大到人类如何与外太空的"邻里"相处,探讨"将人类和宇宙永恒的自我再生系统连接起来"的可能。

但是,依个人之浅见,我仍然认为,帕帕奈克与富勒的态度在大方向一致的前提下,在思想与路线的选择上还是存在着微妙的但又意味深长的区别。与富勒那种充满激情的技术想象相比,帕帕奈克对于工业设计的世界图景及设计师责任的描述,更有一种克制的、自我约束的态度。而在我看来,这种克制与约束乃是现代设计的精神发展中一个标志性的转折,值得从设计史的角度予以关注。

关于设计师帕帕奈克及这部《为真实的世界设计》,是本书中文译者周博在博士生期间的研究选题。八年前选择帕帕奈克和现代设计伦理思想作为博士生研究方向时,译者也曾有一些顾虑。当时的国内外设计学界对于帕帕奈克的认知并不似今日这般清晰和强烈,为此我曾专门请教过一位重量级的英国设计史学者,但他也只淡淡地回答一句"他是一位天真的理想主义者"。可能至今为止这种"理想主义"的内涵还是相当复杂、难以言喻的。但不可否认的是，当年帕帕奈克针对设计界之丑恶现象直言不讳的批评，以及对设计价值严肃反省的态度，今天业已形成广泛共识。对于现代设计的功过是非，连一向沉稳的约翰·赫斯科特（John Heskett，1937—2014）也选择了一种委婉的批评态度，含蓄地表述为：由于现代社会"表现方式"方面的原因，设计正在"变得既庸俗又让人摸不着头脑"[1]。其实并非设计"变得"让人摸不着头脑，只是人们在刻意地回避设计在作为"社会批评者"的同时也完全可能成为"批评对象"，在这种基本的现实情况下，设计的"庸俗"才成为难以解释的疑惑。但事实上，自19世纪末以来，从舞台的边缘走向中央、日益成为世界关注焦点的现代设计，百余年的进程中已经收获了足够的经验和教训——它不应再简单地被视若天使降临人间，与人类在这个世间所创造的许多毁誉参半的事物一样，它也是一种需要时时反思和谨慎驾驭的行为，只是作为一种群体实践方式，这种反思和驾驭显得更为复杂和缺乏现实基础。就本来的意义而言，设计的结果之所以可能变得既充满悬念又生动有趣，就是因为人的"理想"与"现实"之间有无数的变数，有创造价值的可能也有毁坏价值的风险。但只有对这种关系的复杂性予以足够的重视与认识，才有可能让这种结果成为体现价值的创造，而不是相反。帕帕奈克的贡献，在于让一度被商业炒得炙热的设计重新冷却，回到认识这个真实世界的复杂表现和

1　约翰·赫斯科特：《设计，无处不在》，丁珏译，译林出版社，2009，第1页。

设计价值两重性的起点，所以这是一个分水岭。

　　人类工业文明的发达是以化石能源的价值发现和利用为前提的，资源分布的不均和资源开发的资本投入构成工业社会全部生存竞争的"合理"依据，借势发展并盛极一时的商业模式和消费主义文化实质加剧了这种竞争恶性膨胀的风险。帕帕奈克在书中指出的种种设计劣迹，正是缘于在这种消费主义文化价值观笼罩之下，"设计"对价值创造的双重性及竞争内涵的复杂性都缺乏清醒的意识和足够的反省。二战之后的西方设计，正是商业主义设计风头最劲之际，但纵观20世纪60年代的设计思想，整个国际设计界对利益驱动之下的商业主义设计的蔓延，及其放弃社会责任考量的、去伦理化的设计态度明显警惕不够，其中还存在着种种认识上的误区。可以说，帕帕奈克毫不含糊的批评、强调克制和自我约束的态度为这段设计价值观含混不清的历史划出一条界线。此言一出，设计圈内一度舆论哗然，甚至扬言要将帕帕奈克逐出业界。然而今天人们都已看到，40多年来的设计发展，正是朝着帕帕奈克及其同道者（持这种思想的并非仅他一人）当初期冀的方向出现明显的转移，今天全球设计界的伦理自觉，已经可以使人们有更多的心理空间和更清醒的文化态度反省和审视自己，有更广阔的胸怀思考和选择设计的未来。

　　今天的世界已经变得如此复杂，为这个世界提供智慧服务的设计同样充满不确定和变数，以往所有成功的经验可能都需要重新审视和修正。催生了整个现代设计诞生的工业文明将在新世纪走向何处，也同样成为一个需要反思和审视的问题。最近出版的美国宾夕法尼亚大学学者杰里米·里夫金（Jeremy Rifkin）的《第三次工业革命》，将工业革命以来的技术发展与社会变革归纳为一种能源方式与通信方式结合的结果，这种结合既具有偶然性也具有历史性与逻辑性，更重要的是这种历史生成的逻辑影响着历史的走向，使得人们必须在已经到来或即将到来的变革中做出选择。设计史就是这种选择的结果，而在当下与未来，人们又该做出怎样的判断，是历史摆在人们面前的现实课题。如果说，煤炭与蒸汽动力推动了印刷技术的普及，催生了平面设计的专业领域；电气动力、电力资源带来了一个电气化产品与消费文化的时代，催生了工业设计的专业领域；那么今天，新能源方式与互联网通信方式的出现已经为新的技术发展与社会变革提供了可能性，设计如何为即将出现的新社会结构提供更自觉和有效的服务，已经成为一种现实的挑战。里夫金还大胆地预言，在新的社会结构中，"协同"将取代"竞争"成为促进社会发展更加强大的动力，那么立足于差异化竞争并由此获得动力的设计将如何寻找新的支点及发展的动机？而作为经济与文化正处于上升通道的中国，则需要怎样的设计创新才能不辜负这个充满机遇与挑战的时代？所有这些，似乎都是本书所关注的"真实世界"中未曾出现而在当下又必须做出回答的问题。某种意义上，无论是帕帕奈克还是富勒，都未曾穷尽关于设计的使命及其指向的思考，人类究竟应当如何真正"为真实的世界设计",如何在一个不断变化的生存环境中最为合理和适当地构建"人与理想世界的现实关系"。探索仍在继续,路就在脚下。

2012 年 11 月

于望京果岭里

1971年英文版序

R.巴克敏斯特·富勒

有些令人羡慕的友谊，无论彼此经验多么不同、观点多么大相径庭，都会经久不变，而友谊的持久往往正是因为这些差异。同时，对于相互砥砺的君子之风，他们也钦佩不已。这种友谊的基础常常是针对一些类似的社会不公和无效共同做出的回应。然而，由于彼此背景很不一样，解决问题的策略自然也就大不相同。

维克多·帕帕奈克和我就是这种各有主张的朋友，我们没有竞争，又精诚合作。由于我们友谊十分深厚，所以我欣然为序。在普渡大学担任很长一段时间的设计教授之后，帕帕奈克现在又去加州艺术学院教设计了。在南伊利诺伊大学，我是个"大学教授"（University Professor）。因为我是个谨慎的综合主义者，所以我不在某个系里工作。尽管我是个教授，我却什么也不讲。我的研究方向是"综合预期设计科学研究"（Comprehensive, Anticipatory Design-Science Exploration）。我研究的哲学法则既包括一种掌控自然的、先验的物理设计，又包括主宰人类选择设计的种种能动性。

在这本书中，帕帕奈克说任何事情都是设计，我同意这一点，我会用我自己的方式对此详加阐述。

在我看来，"设计"这个概念既是一个没有重量的哲学概念，又是一种物理模式。我倾向于把设计分为两类，有些设计是主观的经验，也就是说，这些设计影响我并使我产生的是一些偶然性的东西，而且常常是下意识的反应，与此相对的设计则要求我要对客观的数据做出回应。我自觉选择做的是客观的设计。当我们说这是一个设计时，意味着我们的智力已经把一些事物条理化，并从概念上赋予了其内在模式。雪片是设计，水晶是设计，音乐是设计，至于五彩缤纷的电磁波，其排列的百万分之一的波长也是设计；行星、恒星、星系及其内在的运行规则，还有化学元素的周期律，所有这些都是设计的成就。如果一个DNA-RNA[1]基因编码决定了玫瑰、大象和蜜蜂的设计，那么我们必须得问，是什么样的智慧设计了DNA-RNA编码，以及是哪些原子和分子实现了其编码程序。

设计的对立面是混沌。设计是需要才智的，也是可以被理解的。人类主观上所体验到的大多数设计都是先验的，比如海浪、风、鸟类、兽类、草木、花朵、岩石、蚊子、蜘蛛、

1　DNA，即"脱氧核糖核酸"，是一种在细胞中带有基因信息的核酸，能够自行复制并合成核糖核酸，DNA由两个核苷酸长链组成，这两个核苷酸链交结成一个双螺旋体。RNA，即"核糖核酸"，是所有活细胞和许多病毒的一种聚合组成要素，核糖核酸的结构及基本顺序是蛋白质的合成及遗传信息的决定因素。——译注

鲑鱼、螃蟹和飞鱼。人类所面对的是一种先验的、全面的设计能力，比如这个我们称之为"地球"的星球，一开始它通过植物的光合作用蓄积太阳能，从而制造了维持生命的营养物质。在这个过程中，植物释放出来的、所有附带产生的气体都被设计为特殊的化学气体，而它们对于延续地球上所有哺乳动物的生命都至关重要。当这些气体被哺乳动物消耗掉之后，再通过化合和分解，又转化成为一些气体副产品，而这些副产品对于植物的生长同样是至关重要的，最终完成了整体的生态循环设计。

如果人们认识到，宇宙本质上是一个进化的设计整体，那么他们可能倾向于认为，一种具有无限思考与能力的先验智慧无时无处不在证明着这一切。

鉴于这样一些发现，比如由哺乳动物和植物之间的气体交换所证明的这种生态循环，我们就能够理解，为什么负有思考责任的人类自古以来就总是倾向于认为超人的、无所不知的上帝和无限权威是存在的。

自我更新的"场景宇宙"（scenario universe）是一个先验的设计整体。宇宙是无处不在的，连续不断的，它表现为一个智慧的整体，本质上就涵盖所有大大小小的现象模式，同时也包括如何通过全面思考所有的相互作用，从而客观地使用这些信息。非凡的宇宙聚集了所有普遍原则，所有原则都彼此协调，从不相互抵触，其中一些的协调指数令人惊奇。有些在能量上的交互作用则达到了四次幂的几何水准。

　　除了水手外，我还是个机械师。我有国际机械师和航天工人协会（IAM）颁发的熟练技师证。所有的机械工具我都知道该如何使用。五金店、金属板材店的工作我都能胜任，操作车床、拉伸压力机、压弯机之类的机械也不在话下。我对于批量化生产的手段及批量化生产概念的一般经济学原理也很了解。我明白制造工具的方法原则。

　　当我还是个年轻人的时候，在缅因州的一个小岛上，我就本能地开始进行设计了。我并不是在纸上画个草图，然后找个木匠让他为我做出来。我自己实现我的设计。我常常不得不自己制作工具，并从自然中直接获取我所需要的材料。我会跑到森林砍树，将其修整一番，然后琢磨做出有用的造型。我常常从一些原始的概念，也就是从发明开始——因此，别人闻所未闻——用一种复杂的方式改变环境，并全盘考虑其对改变之后的环境的所有影响。我习惯从一种白手起家的状态开始，人们会发现这里从来没人涉足过。我已经学会了如何用这种方式重造环境，这种方式可以为我们的社会做许多我们以前做不了的事，比如建造一座水坝，然后挖一个池塘。关于我早年的生态学思考及其在环境上的相互影响是否适当，我已经检查了大概半个世纪，没有证据显示有危害性的后果。

　　因为有这样的经验，所以我开始着迷于技术及其对社会、工业、经济、生态以及心理上的复杂介入。工业涉及所有的金属合金和塑料种类。我所感兴趣的不只是化学，还有适应电化学和冶金需求的各种工具。

那么，一个人如何才能抓住根本的设计主动权，自始至终地处理那些与设计问题直接或间接相关的各种因素呢？他必须得掌握数学知识且善于运用。当我在建造一架飞机时，我必须得知道如何计算其各个组成部分的强度，它们在被全面组装时彼此如何协同互动，如何设计它们的动态和静态着陆测试，以及相应地如何检验理论数据。我必须得了解伯努利原理（Bernoulli Principles）[1]和泊松定律（Poisson Law）[2]，以及其他相关的一般规律。我必须非常了解有关飞机使用和保养的所有民事和经济问题，等等。

在飞机制造业中，多年来，设计领导团队都是由拥有文学硕士（M.A.）或哲学博士（Ph.D.）学位的工程师成员组成的。这些顶尖的工程师理论素养都很好，他们设计了飞机及许多零细部件构造。为了对相关问题的复杂性有一点了解，我们可以举个例子。普通家庭住宅单元由 500种部件组成。至于每一种部件，一般又需要大量批量化生产的原型部件的复件——比如，最后需要数千个同种类型的终饰钉（finishing nail），或者需要成千上万块同种类

1　瑞士数学家、"流体力学之父"丹尼尔·伯努利（Daniel Bernoulli，1700—1782）于 1726 年提出伯努利原理。该原理指出，在水流或气流中，如果速度小，压强就大，如果速度大，压强就小。几乎所有的流体力学现象都与伯努利原理有关，它在航空、水利和机械制造等工程实践领域有着广泛的应用。——译注

2　即"泊松比"（Poisson's ratio），又译"蒲松比"，是材料力学和弹性力学名词，指材料在单向受拉或受压时，横向正应变与轴向正应变的绝对值的比值，也叫横向变形系数，常用于飞机材料强度的设计研究。——译注

型的砖。汽车一般需要 5 000 种部件，而飞机则常常需要
25 000 种甚或更多的零配件。

这个由航空工程师组成的设计领导团队，他们的计算
所强调并服务的对象，既包括最终组装完之后所有局部装
配部件之间的相互作用，也包括这些部件本身。对于单元
住宅、汽车和飞机最终产品的生产和组装来说，最终装配
完成的尺寸与设计师们一开始指定的尺寸之间的平均误差
是不一样的，住宅的误差范围不超过 0.25 英寸，汽车不超
过 0.001 英寸，而飞机则不超过 0.0001 英寸。

第二次世界大战是历史上第一次以制空权为转折性因
素的战争，而飞机制造的需求量无疑也空前之大。1942 年，
美国开始设计并制造数千架飞机时，设计团队的工程师们
研发时常常既不懂制造方法又不懂材料，比如，他们对所
指定的铝合金是按照统一的标准尺寸制造出来的都一无所
知。于是，在二战期间，由于型号尺寸对不上，数千辆空
货车不得不一而再再而三地驶往飞机公司，去运走那些设
计工程师的废料，而发到美国飞机制造车间的一半以上的
铝制品又被作为废料从车间拉走了。设计工程师为了其特
殊的制造需要，把金属板的中间部分切割下来，剩下的 2/3
就扔了，因为他们的理论研究显示，金属板周边卷起来的
部分是没法使用的。结果，一组专业的制造工程师，为了
得到同等强度下最好的终端性能，同时也得适用现有的生
产工艺，他们必须彻底重新去改进原来的飞机部件的设计。
这些人和设计工程师具有同等理论水平，并且更熟悉生产

实践及现有的最新制造工艺。制造工程学致力于"为制造工具预留设备时间"。这个问题说来话长。在生产领域，生产流程布置、设备组装需要非常多的经验。

因此，综合制造工程师必须知道那些工具制造者的工作。工具制造是工业发展中一个非常特殊的阶段，无论是底特律的汽车制造还是其他地方的飞机制造，都是如此。工具制造者默默无闻，甚至有点神秘，可谓工业化大生产的"七个小矮人"。当生产工程师发现，现有的生产工具都不能应付一个关键性的工作时，那么，一个优秀的工具制作者和一个优秀的生产工程师就会说，"好的，先生，我们必须得研制一种新的工具来处理这个问题"。于是他们就去做——成千上万次之后，自由的人性化程度就会提升，享受生活的日子也便增多了。

什么是冲挤？就像一个大肚细颈花瓶状的容器，你可以用泥土填塞它，从口沿和细颈往里一点一点地填充。最终，你会把瓶子的整个底部填满，接着就是上面的瓶颈。比方说，用铝冲挤，把铝压进这样一个花瓶状的容器，定时用力压紧，使其底部受到向外的力。成型之后，打开这个由好几部分组成的花瓶状容器，里面那个完整的部分就出来了。这就是一个典型的制造工程学的操作过程。制造工程师必须得懂得怎么对其部件进行热处理及退火，是不是各种合金都能经得住重新加工、冲压、拉拽，在这种材料裂开（或结晶）之前能改变到什么程度，进一步热处理是否有可能使其再次变形。制造工程学需要能够兼具艺术家、科学家和发明家之才的人，而且还得经验丰富。

当复杂的装配最终完成时，综合设计师必须知道如何让它们抵达应该去的地方。他可能需要把他的产品放到木箱里，这样它们就可以被安全地"搬来搬去"，而且他还必须得知道货运的规章制度，等等。

我早年间在纽约，那还是一战之前，汽车很少，也没有卡车，只有一些很小的电动敞篷车，运货主要都是通过马车。车夫驭马的本事都相当了得，他们大多是文盲，常常喝酒。车夫把运货的马车赶过来，无论是否有人帮忙，他所关心的只是马车索具有没有装好。这并不需要智慧才干，也不需要什么人对这些产品感兴趣。这些车夫和船家只是把这些那些货物从这儿运到那儿。我看到这些敞篷车上的货物不管是什么东西都被重重地搬上卸下。车夫和船家并不知道包装里面是什么，所以他们愿意怎么堆放就怎么堆放。货物有时还会从马车上滑下来。

纽约到处是需要递送产品的小制造商。我猜想，那时无论运送什么货物，其中有25%是注定要坏掉的。制造商和收货方默认无论运送什么东西，其中的25%在装卸过程中都会损坏。而用瓦楞纸板箱装货的想法直到今天都没有改进过。这些纸板箱设计得都很差，而且还常常开裂。为了确保贵重物品不被损坏，商人们常常将其放到又重又贵的木箱里。他们试图令木箱牢不可破。他们希望即使货物从货车上掉下来，也不至于被损坏。在海轮上工作的工程师设计了一些海轮专用集装箱，它们经得住巨型吊杆抓举升降，吊杆把这些货物摇到甲板上，然后又把它们卸到接收的地方。这些集装箱和装货的吊索常常会和船沿相撞，保险公司这时就得向那些未雨绸缪的客户付保险费了，所以集装箱的生意开始兴旺发达。二战后有了泡沫塑料塑形包装，从那以后，电视、相机以及其他产品就有了按照其形状设计的整洁防震的塑料包装。

在二战期间，许多巨大的、部分完成的飞机组件必须从一个地方运到另一个地方。这些部件非常重要，但要想让装载这些部件的箱子做到既大又牢固是非常困难的。综合制造工程师为个别任务建造了专门的运货车厢。在这些车厢内部，他们设置了专门的夹具配架，能够牢牢地支撑住特殊的部件。这被称为"夹具运输"。没有装箱的产品则用螺栓把它们安全地固定在一个地方。

除了夹具运输，人们还研发设计出了标准化的铁路货车车厢和拖车车厢，它们可以装载夹具运输装置，还可以在铁路平板货车、拖车以及专门设计的只用于集装箱运输的远洋货轮之间互换装卸。综合预期设计科学包括上述自发的设计变革，它必然要涉及所有来自地理学的方式方法，因为原材料产生于自然界，而这意味着它们来自世界上许多遥远的地方。从分类、开采、提炼阶段到之后缔合为合金，直至形成最终产品，综合预期设计科学必须为每一个设计过程负责。它必须了解铁锭是怎么变成卷曲的铁皮，以及铁皮如何变成下一种形式。综合预期设计科学家知道，如果这些金属一开始就由其终端用户制造，像管材、角铁、I

型材、金属片或板材这类位于生产中间环节的产品形式往往是可以避免用到的。

人们从一战开始大规模制造合金。二战使用了大量各种各样的钢和铝合金。为了适应多样的设计需求，钢材和铝材制造商铸造了角型、槽型、I 型、T 型、Z 型等各种尺寸和类型的合金。这意味着飞机制造车间里放满了一箱箱各式各样的零部件，它们的尺寸和合金构成都不一样，且标着不同的颜色代码。这些合金在一战时是没有的，当时只有低碳钢、钢丝和其他一些品种，而二战却发展出了种类繁多的钢材和铝材，它们被标以十进制的编码，其型号数以千计。各种复杂的色带编码还用于特殊材料。飞机制造车间的箱子里放满了各种金属杆、金属条、角钢、槽钢、帽型材等等。当需要的零部件从这些原料中被切割出来时，废料就会产生。因为金属原材料的制造商必须按照标准尺寸生产，而飞机制造商则必须把种种大的部件切分成小的部件。

由于浪费巨大且这种浪费不断重复，所以在二战后，飞机制造业的生产技术开始了彻底的变革。DC-3[1] 及其 "DC-" 系列的创始人与先驱唐纳德·道格拉斯（Donald

---

1 DC-3 是一种双引擎螺旋桨飞机。它是 DC-2 的改良版，1935 年面世，提供
   多个民用或军用版本（C-47），因为它在第二次世界大战中的表现，而被认
   为是航空史上最具代表性的运输机之一。——译注

Douglas ）[1] 说："如果一个设计工程师不同时也是制造工程师，那么这样的人我以后再也不要了。我们必须消除这两者的隔阂。"二战后，复杂合金的铸造需求增长得越来越快，这是另一个刺激生产方法转变的因素。计算机使处理复杂问题成为可能。太空研究带来的新知识在合金领域也带来了前所未有的进步。制造新型喷气式飞机或火箭的金属必须非常坚固，而且耐热性能要好。人们以前对此是不知道的。人们所研究的这些金属必须耐得住高温，因为当火箭太空舱返回大气层时，它在空气中的突进速度能达到时速数千英里，会产生令人难以置信的高温。它的结构必须能承受重压，必须足够坚固才能撑得住太空舱。因此，一个崭新的工业生产时代开始了，对此，设计工程师会说："我们现在必须得拥有具备此种性能的金属，它到目前为止还不存在。"于是，关于自然界基本的可联想性（associability）与不可联想性（disassociability），有了计算机辅助，冶金专家们就能获取足够的知识，设计出新的、前所未有的金属材料了。这的确是二战之后的一件大事。

此时此刻，从事研究的科学家们正在兢兢业业地探索新的合金材料——他们的发现是不可预知的。在 20 世纪中叶，1950 年，人类开始为了特殊的功能设计专门的金属，

1　唐纳德·道格拉斯（1892—1981），全名为老唐纳德·威尔斯·道格拉斯（Donald Wills Douglas, Sr.），是道格拉斯飞行器公司的创办人，该公司后同麦克唐纳飞行器公司合并成为麦克唐纳·道格拉斯公司（或译"麦道航空公司"），最终并入波音公司。——译注

这种金属生产的数量都非常精确，而且会被直接塑造成最终要用的形状。因此，综合设计的一个真正的新阶段开始了——一种特殊的、前所未有的金属材料可以直接按其最终用途的形状制造出来。以前，飞机制造要寻找最接近要求的特殊合金类型及特殊尺寸的角铁或Z型板，还得再到五金商店做专门的切割和进一步的造型处理，现在则再也不用经历中间这个阶段了。这些设计策略的急剧变化甚至在工程学院里都不被讲授，因为航空技术常常是"经典的"，工程学院里的教授对这些变化一无所知。

麻省理工学院有些建筑里面全是房间，房间里面装满了以前最好的机器，现在它们却完全过时了，犹如一个巨大的技术坟场。学生们不再想学机械工程，因为他们听说，他们所学的东西在他们毕业之前就会被淘汰。这种进化的大事件覆盖了技术和物理科学的所有阶段。帕帕奈克的这本书为这一堆行将就木的专业安排了一个集体葬礼。

这些在人类设计和生产能力领域发生的急剧变革的重大事件表明，人类生活在这个星球上还会经历更大的变革，这些都是综合预期设计科学家要关注的内容。

550万年前，人类生活在一个个小部落里，他们隔绝分散，相距遥远，互不了解。在那个时代的末尾，距今约一万年的时候，人类建造了许多装备有防御工事的堡垒和城市，以控制那些稀有、富足的农业区。所有城邦之间的距离都十分遥远，以至于这个城邦的居民对另外一个类似城邦的存在只是像传奇一样有所耳闻。在这样的城邦中，十年或百年一遇的旱灾、洪水、火灾、瘟疫或其他灾害会使其居民迁移别处，找到新的土地活下去。当他们发现并侵略别人的耕地时，就会爆发大的战争。历数最近一万年的历史，城邦国家出现了，草篷船、充气猪皮筏、圆木舟和独木舟进化成强大的、有龙骨船舷且吃水深的大船，它具有很强的航海能力。随着天文导航的出现，这种大船有能力装载货物穿越大洋，其装载的巨大数量远非陆地动物驮运的那点货物可比。在地球上，3/4 的地方是水，这些看似分开的海洋实际上连为一体。南极大陆周围没有冰，它与 95% 的人所生活的北半球陆地相距数千英里。

　　人们发现所有的海洋都是互相连接的，进而意识到全世界的资源都是一体的，他们可以生产更多的合金，造福更多的人，这就导致了工业化现象。工业化综合了全人类所有已知的历史经验，将其转变为科学法则，它使人类投入更少的时间和精力就能胜任更复杂的工作，使人类用更少的原材料就能实现每一项功能要求，这个过程主要是靠各种能源，而不像今天或以前的植物那样，靠蓄积它们所吸收的太阳能。

　　在过去的 500 年中，人类见证了全世界范围内的工业化进程，这个进程一开始是渐进的、缓慢的，现在却越来越快。在我们的星球上，人类的祖先之所以能生存下来，靠的完全是原来就有的植物以及鱼类、陆地动物的肉。他们通过耕作、狩猎、采集的方式获得这些食物。后来有了灌溉，一战之后，农业器具开始机械化，出现犁、车辆和收割机等，为了开动并保持其发动机的运转，人类需要从大自然的陆地蓄电池中开采化石能源。在过去的100年中，电磁学和钢铁制造使人们能够利用一些不受限制的东西，不停地改变宇宙的主要动能。现在人们要做的事情类似于用蓄电池开动我们自己的启动装置，使人类能够与宇宙的主要引擎勾连在一起，这个过程也会给地球上的化石能源储备带来极大的改善。在过去的50年里，我们已经开始建立一个全球一体的能源分配网络，这个网络很快就会切换到宇宙无限再生、无穷无尽的太空能量系统中去。

为了充分发挥他们对于人类的潜在效用，实现人类从愚昧状态到大同社会的转变，综合预期设计科学家的群体必须壮大。全面的成功现在在技术上已经逐渐可行，但是人类愚昧地执着于固有而又短视的年度结算观念对此构成了阻碍，一年为期只适合旧日生活的维系，它完全依赖"当年"储存太阳能的容易腐坏的农作物，而当时只有陆生的植物和水生的藻类能蓄积太阳能。

由地心引力所产生的潮汐能量是无穷无尽的，我们现在已经可以把全世界海洋的潮汐能量纳入我们那个快要建成的世界电磁能网络中去了，风能和能够直接利用的太阳能也是如此。

"我们负担不起这类开销"这种说法以后将是无效的，因为这种概念的产生完全基于对太阳能的生物截留，这个过程的确昂贵，因为它非常容易腐坏、枯竭。现在，我们正在努力地推进这种转变，将人类和宇宙永恒的自我再生系统连接起来。这使我们有资格讲，我们已经具有了一种无限的能力，可以在我们这个星球上再造生机，也可以在外太空拓展邻里关系。设计新的结算系统是综合预期设计科学家的任务。新的结算系统必须相当清晰，无论我们需要做什么，我们要知道如何去做，而且我们能负担得起。

　　时代巨变所导致的各种状况使人类的烦恼有增无减，而帕帕奈克却在这本书中如此有力地处理了这些问题。他把幕布拉低到了这样一个历史场景，即大地上的人类已经被近来全面的专业化趋势挫败了。教育体系的全面专业化是昔日的物质暴君实现其全面的区分和征服策略的手段。如果人类想在我们的星球上存活下去，就必须广闻博见，并从内心深处全神贯注于协同的综合预期设计科学，其中，每个人都会把他人舒适且可持续福祉的实现记挂在心。

于伊利诺伊州卡本代尔

第一版序

　　的确有一些职业比工业设计更加有害无益，但是这样的职业不多。也许只有一种比工业设计更虚伪，那就是广告设计，它劝说那些根本就不需要其商品的人去购买，并花掉他们还没有得到的钱。同时，广告的存在也是为了给那些原本并不在意其商品的人留下印象，因而广告可能是现存最虚伪的行业了。工业设计紧随其后，与广告人天花乱坠的叫卖同流合污。历史上从来就没有人坐在那儿认真地设计什么电动毛刷、镶着人造钻石的鞋尖、专供洗浴用的貂裘地毯之类的什物，然后再精心策划把这些玩意儿卖到千家万户。以前（在"美好的过去"），如果一个人嗜好杀戮，他必须成为一个将军、开个煤矿或者研究核物理。今天，以大批量生产为基础的工业设计已经开始从事谋杀了。因为汽车设计得不安全，全世界每年要死伤100多万人。制造全新式样的永久性垃圾破坏环境，选择材料和工艺流程污染我们要呼吸的空气，设计师已然成为一群危险分子。而且，从事这些活动的技巧被原原本本地传授给了年轻人。

　　在这个大批量生产的年代，当所有的东西都必须被计划和设计的时候，设计就逐渐成为最有力的手段，人们用设计塑造了他们的工具和周围的环境（甚或社会和他们自身），这需要设计师具有高度的社会和道德责任感。这要求从事设计的人必须很了解人，而且公众对于设计的过程也要有所洞察。但是，哪怕一本关于设计师责任的书都没有出版过，也没有哪本关于设计的书从这个角度考虑过公众。

1968年2月，《财富》（Fortune）杂志发表了一篇文章，预言工业设计这一职业的终结。可想而知，设计师们的反应可谓义愤填膺。但我觉得《财富》那篇文章讨论的主题是有效的。正如我们所认识的那样，工业设计的确到了该停止存在的时候了。只要设计师把他们的目光集中在什么甜腻的"成人玩具"，尾翼闪闪发光的"杀人机器"，以及打字机、面包机、电话和电脑"诱人的"外皮上，它就失去了一切存在的理由。

设计必须成为一种创新的、具有高度创造性的交叉学科，对人类真正的需求负责。设计应该更加以研究为导向，而且我们必须停止再用设计得很差的物品和系统去污染地球。

在过去的十几年中，我曾经与世界各地的许多设计师和学生设计团队共事。无论是在芬兰的小岛，在印尼的村庄，在能俯瞰东京全景的有空调的办公室，在挪威的小渔村，还是在我教书的美国，我都试图清晰地描述设计在社会语境中到底意味着什么。但是，甚至在马歇尔·麦克卢汉的电子时代，一个人所能说的做的也就只有这么多，人们迟早都得回到这个问题上来。

在为数众多的成文的设计书中，讲"如何去做"的成百上千，它们自以为是地向其他设计师读者或学生（在作者看来是诱人的教材形式）宣传着自己。而设计的社会语境与公众、一般读者，却被抛到了脑后。

我家里有来自七种语言的满墙的图书，但我想读的书，我最想拿给我的学生和设计师们的书却找不到。由于我们的社会要求设计师必须能够清楚地知道其职业的社会、经济和政治的背景，因而我的问题就不只是一个人的问题。所以我决定写一本我想读的那种书。

本书的写作还缘于这样一种观点，即认为关于版权和专利的整体概念存在一些基本的错误。如果我设计了一种有利于残疾儿童治疗练习的玩具，那么我认为，不应该因为要走专利的程序，而把这项设计的推广拖延一年半。我觉得那些点子是大量的、廉价的，而乘人之危获取钱财是错误的。我曾经侥幸劝说我的一些学生接受了这一观点。你会看到，这本书中的许多设计实例都是没有专利的。实际上，恰恰是相反的策略成功了。比如说，在有些案例中，学生们和我给盲童们设计了规范的活动场所，并撰写了如何简便建造的说明，然后再把它们印刷出来。如果任何一个机构提出书面请求，无论它在哪儿，我的学生们都将免费寄给他们所有的材料。我自己也试着做同样的事情。下边一个真实的案例可能会把这个原则解释得更好。

大约 20 年前，我刚离开学校不久，就用全新的结构和装配概念设计了一张咖啡桌。我给《夕阳》(*Sunset*)杂志寄去了照片和草图，杂志在1953年2月份的那一期把它作为一个"自己动手做"的项目刊登了出来。几乎同时，一家南加州的家具公司——现代色有限公司就把这个设计"撕下来"投入了生产。据说，他们在1953年卖了8 000张这样的桌子。现在是1970年了，现代色早就破产了，但《夕阳》杂志在最近出版的《你能自己做家具》(*Furniture You Can Build*)一书中又重刊了这个设计，因而人们仍然能为自己做这个桌子。

托马斯·杰斐逊(Thomas Jefferson)[1]自己就曾深深地怀疑过专利权内在的哲学。在发明了大麻揉碎机后，他曾积极争取使之不成为一项专利，在给朋友的信中，他写道："我能够确切地说出它的作用时就意识到，种植大麻的人早就想要这么一个东西了，为了防止一些图谋私利的人把它搞成专利，我可能会在报纸上匿名把它写出来。"

我希望这本书能给设计的过程带来一些新的思考，并在设计师和消费者之间开启一种明智的对话。此书分为两部分，每部分有六章。第一部分"设计处于什么状态"的目的是定义和批判我们今天所从事的和教授的设计。第二部分"设计能成为什么样"的每一章是要给读者至少一种更新的看待事物的方式。

1　托马斯·杰斐逊(Thomas Jefferson，1743—1826)，美国著名政治家，第三任总统，《独立宣言》的起草人。——译注

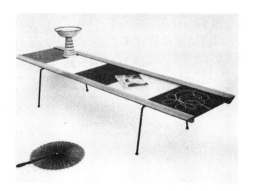

"石棉板桌"，作者设计。供图：《夕阳》杂志

多年来，本书观念和理想的形成受到了来自世界各地的鼓励和帮助，也正是因为这些观念和理想使得本书的写作变得很有必要。我花了很多时间与纳瓦霍人[1]、因纽特人和巴厘岛人生活在一起，而且最近七年，我每年都要拿出1/3 的时间待在芬兰和瑞典，我觉得这促成了我的思考。

在第四章"你自己完成的谋杀"里，我要感谢巴尔的摩已故的罗伯特·林德纳（Robert Lindner）博士，我们之间多年来保持着通信交流，"局限三角"就是他的观点。"什一税"（Kymmenykset）的想法最先是我 1968 年在芬兰的索梅林纳岛上开一个设计会议时成形的。"Ujamaa"这个词是一种简单的说法，意思是"我们一起工作并相互帮助"（没有殖民主义或新殖民主义的剥削），是我为联合国教科

1 纳瓦霍人，美国最大的印第安部落。——译注

文组织工作期间从非洲学来的。

第五章中所引述的许多不安全的设计例子是哈里·M.菲洛（Harry M. Philo）先生提供的，他是一位在底特律工作的律师。

康涅狄格的鲍勃·马隆（Bob Malone）和巴基·富勒（Bucky Fuller）[1]是我的两位好友，他们与我有着相似的见解，这体现在第十一章"霓虹黑板"中。

我要特别感谢四个人。加州科斯拉梅萨的沃尔特·穆霍宁（Walter Muhonen），因为即使当我的目标看起来似乎达不到的时候，一想起他生活的例子，我便继续向前。他教给了我芬兰语"sisu"的真正含义。得克萨斯大学城的帕特里克·德克尔（Patrick Decker），他劝我把这本书写出来。瑞典哈尔姆斯塔德和斯德哥尔摩的"佩勒"奥勒夫·乔纳森（"Pelle" Olof Johansson），他对设计有许多真知灼见，常和我探讨至深夜，而且他也使本书第一版——瑞典语的出版成为可能。我的妻子哈兰妮（Harlanne）帮助我写出了我想说的话，而不是那些悦耳的言辞。她的追问、批评和鼓励对本书的写作意义重大。

我的编辑维恩·莫伯格（Verne Moberg）敏于思考，有了他的帮助，本书才从瑞典原版修订过来，变得更加有力也更加直接。

在这样一个被视觉、物理和化学的污染搞得一团糟的

1　帕帕奈克对巴克敏斯特·富勒的昵称。——译注

环境里，建筑师、工业设计师、计划制订者等角色，他们
能为人类做的最好也是最简单的事，就是把工作全部停下
来。在所有的污染事件中，设计师至少部分牵连其中。但
是在本书中，我提出了一种更加积极的观点：在我看来，
我们可以不用完全停下工作，而是可以积极地工作。设计
能够而且必须成为这样一种途径，即年轻人通过参与设计
从而改变社会。

　　设计师总是和社会及伦理的问题纠缠在一起。在这个
令人身处绝境的世界上，当时针永久地指向 12 点之前的那
一刻，我们必须把自己的精力投入到这个世界的种种需求
中去。

　　　　　　赫尔辛基—新加拉惹（巴厘）—斯德哥尔摩

　　　　　　　　　　　　　　　　　　　1963—1971

第二版序

《为真实的世界设计》是在 1963 年至 1970 年间写成的。最初于瑞典出版，1971 年在美国出版时对原稿又做了些修改。接下来的两年中，它又在英国出版，并被译介到德国、丹麦、意大利、芬兰、南斯拉夫、日本、法国、西班牙和拉美地区。其后，它被翻译成 12 种以上的语言，成为世界上读者最多的设计书籍。十多年后，我想是时候增加一些新的材料了，以便反映这个动荡变化的世界和一个职业对于这些变化的疲于应付；同时，修订旧的材料，更为全面地解释设计的社会和伦理角色。

20 世纪 60 年代末和 70 年代初真是不堪回首，因为使用了像"生态学""动物行为学"和"第三世界"这样的概念，《为真实的世界设计》被一些出版社拒绝了。那是《美国之春》(*The Greening of America*)[1]的时代，当大多数美国人不明就里地相信他们的平均寿命在增长的时候，该

---

1 《美国之春》，查尔斯·赖克（Charles A. Reich）1970 年出版的歌颂 20 世纪 60 年代的反文化及其价值的著作，是 70 年代初的畅销书。——译注

书却不合时宜地告诉大家他们的平均寿命正在下降（事实就是这样）。妇女的权利、污染、"灰色美国"、大规模失业、美国的汽车和钢铁企业扩大裁员、走向末日的全球核竞赛，大多数人对这些情况并不当回事。

在美国，本书甫一面世，其中的观点就受到了设计团体的揶揄、嘲讽或野蛮的攻击。一个专业的设计杂志发表了一则评论，把我的这些意见，诸如节省更多的能源、用回帆船、采用比空气轻的飞船以及寻找替代性的能源，归为"异质的白日梦"，并把这本书说成是"攻击底特律，并夹杂了一种对少数人的乌托邦关注"。我被要求从我所在的美国的专业组织中辞职，而且当蓬皮杜中心计划要举办一个美国工业设计展时，我所在的专业圈同行威胁称，如果该展览包括任何一件我的作品，他们就拒绝参加。锡罐收音机（见本书第九章）尤其受到嘲笑，并给我赚了一个"垃圾罐设计师"的称号。

在多数欧洲的书店里，《为真实的世界设计》是和另外两本书一起出现的，即阿尔文·托夫勒（Alvin Toffler）的《未来的冲击》(Future Shock)和我的好友弗里茨·舒马赫（Fritz Schumacher）的《小即是美》(Small is Beautiful)。这三本书有一种重要的共性。托夫勒清晰地描述了一个不断变化的未来，以及我们如何跟上这不停的变化。但是，托夫勒并没有充分把握住那种颠覆人类愈演愈烈的机械化的可能性（"……一种易变的环境要求行为更有弹性并颠覆机械化的趋势，"阿瑟·库斯勒[1]如是说）。舒马赫对这一点看得更清楚，他同意我的简洁陈述，即"没有哪个庞然大物是管用的"。

或许我们能够从灾难中学到更多。底特律正在高失业率中挣扎，而且，由于三次石油危机，四次非同寻常的严冬，两次严重的干旱所导致的水资源短缺，大面积的水灾，全球能源短缺，以及我们身后严重的经济萧条，在过去的13年中，即使在美国，这本书也逐渐被接受了。不仅大众读者会购买这本书，而且它已经成了设计和建筑学校中必备的参考书，现在也在被许多大学中的人类学、行为科学、英语和工业管理课程所采用。

在第二版中，《为真实的世界设计》中的部分章节已被全部重写。所有的章节都更新了，而且添加了一些新的材料。我决定保留我在第一版中的许多预言。我在1970年说的一些事，现在离目标还远得让人难堪。另外一些说法在这13年中已经逐渐成为现实，这两种结果都会被讨论。还有一些我在1970年做的预言现在正在变成现实：简化包装、节能设备和替代性能源，以及生态理解力、用回帆船（尽管现在装上了电脑驾驶设备）、比空气轻的飞船重新出现。还有一些预想仍旧等待被实现。我关于美国汽车业的预测

1　阿瑟·库斯勒（Arthur Koestler，1905—1983），匈牙利裔作家，代表作品
　　包括《正午的黑暗》（1940）、《梦游者》（1959）和《机器中的幽灵》（1967）
　　等。——译注

现在都变成真的了——这对于底特律数百万的工人和他们那些傲慢的老板而言可谓损失惨重，但是同样的思考在住宅领域还迟迟未发生。我们已经学会了把大轿车看作"汽油酒鬼"；而同样地，我们必须把我们的住宅看作"空间酒鬼"。由于供暖和空调带来高度的能源消耗，超大房间、巨大的玻璃幕墙或者客房，这些大多数时间都用不到的东西已经不再可行了。

这次修订保留了大多数原先用的图片和图表；在某些例子中新增了些插图，以使观点更为清晰。提请读者们注意我对设计定义的修订（见本书第一章）。参考书目也已经更新和扩充了。

1971年，我到了北欧，在那里居住并工作，几年中，有几次漫长的旅途都是去发展中国家。在本书的第一版中，我写的很多为第三世界设计的内容，现在看起来都有点幼稚。尽管这样，我还是决定让我的一些观察继续留在第二版，因为它说明了在十几年前，我们中的许多人对那些贫穷的国家都抱着一种俨然以恩人自居的态度。尽管我们在和殖民主义、剥削做斗争，但我和其他人都同样没有意识到，在那些我们已经开始去教育人家的地方，我们能够学到多少。在尼日利亚，大量年轻的斯堪的纳维亚设计师设计并建造的住宅，立在那儿没人用也没法用。住宅模式如何服务于大家庭、发展邻里关系或者巩固社会联系，使之保持并增进社区关系，这些年轻的设计师至此才学会这重要一课。在北半球的发达国家和南半球的发展中国家之间是一条双向的通道。毫无疑问，没有那些干了两个星期的国外"专家"的干预，第三世界的设计师可以自行解决他们的问题。

尽管如此，有些事实仍旧是灾难性的：生活在第三世界的人数是发达国家人数的三倍多，而其平均收入还不足发达国家人均收入的 1/10；他们的平均寿命也只是北半球的一半。在发达国家，公众健康支出每花费 1 美元，所对应的第三世界公众只能花费 3 美分（每人）；北半球发达国家对个人的教育每投入 1 美元，在第三世界只能相应投入 6.5 美分。这些赤裸裸的数字也依旧说不清那些威胁着第三世界 26 亿人生存的疾病、营养不良、饥饿和绝望的故事。

有两种原因经常被提出来用于解释为什么我们这些在技术发达的世界里生活的人应该帮助那些在危难中的人。其中之一与我们自身的安全有关，另外一个则与伦理有关。

那种原始的安全论调是错误的：惧怕 30 多亿人将攻击我们的家园（这是 20 世纪 60 年代蔓延全球的一个夸张预言），这实属荒唐。即使在那些最发达的国家看来，现代战争的代价都极其高昂。

那些因为最近从尼加拉瓜、海地和越南等地来的移民而忧心忡忡的人，事实上是害怕上百万人从贫穷地方涌向北方。这第二种"安全"论调和第一种一样属于执迷不悟。在所有国家（无论穷或富），人们和他们的文化、乡土都以多种形式紧密联结在一起，他们并没有强烈的动机去一个陌生的社会自我流放。

　　有一些正当的、合乎道德并基于良心的原因让我们去帮助贫穷的国家。从一个实际层面上看，航空旅行迅捷、距离正在缩短，顷刻间就能进行全球交流的世界经受不住3/4 的居民患病、饥饿或因被忽略而死亡。这种情形所激发的道德感是明确的：我们都是一个地球村里的居民，我们要对那些身处危难之中的人负责。如何使我们的哲学和道德伦理能够对南北之间日益加大的经济差距施加压力，这是一个既迫切又复杂的问题。我们现在知道，把钱、食品或补给扔到一个不发达国家是没用的。大量地出口"一应俱全的工厂"或者"速成技术专家"也是无效的。苏联援助中国、美国在伊朗发展项目、古巴干预安哥拉，这里只是举出几个例子，不过这些经验已经能说明问题了。

　　大量外国的资金干预并没有消除印度的贫穷，相反，没有这种援助却帮助了中国。1956 年，中国提出了"自力更生"的政策。其结果引起了影响深远的社会变革，而更重要的是，人们的思想意识发生了改变，这导致了教育和独立自主意识的发展，并产生了分散解决问题的办法。

　　那些强烈央求援助的发展中国家大都资源丰富，这是一个奇怪的悖论。在南半球，他们的财富都存在于自然资源和大量替代性的能源中。在赤道以南的地方，太阳能最容易被开发。在那儿可以找到地热、生化能量和替代性染料（巴西80% 的小汽车都靠从甘蔗中提取的乙醇发动）。那些沙漠地区为以热能转换为基础的能源提供了最大的机会，那里的昼夜温差可以达到 40 摄氏度。而正是在南半球，热带降雨是可以预报的，那里的风能也是最强大的。

给发展中国家的援助会引发仇恨，这如同让一个跛足者感觉到了他的拐棍。我们所需要的是使双方都能够受益的合作，是一场减少发展中国家对资金和体系性依赖的深刻的运动。双方都应对此进行严肃的重估，这是早就应该做的事了。可以对外来人口进行教育并利用药物学进行生育控制，但是后者必须出于人们的自愿。自立是一个基本的训练课程，每一个人都得靠自己去经历。

至于我们，同样可以从发展中国家获益良多：学到一些生活方式、小规模的技术、物质材料的重新使用和再循环，以及人与自然之间的亲近和谐。我们还可以共同探索其他一些领域，比如非西方的医学和社会组织。

苏联、美国和日本有一点是共同的：它们都想把它们现在的发展模式贩卖并强加给那些发展中国家。这不是什么好事。经过多少年的身份认同建构、教育和自力更生，美国和苏联才达到了今天的发展阶段。常言道"别把上了膛的枪给孩子"说的就是这个问题。对一个没有专业化、依靠劳力密集型经济的国家而言，把一个完全自动化的工厂给它是没用的，把摇滚电视台和《星球大战》的光碟游戏给一个没有文字的社会也毫无意义。

在过去的 13 年中，我的经验告诉我，自治和自力更生在第三世界正在实现。"既得利益集团"及其唯命是从的专家们，以及曾经在海外受过训练的一小撮权力精英可能仍旧祈求能够从国际货币基金组织那里得到支持——但是，那些第三世界的村民、农夫、工人、设计师和发明家日益意识到贫穷不是命中注定的，而是可以成功应对的一个挑战。

本书原先的献词是"献给我的学生，因为教学相长"，这版仍然保留着。但是我想把这个修订版也献给那些在巴西、喀麦隆、乍得、哥伦比亚、格陵兰岛、危地马拉、印度尼西亚、墨西哥、尼日尔、尼日利亚、巴布亚新几内亚、坦桑尼亚、乌干达和南斯拉夫，与我一起工作的设计师、建筑师、农民、工人、年轻人和学生，他们向我证明了贫穷是发明之母。这些例子遍布全书。

通过把更简单的、小规模的方法与新技术结合起来，发展中国家必须与我们余下所有的人携手合作，这是第一次使分散化的、全人类的发展成为可能。发展中国家的穷人、发达国家中的穷人和残疾人，以及我们所有的人必须明智地选择工具、系统和人工制品，对此人们应该形成全球性的共识。挑战就存在于对世纪末所有运转机能的共同探索之中。在激动人心地探索过美、文化和设计选择之间的相互影响之后，我们将迎来一种崭新的、敏锐的俭朴之风。

槟榔屿（马来西亚）—达廷顿礼堂，

德文郡—波哥大（哥伦比亚）

1981—1984

第一部分

设计处于什么状态

第一章

何为设计？

关于功能联合体的定义

三十辐共一毂，当其无，有车之用。

埏埴以为器，当其无，有器之用。

凿户牖以为室，当其无，有室之用。

故有之以为利，无之以为用。

——老子

人人都是设计师。每时每刻，我们所做的一切都是设计，因为设计对于所有的人类活动来说都是基本的。任何一种朝着渴望的、可以预见的目标行进的计划和设想都是设计过程。任何想要孤立设计，使之成为一种自为之物的企图，都是与设计作为基本的、潜在的生命母体所固有的价值相违背的。设计是构思一首史诗，是装饰一面墙壁，是绘制一幅杰作，是谱写一支协奏曲。然而，整理一个抽屉，拔掉一颗阻生齿，烤一块苹果馅饼，为户外棒球赛选场地，教育一个孩子，这些也是设计。

设计是为了达成有意义的秩序而进行的有意识而又富于直觉的努力。

近些年，我才觉得在设计的定义中加入"而又富于直觉的"比较重要。"有意识"意味着理性、思考、研究和分析。我原来的定义没有创造过程中的感觉／感情部分。毕竟，直觉本身作为一种过程和能力是很难被定义的，但它仍然深刻地影响了设计。因为通过直觉的洞察力，我们有了鲜活的印象、观念和想法，我们在潜意识、无意识和前意识的层面上就不知不觉地把它们汇集了起来。直觉"如何"对设计产生影响，这一问题并不能倚仗分析去解答，但是我们可以通过例子来解释。沃森和克里克的直觉告诉他们，DNA 链很可能是螺旋结构。从这个直觉开始，他们展开了研究。最终，现实证明了直觉的洞察：的确是双螺旋结构！

当我们在看树叶、窗格子上的冰花、完美的六边形蜂房或者一朵玫瑰时，我们都会因从它们的形体结构中所发现的秩序而感到愉悦，这反映了人对于图形模式的关注。我们常常试着通过寻找其内在的秩序，去认识那些总是在变化而又高度复杂的存在。而我们所发现的正是我们所寻求的。我们常常在无意识或下意识的层面上回应一些潜在的生物系统。正因为大自然中的某些事物是包含着经济、简洁、优雅、准确等多种元素的有机体，所以我们才会喜欢它们。但是，所有这些图案丰富、秩序井然、优美雅致的自然典范并非人类决定所制造的结果，因此，它们不在我们定义范围之内。我们可以把它们称作"设计"，但这似乎是在说一件人创造的工具或其他什么东西。不过如果这样想，我们就把事情弄错了，因为我们在自然中所见到的美是由一些我们所不理解的程序创造出来的。我们喜欢秋天枫叶的红色和橙色，但是我们所欣赏的却是由衰败的过程创造的，它意味着树叶的凋零。鲑鱼身体的流线型让我们获得了审美的享受，但是对于鲑鱼来说，那意味着游泳时的敏捷轻盈。我们在向日葵、菠萝、松果或者枝干上树叶的排列中都可以找到一种螺旋生长的图案，这是一种妙不可言的美，它可以由斐波那契数列解释（每个数等于前面两数之和：1，1，2，3，5，8，13，21，34……），但是对于植物来说，这种排列只是为了促进光合作用而充分暴露其表面。同样，孔雀开屏是美的，但那无疑是为了更好地吸引雌孔雀，不过是种内选择（这可能对许多物种至关重要）的结果。

从一堆随意堆放的硬币中，我们是看不出什么意图的。但是，如果我们根据硬币的大小和形状把它们排列起来，那么，我们就在这个过程中施加了我们的意愿，而且还可能制造出某种整齐的排列。这种整齐的秩序系统很容易理解，甚至幼小的儿童、原始部落人和某些精神病人都喜欢它。但进一步摆弄这些硬币就会制造出无数不整齐的排列，要想理解和欣赏它们，需要观者更加仔细耐心地参与其中。尽管整齐的设计和不整齐的设计在美学价值上不一样，但由于它们的潜在意图都是清晰的，因而都能很快使我们满足。只有边际图案（marginal patterns，处在整齐和不整齐的临界点上的图案）不能清晰地表达设计者的意图。这些"临界实例"（threshold cases）所具有的模糊性使观者产生了一种不舒服的感觉。显然，排列硬币有无数种方法能让人心满意足。但问题是，尽管其中有一些看起来要比另一些好，却没有哪个是最正确的设计。

在木板上排列硬币是设计行为的一个缩影，因为从理论上讲，作为一种解决问题的行动，设计永远都不可能只有一个正确答案：人们总是会创造出无数种答案，有的"更正确一点"，有的"错得太离谱"。任何一种设计解决的"正确性"都依赖于我们的安排所产生的意义。

设计必须是有意义的。"有意义的"取代的是那些带有表现性的词汇，比如"优美的""丑陋的""做作的""令人讨厌的""迷人的""逼真的""晦涩的""抽象的""精细的"，当一颗破碎的心灵面对毕加索（Picasso）的《格尔尼卡》、弗兰克·劳埃德·赖特（Frank Lloyd Wright）的流水别墅、贝多芬（Beethoven）的《英雄交响曲》、斯特拉文斯基（Stravinsky）的《春之祭》、乔伊斯（Joyce）的《为芬尼根守灵》，前面的那些词都能用得上。在上述作品中，我们所关注的是那些意义。

一项设计为实践其目的所采取的行为方式就是它的功能。

1739 年，美国雕塑家霍雷肖·格里诺（Horatio Greenough）首次提出了"形式追随功能"。他的这句话在大约 100 年前成为建筑师路易斯·沙利文（Louis Sullivan）的战斗口号，后来被弗兰克·劳埃德·赖特重新表述为"形式与功能相一致"。这两种表述都指出了"好用"和"好看"两者表面的分离。"形式追随功能"暗示,只要功能要求被满足,形式将服从它,而且看起来也会讨人喜欢。有些人却本末倒置,错误地把这句话理解成"理想"的形式总是功能良好。

对于二十世纪二三十年代那些缺乏新意、使人如同置身手术室的家具和工具来说,那种认为好用的东西必须好看的观念已经成了一种蹩脚的托词。这个时期的餐桌可能会有一块比例匀称、光泽度好的白色大理石桌面,桌腿用最少的若隐若现的不锈钢材料,经过仔细琢磨,达到最大强度。但是,我碰到这张桌子的第一反应是躺在上面做阑尾切除手术。这张桌子没有一处表现出"请吃"的意思。在关乎人类的价值方面,国际风格(Le style international)和新即物主义(die neue Sachlichkeit)都让我们相当失望。勒·柯布西耶(Le Corbusier)的住宅是"居住的机器",这和按照荷兰风格派的教条包裹起来的房子一样,都反映了一种对美学和统一性的曲解。

学生们常问:"我是应该把它设计得更符合功能性的要求,还是应该让它更能给人带来审美上的愉悦呢?"这在当今的设计界是最常听到、最容易理解,也最令人糊涂的问题。"你是想让它好看呢,还是想让它好用?"事实上在功能问题的各个角度中,许多障碍只是在其中的两个方面之间所竖立起来的。有一个简单的图表可以说明促成功能联合体的各种运动和联系。

现在，我们可以通过功能联合体的六个部分来区分它的每一个方面了。

方法：工具、程序和材料的相互作用。诚实地使用材料，从来都不会脱离材料本身的属性，这才是好的方法。我们必须用最理想的方式使用材料和工具，如果用这种材料可以更为节俭、有效地完成同样的工作，那么就不要用别的材料。给屋子的钢梁画上假的木质纹理，把铸塑瓶子设计得像是昂贵的吹制玻璃瓶，把一条 1967 年新英格兰皮匠用的长凳复刻品（"钻孔多花 1 美元"），拖到 20 世纪的客厅，给马提尼玻璃杯和烟灰缸找个不踏实的落脚处——这些都是对材料、工具和程序的误用。采用适当的方法，这一原则也延伸到了纯艺术的领域。亚历山大·考尔德（ Alexander Calder ）的《马》在纽约现代艺术博物馆是一件引人注目的雕塑作品，它是从一种特殊的材料里诞生的。考尔德认定黄杨木具有他的这件雕塑所需要的色泽和纹理，但是他得到的黄杨木都是些既小又窄的板子（正是基于此，传统上黄杨木才用于制作小盒子）。要想制作具有相当尺寸的雕塑，材料尺寸又小，唯一的办法就是像做小孩子的玩具那样使它们相互铆合住。这样，《马》作为一件雕塑，其审美的意义在很大程度上就是由其制作方法所决定的。在美术馆一个赞助人的要求下，最后作品是用胡桃木做的。

当早期的芬兰和瑞典的移民来到了我们今天称之为特拉

方法
・工具
・材料
・程序

使用
・作为工具
・作为交流
・作为象征

联想
・家庭与早年环境
・教育
・文化

目的性利用
・自然
・社会
・技术成见

美学
・完形
・感知
・异常清晰的和生物
社会学的"指定"

需求
・生存
・认同
・目标构成

功能联合体。六个方面中的每一个都有阴阳图，意指柔与坚、情与思、觉与智的融合，这决定了每个方面的评价标准

亚历山大・考尔德：《马》(1928)。胡桃木，15.5×34.75英寸。纽约现代艺术博物馆藏。利利・布利斯（Lillie P. Bliss）遗赠取得

保罗·索列里为最初的绘图室挖的地形，以及陶艺工作室的内部。
斯图尔特·韦纳（Stuart Weiner）摄

华州[1] 的地方想定居下来的时候，他们手头仅有树和斧子。**材料**就是圆形的树干，**工具**就是一把斧子，**程序**就是简单地把树干"劈砍"成圆木。工具、材料和程序这样一结合，其结果自然就是圆木做成的小木屋。

　　保罗·索列里（Paolo Soleri）[2] 在 20 世纪的亚利桑那州盖的沙漠房子也是工具、材料和程序的结果，与小圆木屋如出一辙。在索列里盖房子的沙漠，那里的沙子所具有的特殊

1　特拉华州，美国东部一州，临大西洋。1631 年和 1638 年荷兰人和瑞典人分别在此殖民，1664 年该地区被转让给英国。1787 年成为最早的 13 个殖民地之一。——译注

2　保罗·索列里（Paolo Soleri，1919—2013），意大利建筑师，赖特的追随者，生态建筑的先驱，20 世纪重要的乌托邦畅想者和实践者。——译注

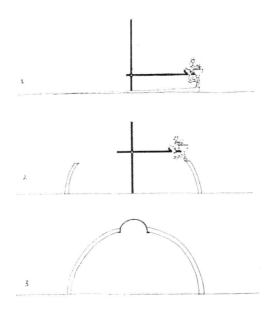

自生的泡沫塑料穹顶。这是建造过程三个阶段的示意图。
斯密特·瓦加拉门特（Smit Vajaramant）绘

黏性使他采用独特的方法成为可能。索列里在沙漠里找了个沙墩，斜着成 V 字形往下挖隧道，挖成的形状看起来就像鲸鱼的肋骨。然后，他往隧道里灌混凝土，再把屋子的梁架撑进去。他给屋顶包了一层混凝土，把沙子从底下推出去，他所要的生活空间就出来了。最后他从旧车收购站找来几个车窗安在上面，他的房屋结构就算最终完成了。索列里创造性地且极为诚实地使用了工具、材料，其程序也是一项绝技，他为我们提供了一种全新的建筑方法。

　　陶氏化学公司（Dow Chemical）的"自生"泡沫塑料圆屋是另一种全新的建造方法的产物。建筑物的地基是高 12 英寸的环形保留墙。在这道墙上再添加 4 英寸的泡沫塑料板，当它沿着墙长到了 4 英寸高的时候，就为盘旋上升的圆屋奠定了基础。在房子中间的空地上，机动化的设备操控一个自动螺旋上升的悬杆，悬杆上有一个工人操作热力焊接机。悬杆转动，就像指南针一样划一圈，随着其旋转每分钟升高 3 英尺。渐渐地，它转到了中心。坐在悬杆座位上的人不断地把 4 英寸的泡沫塑料板塞到热力焊接机里，以把这些泡沫塑料板和之前的粘结起来。随着焊接绕着圈升起一直到顶，在这个过程中圆屋就创造出来了。最后，在屋顶上会留下一个直径 36 英寸的孔洞，人、立柱和机器手都可以从中移出。然后在这个孔洞上盖上透明的塑料圆顶，或者做成排气孔。这时屋子的结构是半透明的、柔和的，没有门和窗。接下来，切开门和窗（只需花很小的力气，事实上屋子的结构是如此的柔软，以至于我们用指甲就可将之戳破），然后再在结构的里里外外浇筑乳化了的混凝土。尽管这种圆屋很轻，但它足以抵御强风暴雪，也能阻挡鸟兽的袭击，而且造价低廉。好几座半径 54 英尺的圆屋聚在一起，很容易就能组成一个群落。

　　在设计师兼数学家史蒂夫·贝尔（Steve Baer）的领导下，一群年轻人建造了"滴城"（Drop City），它位于科罗拉多的特立尼达岛附近。1965 年，史蒂夫·贝尔发明了一种称作"佐姆斯"（Zomes）的新的几何学。穹顶状的形式的基

一所医学门诊部的设计使用了七个相互连接的泡沫塑料穹顶，印第安纳，拉斐特

"滴城"中的轿车顶穹顶屋，科罗拉多

础是一些多面体和多边形，然后在一个佐姆斯里面被拉开或"延展"——这应用的是一种拓扑几何学原理。从 1965 年到 1981 年，人们在田石、混凝土和木头上建立起了许多佐姆斯。这种穹庐的骨架是由几根木头构成的。至于建筑物的"皮肤"，史蒂夫·贝尔和他的朋友们去旧车收购站用斧子从小轿车或旅行车的顶板上砍下一些三角形的部分，然后再把它们钉在一定的位置上，涂上油漆或施以彩绘即成。

我写这本书的时候，"滴城"仍然存在，它提供了一个后工业时代地方建筑的案例。由于其采用的工艺是有问题的，容易生锈，而且会产生一些纰漏，所以其设计的可靠性就打了折扣。但它仍然给我们提供了另外一个基于方法的新型建筑：这种方法就是材料、工具和程序的相互影响和渗透。

上述所有的建造方法都说明，通过工具、材料和程序的创造性互动，很好地解决问题是可能的。

使用："它好用吗？"维生素瓶子应该能将药丸一粒粒地倒出来。墨水瓶子不能被打翻。包装五香牛肉干的塑料袋应该既耐得住沸水，又容易打开。在任何一个声音畅通的屋子里，闹钟都不需要以时速 500 英里的速度移动报时，因此流线型闹钟是用不上的。设计得像汽车尾灯一样的香烟打火机（其设计又是来自朝鲜战场上的战斗机）是不是更好用呢？圆珠笔的形状和颜色都像是泡菜，而且是用一些很软的塑料制成的，那么这是对"为使用而设计"的一种非常低俗的曲解。另一方面，让我们看看某些锤子吧：由于其用处各不相同，因而它们的重量、所用的材料和形式也各有差异。雕塑家的槌棒是浑圆的，这可以让它在手中不断旋转。首饰匠的镂刻锤是一种非常精致的工具，用来在金属上做慢功细活。当勘探者凿石头的时候，勘探者的鹤嘴锄恰好与人的臂摆相平衡。

采用一种新工具的结果从来都是不可预知的。汽车的发展就是一个很典型的讽刺性案例。对汽车最早的批评声音之一是，当车主在聚会中喝得酩酊大醉找不着家门的时候，汽车不像"老道宾马"[1]，它找不到回家的路。没有人会预见，大众对汽车的接受，使得美国人连卧室都搬到了车轮上，汽车给所有人提供了一个新的爱巢（这个私密之所屏蔽了父母和配偶的监视）。人们也不会想到，汽车机动性的加强，造成城市和远郊的无序扩张，加上近郊的宿舍区，彻底扼杀了城市；要么你就得接受每年因车祸死掉 50 000 人的惨状，这尽管残忍却是事实，正如菲利普·怀利（Philip Wylie）所言，"在缅因州和枫谷的角落里到处都是面目全非的儿童"；要么把各个社群挪开，但这样会越发加重我们之间的隔阂；要么就让 16—60 岁的人每人每月交 150 美元，永远都让人规规矩矩地看着，以免出事。在 19 世纪 40 年代中叶，没人预见到事情会变成这样，随着汽车基本使用功能的解决，其存在变成了一种地位象征和用完就扔的结合，成了镀铬的遮

---

1 道宾马，尤指一种农场用马。——译注

阴袋[1]。但随之而来的是两个巨大的讽刺。在 20 世纪 60 年代早期，当人们为了到达目的地而开始更多地乘坐飞机或租用一般汽车时，商人们的客户再也看不到商人自己的车，因而通过车也就看不出他的生活方式。底特律生产的许多巴洛克式豪华车的产量随之下降，汽车回归为交通工具，人们把钱转投到能显示其身份的游艇、彩电和其他短命的东西上。

另一个讽刺预言现在落到了我们身上：由于汽车尾气对大气的污染，那些走得不快不慢、续航不超过 100 英里的电车，它们本来都已经成为世纪之交沧桑变迁的回忆了，1978年到 1984 年间却在瑞典和英国再次成为城市交通工具。由于在没有公共交通工具的广袤的乡村，私人交通工具仍然扮演着十分重要的角色，许多相关试验在 1984 年便渐渐展开。这样一来就使许多邮政车、出租车和运输车装上了甲烷转换系统，有用氢气作为能源的汽车，还有通过天然气转换器发动的汽车。可以说汽车提供了一个有趣的案例史：在近 100年中，汽车从有用的工具变成了消耗汽油、证明身份的象征，最后又变成了污染环境、破坏不可再生资源的设备。

底特律的状态一片紊乱。在汽车及其相关行业中，有100 多万人失业，股东们的红利也大为缩水。全世界原油供求的急剧变化引起了汽油价格的剧烈波动。尽管在 1984 年，

---

1 遮阴袋，15 世纪至 16 世纪男子马裤两腿分叉处前面所悬的袋状物，用于遮阴。——译注

汽油似乎更容易得到了，但是两伊战争的扩大可能会随时改变这种情况。除此之外，由于大规模的失业，加之车价过高，许多消费者现在选择的是日本和其他国家生产的微型车。尽管美国的汽车制造商已经开始大力开拓国产小汽车的市场，但是正如人们所报道的那样，由于这些新系列车型在设计、工程和制造上存在严重缺陷，因而不久前已经被召回了。（根据美联社 1983 年 8 月份的报道，消费安全局想让通用汽车和其他的公司召回他们在 1979 年到 1983 年生产的 850 万辆 X、J 和 K 型号的微型车。）自从本书第一版面世后，底特律制造的汽车中大约已经有 1/3 被召回了。

需求：最近很多设计都只是在满足一些短暂的欲求，而人们真正的需求却常常被忽视。时尚能够通过对"欲望"的精心操纵使人获得满足，但是一个人在经济、心理、精神、社会、技术和智力上的各种需要却往往更难满足，而且满足这些需求也不像时尚那样有利可图。

人们喜欢装饰胜过朴素，正如人们喜欢做白日梦而不愿意思考，喜欢神秘主义胜过理性一样。由于人们所寻求的是一群人的喜好，同时又选择了五花八门的能够使人高兴的方式，而不是单一的方式，这就使得人们似乎觉得他们能够从密密麻麻的人群中找到一种安全感。事无巨细和表面的空虚一样都是内在的恐惧使然。

在服装上，想通过身份的认同获得安全感已经堕落成了一种人物角色的游戏。穿上看起来雍容华贵的瑙格海德[1]人造皮鞋、仿制军服、伐木工衬衣、各式各样的"救生装备"，以及像戴维·克罗克特（Davy Crockett）[2]、外籍军团成员、哥萨克酋长或约翰·韦恩（John Wayne）[3]一样其他各式各样的外表装饰，现在的消费者可以把自己打扮成各种各样的角色。很明显，所有的这些皮大衣和鹿皮鞋子只不过是角色游戏的道具罢了，因为社会风气的变化会使它们变得多余。在一个关注体形的社会，大量的设计改造都集中在了慢跑鞋子上（最先是从德国的阿迪达斯和彪马开始的），许多运动服都被改良，甚至有一些是新发明的。但是，当人们渴望直接告诉别人他想变成什么样时，假冒的户外运动时尚甚至增长得更快。

大约 20 年前，苏格兰纸业公司开发了一种一次性的纸衣服，每件 99 美分。1970 年，我对买这样一件纸做的宴会服装要花 20—149.5 美元非常反感，尽管消费的增加可能会使其价格降至 50 美分。但也就是在那几年，纸衣服的功能性需要被发现了：在医院、诊所和医生的办公室里，我们对纸大褂已经习以为常了，一次性的纸衣服也被广泛地用于电脑装配和隔离硬件的车间。

1　瑙格海德，由带有乙烯基的织物制成的人造皮物的商标。——译注
2　戴维·克罗克特（Davy Crockett，1786—1836），美国边疆居民和政治家，他曾是来自田纳西州的美国众议院议员，并加入了与墨西哥作战的得克萨斯革命军，死于阿拉莫围攻战中。——译注
3　约翰·韦恩（John Wayne，1907—1979），美国西部片牛仔明星，在《关山飞渡》（1939）、《大地惊雷》（1969）等影片中塑造了美国西部开发时期纵马持枪、见义勇为的牛仔形象。——译注

技术的日新月异也被用来制造技术性淘汰。过去的两年中，电话的大量使用就能很好地说明这个问题。以前，新英格兰的邮购商店需要寄4本42页纸的目录，现在在电话上列个单子就行了。现在的电话通过你的声音识别所说的人的名字，自动拨号找你想要的人，电话都有内置自动拨号装置、回答服务、短暂录音和扩音功能，你不用亲自动手拨号也不用摁按钮，掌上电脑能够为你预置72个世界各地常用的号码，甚至你长期不在家，电话都能自动预警家中火情（因为装配了烟尘检测装置）。然而，市场经济要适应一种所谓的"购买—占有"的固有哲学，而不是一种变幻不定的"租赁—使用"的哲学，价格方针也没有降低消费者的花销。例如，如果一种电视体现出了足够的技术进步，使之随时更换都物有所值，那么常见的租借法（如英国）或更低的购买价格就应该反映出来。但事实上，正品的重要价值总是被假货的冒牌价值驱逐，这是一种设计中的格雷欣法则。

目的性利用："为了达到特定的目的，要深思熟虑、有目的地统一自然和社会的进程。"（《兰登书屋词典》，1978）设计的合目的性的内容势必反映其赖以产生的时间和外部条件，而且设计必须适应人类一般的社会经济秩序，因为设计需要在后者中发挥作用。

在我们的社会，各种各样的不确定性及那些新奇而又复杂的压力使许多人觉得，要想重新获得那些已经失去的价值，最合乎逻辑的方式就是去买早期美国人使用的家具，在地板上铺块钩针编织的地毯，买一些现成的假祖先画像，并在壁炉上挂一把用燧石打火的来复枪。在我们宽敞的屋子里，油灯是那样的流行，而这种感情用事的做法却是危险的、错误的，这只能说是反映了一种在消费者和设计师身上都存在的不可靠的怀旧努力。

我们 35 年来对日本事物的喜爱（如禅宗、伊势神宫[1]、桂离宫[2]、俳句、歌川广重（Utagawa Hiroshige）[3] 和葛饰北斋（Katsushika Hokusai）[4] 的浮世绘、用十三弦古琴[5] 和三味线[6]演奏的音乐、灯笼、米酒坛子、绿海利口酒、寿司和天妇罗），曾一直被商家用来向消费者兜售舶来的人工制品，而消费者购买并不考虑合乎目的性的使用问题。

但是现在来看，我们对于日本事物的兴趣并不是一时的时尚潮流，而是重要的文化交流的结果。在德川幕府的统治下，

1　伊势神宫（Ise Jingu），位于三重县，传说起于远古时代，是日本神社的主要代表。自明治天皇（1867—1912 年间在位）以后的历代天皇即位时均要去参拜。——译注

2　桂离宫（Katsura Rikyu），建于江户时代早期，原名桂山庄，在日本京都西部桂川的西岸，从选址到景观规划，都追求简朴而接近自然。20 世纪欧洲的现代主义者视其为日本传统建筑的精华。——译注

3　歌川广重（Utagawa Hiroshige，1797—1858），原名安藤广重（Ando Hiroshige），日本江户时代重要的浮世绘画家，代表作有《东都名胜》《东海道五十三次》等。

4　葛饰北斋（Katsushika Hokusai，1760—1849），日本江户时代的浮世绘画家，他的绘画风格对 19 世纪末 20 世纪初的欧洲画坛影响很大，其历史场景画及风景画闻名于世，作品有《神奈川冲浪里》《富岳三十六景》等。——译注

5　十三弦古琴，日本乐器，在一个长方形的盒子上有七到十三根弦。——译注

6　三味线，日本乐器，有长颈和三根琴弦，用琴拨弹奏。——译注

日本和西方世界隔绝近200年，在帝国城市京都和江户（现在的东京），其繁荣的文化表现得如此纯粹（尽管从某种意义上说是内在的）。西方世界对日本事物的深入了解，可比之于欧洲对于古典事物的反应，后者我们现在喜欢称之为"文艺复兴"。

只是把各种各样的物品、工具和人工制品从一种文化移到另一种文化，便希望它们在其中起作用，这是不可能的。具有异国情调的装饰品和艺术品可以通过这种方式进行转换，但是它们的价值似乎明确地依赖一个事实，即它们是异国情调的——换句话说，是在一种相异的语境中观看。当文化与文化真正融合的时候，两种文化才都能变得更加丰富多彩并且彼此继续受益。

但是，不顾语境的变化，只是拿来一些日用品就想让它们在另一个不同的社会中起作用，这是不可能的。传统日本房屋的地板上都铺着被称为"榻榻米"的席子。这些榻榻米6英尺长、3英尺宽，外面由灯心草编制，里面密密麻麻地塞满了稻草。长的一侧外面包着黑色的麻布边。尽管人们有时把榻榻米用作一种模数（房子据说是放6床、8床或12床席子），但是它最基本的目的却是隔音，并通过编织的表面过滤灰尘，如同铺满了整个地板的真空吸尘器，把灰尘留在稻草心里。这些席子将定期丢弃（里面有灰尘），再换上新的。日本人在屋外穿干净的木屐，将其脱掉放在门外，进门脚上只剩布袜，其设计也是为了适应这一系统。西方的皮底鞋和高跟鞋会破坏席子的表面，而且会把更多的尘土带进屋子里。现在在日本，由于越来越多的人穿的都是比较常见的鞋子，加上榻榻米的产量下降，所以用的人已经不那么多了；但是在美国，高额的成本使得定期处理与换新的花销贵得吓人，这真是太荒谬了。

大约自1980年起，一些榻榻米席子进口商开始在俄勒冈、加利福尼亚和新英格兰活跃起来，他们通过在《夕阳》杂志上做广告销售榻榻米。八木幸二（Koji Yagi）写了本《日式家居》（*A Japanese Touch For Your Home*），此书是由东京、纽约和洛杉矶的讲谈社国际部为美国室内设计师协会出版的，它在1982年的圣诞节成了书店里的畅销书，一直到现在都卖得很好。书中附有图表和美丽的彩图，告诉美国人如何使他们的房间看起来更具日本风情。尽管许多美国人为了给自己的家居带来些变化，在这上面花了不少钱，但榻榻米之于美国的文化依然是不合适的。

榻榻米覆盖的地板只是日本房屋设计系统的一部分。光滑的纸墙和榻榻米无疑成就了一些重要的声学上的遗产，它影响了乐器的设计和发展，甚至日本人的讲话、诗歌和戏剧的韵律结构都受到了影响。钢琴是为西方房屋和剧院大厅那种隔音的墙和地板设计的，在日式房子里，拉赫玛尼诺夫[1]协奏曲的辉煌会被削弱为尖锐的杂音。同样，在美式住宅那

---

1 谢尔盖·瓦斯列维奇·拉赫玛尼诺夫（Sergei Vasilievich Rachmaninoff，1873—1943），俄裔作曲家，伟大的钢琴家，他对晚期浪漫主义作曲家有过人的理解。——译注

种带回声的房子里，三味线那婉转悠扬的曲调也不可能被完全欣赏。有些美国人为了寻求一种异国情调，试图把日本人的室内环境和美国人的生活经验相结合，但最终他们会发现，所有的要素都不可能完好无损地从其合目的性利用的语境中剥离出来。

联想：我们的心理状态常常会潜藏一些早期的童年记忆，这些会对我们形成特定的价值观产生一定的影响，也会让我们对一些事情心生厌恶。

许多商品在设计时忽视了功能联合体中联想的层面，正是因为这个原因，越来越多的消费者拒绝购买这些商品。以电视工业为例，它用了20多年的时间都没能解决一台电视机是应该让人们联想起一种家具（一种明代髹漆的麻将盒）的价值还是一种技术设备（一种便携式的电子管实验装置）的价值。能使人产生新联想的电视（用明亮的颜色和材料为儿童房间设计的电视，没有增加实际功能但有触摸乐趣的控制器，可以设置给定的时间和频道；以及为病床设计的可以夹住的、旋转的电视）可能不仅清除了仓库里数量惊人的存货，而且也创造了新的市场。

除了把电视当作家具和设备，我们还可以把电视作为珠宝首饰。1983年底，松下公司把二十世纪四五十年代连环画上迪克·特雷西（Dick Tracy）[1]戴的手表电视变成了现实。

---

1 迪克·特雷西（Dick Tracy），20世纪30年代美国漫画《至尊神探》中的主人公，他戴着手表电视，是一位机智勇敢的警探，该漫画后来曾被改变为动画和电影。——译注

索尼公司设计了他们的"随身看"——一种平直的迷你电视，其大小相当于四本支票簿相互叠压的尺寸。听声音用耳机，就像索尼的"随身听"迷你卡带播放器一样。英国的辛克莱电子也发布了他们的便携电视，画面的大小相当于一张邮票。这样，我们会发现电视进入了一个新的联想领域。随着消费型电子产品愈发趋近微型化，最后超微型化，我们就能期望许多产品对自身的定位进行重新划分了。尽管制造商与其设计师试图定义联想的价值，但是我们必须看到一个客观的结果：如果电视机只有邮票大小的屏幕，那么上面的图像实在是太小了，很难看清楚。当用耳机听手表电视或索尼的"随身听"时，人们可能联想到方便、轻盈或个性装饰，但随之而来的是听力受损。某种浴室体重秤，可能会用**诱人的女低音或是让人愉悦的男中音**（当然是合成的）提示体重，但是这些只能引起性感或小玩意儿的联想，却与健康、匀称、体重或浴室无关。

在一个经济不稳定的时代，生产者和销售部门滥用最多的联想就是显示身份的伎俩。最好的例子莫过于大来俱乐部（Diners Club）1983—1984 年的圣诞商品目录，上面有一款30 000 美元起售的纯金电话。

影响力强大的媒体广告就像是致命的武器，它把公众变成了一群被动的消费者，使人们不愿意坚持他们本来的趣味和喜好。动机研究、市场分析和商家组成了一个邪恶的轴心，一个精神脆弱、智力平平的人很容易接受他们被灌输的一切

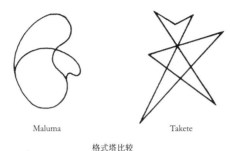

Maluma   Takete

格式塔比较

东西。简而言之，设计的联想价值已经堕落成了最小的公分母，更多时候，起决定性因素的并不是消费者的真实需要，而是被人授意的猜测和黑白相间的平面销售图表。

　　有些联想是每个人都有的，这一点也很容易证明。如果让读者从上面的图形中做出选择，其中一幅他可以称作"Takete"，而另一幅他则可以称作"Maluma"（两个词都没有任何意义），读者会不假思索地把右边的称作 Takete。（W.Koehler，《格式塔心理学》）

　　多数联想的价值在同一文化内部是普遍的，而且文化传统往往构成这些联想价值的根基。这些价值来自无意识，有着深层的动机，而且具有强迫性。上面所举的完全没有意义的声音和形状对于我们当中的大多数人而言却意味着相同的事情。在观看者的心理预设和对象的形体之间存在着一种无意识的联系。设计师能够掌握这种联系。他能够加强椅子的"椅子性"，同时在椅子身上还附加了一些联想的价值：雅致的、拘谨的、轻便的、木工精良的感觉，或者是任何你所能想到的。

美学：这是一个传统的波希米亚艺术家。他是个神秘人物，穿着便鞋，有情人、阁楼和画架，追求着魂牵梦绕的设计。围绕着美学的神秘光环能够（而且应该）被驱除掉。字典上的解释是，"一种关于美的理论，涉及趣味和艺术"，这对于我们来说再好不过了。但是我们知道美学是一种工具，是设计师剧目里的重中之重，这种工具能够帮助我们把形式和色彩铸成统一体，这些统一体让我们感动，让我们身心愉悦，它们是美的、令人激动的，它们令人快乐且意味深长。

由于对美的分析没有既定的标准，因而这种分析很容易被人看作是个人化的表达，充满了神秘色彩。

我们都知道自己的好恶，而且也不愿意做什么改变。艺术家们自己把他们的作品首先看作是自我表现的治疗工具，通过作品，他们要突破窠臼、自由发挥，抛弃所有的金科玉律。他们往往不能认同设计美学的各种因素和特质。如果我们把莱奥纳多·达·芬奇的《最后的晚餐》和一面普通的墙板相比较，我们就会明白两者在美学运用上的不同。作为"纯"艺术，《最后的晚餐》是灵感、快乐、美和情感宣泄的来源……简而言之，在一个多数人不识字而且也没有多少图像再现和图解刺激的时代，它是为米兰圣堂创作的一个沟通装置。但是《最后的晚餐》也得满足一些其他功能的需要：除了精神上的作用，它的**用途**就是去覆盖一面墙。根据方法的要求，它必须反映出莱奥纳多所使用的材料（颜色和媒介）、工具（画笔和画刀）和程序（个性化的笔触）。它必须满足人们对于精神的**需要**。而且由于其内容来自《圣经》，它必然要涉及**联想**和各种**有目的性的**计划。最后，它必须通过基本的形制、衣服和耶稣的手势等传统的象征符号，使观众更容易产生联想，从而获得他们认同。

有一些关于基督《最后的晚餐》的早期版本，绘制的时间在公元6—7世纪之间，其中描绘的基督是躺着或斜倚在人们以他为尊的地方。大约有1000年了，基督从来不曾这样大大方方地坐在桌子旁。对于斜倚姿势这一早期文明的产物，以及以前那些为耶稣及其使徒造像的画家，莱奥纳多·达·芬奇都不以为然。为了能在联想的层面上让当时的意大利人接受《最后的晚餐》，在莱奥纳多的笔下，基督和他的信徒围坐在桌边的椅子或长凳上。不过，按照《圣经》的说法，圣约翰是把他的头贴在救世主的胸前，一旦画中的每一个人都按照文艺复兴的风俗落座的话，就会给艺术家提出一个无法解决的难题。

另一方面，墙板的基本用途是覆盖一面墙。但是随着工厂开始提供越来越多的不同色调与质感的装饰物，这也表明墙板必须满足**美学**层面的功能。没人会怀疑，在像如《最后的晚餐》这样伟大的艺术品中，主要强调的是审美，**用途**（覆盖墙体）只是辅助性的。而墙板的主要功能在于覆盖墙体，审美则在其次。但是两个例子都必须在功能联合体的所有六

莱奥纳多·达·芬奇的《最后的晚餐》

个方面中运行。

　　功能联合体的六个方面是从过去，即经验和传统中获得的。但是功能联合体就像杰纳斯[1]一样也面向未来。我们设计、制造、使用任何事物的行为都会产生相应的**后果**。我们使用的所有工具、物品、人工制品、运输设备和建筑都会带来后果，这些后果会延伸到包括政治、健康、收入和生物圈在内的不同领域。

　　事实已经表明，在选择材料的时候使用塑料而非可降解的材料会给环境带来深远的影响。生产的**过程**会直接产生污染问题，比如酸雨就剥蚀了加拿大、新英格兰和斯堪的纳

1　杰纳斯，古罗马门神，拥有前后两个面孔。——译注

维亚国家的大片森林：这些有毒的降水是由芝加哥－盖瑞[1]地区和鲁尔[2]、萨尔[3]河谷中工厂的烟囱一直排放的污染物质引起的。长期的污染使人类现在必须面对这样的现实：环保机构迄今为止已经在北美确认了14万个有毒的废品站——这是任意倾倒化学药物、垃圾和工厂废料的直接结果。

纽约的拉夫运河和密苏里州的时代海滩是其中两个最糟糕的垃圾倾倒地点，在那里可以看到地产贬值，它清楚地证明了如果没有设计燃烧和废物过滤处理系统会带来怎样的经济后果——更不用说由于对有毒废料不当的设计存储所导致的健康和遗传问题。

耗油的设计使美国消费者（自然，政府也是）受制于石油出口国反复无常的对外政策，而这些国家的局势又时常动荡——这是说明设计所能造成的政治后果的鲜明例子。

"都市更新"和"贫民窟清洁"项目使得少数族裔聚集区越来越变得硬如铁板一块，这给那些被迫住在那里的人带来了危险。跟随每一次都市更新计划而来的是自杀、精神错乱、侵犯、强奸、杀人、过量服用毒品和对于正常性规范的背离。（彼得·布莱克，《形式追随失败》，波士顿：小布朗联合公司，1979；维克多·帕帕奈克，《为人的尺度设计》，

---

1 盖瑞，印第安纳西北部、临密歇根湖靠近伊利诺伊边境的一城市，建于美国钢铁公司1905年购买的土地上，是一个高度工业化的入口港。——译注
2 鲁尔，德国西北部一区，位于鲁尔河沿岸以北，该地区的工业发展开始于19世纪，是德国重要的老工业基地。——译注
3 萨尔，在萨尔河的河谷，是法国一个高度工业化的地区。——译注

纽约：凡·诺斯特兰德·雷茵霍尔德，1983）

因为大集团的自负与贪婪，美国每一个城镇和稍大一点的村庄都有快餐店。其社会结果是显而易见的：家庭变得不稳定了，新的饮食模式常常导致肥胖或厌食，人类品位的降低迫使人们寻求一条标准底线，最后人们还得心甘情愿地接受骇人的俗艳与视觉污染。在这种背景下，当我们注意到最大的快餐连锁店骄傲地宣称"到目前为止已售出310亿个汉堡包"，事情就变得很有意思了，因为这也是世界上最恶劣的化学污染之一！人们从快餐店里买的每一个汉堡包、鱼肉三明治、鸡蛋夹饼以及其他任何东西，都被它们的泡沫塑料棺材包着，泡沫塑料外面又包着塑料薄膜，附带的各种佐料（番茄酱、芥末酱、法式生菜调味酱、盐、不含奶的奶油替代品）也装在塑料袋或箔片袋中。各种饮料也是用泡沫塑料瓶子盛装，加上苯乙烯盖子和塑料吸管；上面所有的餐点加起来又都装在一个更大的塑料盒子里。有人估计过，这家公司每年大约要生产600吨以石油作为基本原料的包装垃圾，这些垃圾会破坏生态系统，而且很难回收利用（格兰那达电视台，1981年11月22日）。所有这些塑料包装都经过精心设计与制造，它们包裹着垃圾食品，在仿红木的建筑物里被用来售卖快餐，造成的后果却是灾难性的。

这些包装材料污染环境的状况已经显露出来。事实上，垃圾食品本身空有热量，汉堡包和小面包圈中所含的大量的糖和盐对经常享用这些食品的消费者的健康会造成破坏性的后果。由于空间美学和建筑物风格一致，快餐店倾向于聚在一起。穿过村镇道路的两边常常全是服务站、快餐店和折扣店，形成一片片的快餐店区。（在堪萨斯的劳伦斯，一条 3.5 英里的街上，有 77 家这样的餐馆。）

更严重的问题可能来自我们处理核废料的方式。大家都知道这是最具破坏性的废弃物，但是人类花在研发其贮存箱设计和工程技巧上的时间还不及原子研究的百分之一，其中有些核废料的半衰期是 24 000 年。人们讨论的各种情形是往哪儿倾倒核废料，而这些核废料只是医院和诊所进行的范围相对较小的研究和应用所产生的。一整套听起来很科幻的目标正在被认认真真地研究着。这包括把核废料埋藏在地下岩洞中，把明显还不完善的盛有核废料的圆筒倒入海洋，甚或把原子垃圾点燃放入太空。1983 年以前的整整十年，报纸和刊物上到处都有文章在讨论，认为现在**任何**一种弃置核废料的方法都不能真正完全解决问题——与此同时，核废料堆的数量却在不断增长。事实上，我们现在根本没有一种安全处理核废料的手段。

在有毒垃圾的弃置问题上，统计结果同样令人发指，这一问题在另外一个章节中将详细讨论。

设计师常常试图超越方法、使用、需求、目的性利用、联想和美学等一些基本的功能性要求。他们想努力做出一种更加简明的表白：精确、简洁。在这样一种被构思的表白中，我们可以发现一种美学的满足，其程度可比之我们在鹦鹉螺的各层中发现对数的精神，也可以与海鸥飞翔的轻逸，多节树干的强壮，以及夕阳的颜色相媲美。这种来自事物之简洁的特殊满足可称为**文雅**。当我们在谈论一种文雅的解决方式时，我们指的是一种删繁就简的东西：

> 欧几里得证明说质数无穷大可以作为一个例子。质数是不可除尽的数字，如3、17、23等。你可以想象，在越高的数列中，由于挤满了由小的数字积累起来的大数，质数就会越来越少，最后我们会找到一个非常大的数字，它将是最高的质数，也是最后一个纯洁的数字。欧几里得证明以一种简单而又文雅的方式表明了这是不对的，无论我们爬到一个多么无法估计的范围，我们总会找到一些不是由小一点的数字而是由完美的概念产生的数字。以下是证明：假定P是最大的质数，然后设想一个数字等于$1×2×3×4……×P$，这个数字用（P!）表示。现在加1，即（P!+1）。这个数字显然不能被P或任何一个小于P的数除开，因为它们都包含在（P!）里。因此，（P!+1）既是一个比P大的质数，又包含着一个比P大的质数……证明完毕。

从这个例子中我们所得到的那种深深的满足是美学性的，同时也是智慧的，它用一种近乎完美的方式解除了我们的疑惑。

第二章

演化发展

关于工业设计职业的历史

> 我们都在阴沟里，但其中有些人却仰望着星空。
>
> ——奥斯卡·王尔德[1]

设计最根本的工作是改造人类的环境和工具，大而言之，就是改造人类自身。人类一直在改变着自身与环境，但最近迅猛发展的科学、技术和大批量生产使改变来得更为迅速、彻底，甚至无法预测。我们逐渐能够定义并辨析诸多问题，确定一些可能的目标，并朝着这些目标做一些有意义的工作。未来，我们很可能要面对一个过度技术化的、贫瘠的、残酷的生存环境；整个世界也将在一个持续灰暗的、污浊的大伞下窒息。此外，各种科学与技术被极端细化和极端专业

---

1 奥斯卡·王尔德（Oscar Wilde，1854—1900），英国唯美主义艺术运动的倡导者，著名作家、诗人、戏剧家、童话家。——译注

化。复杂点的问题通常只能由说着专业术语的专家队伍来解决。工业设计师们常常也是专业队伍的一员，他们发现自己除了要完成一般的设计工作外，还必须成为团队成员交流的桥梁。很多时候设计师可能是唯一能说各种五花八门的专业术语的人。由于他的教育背景，在团队中，他必然充当解释者的角色。因为其他学科的人的默认，工业设计师因此成为团队里的综合性人物。

但真实的情况并不总是这样。

许多关于工业设计的书认为设计起源于人类开始制造工具。但是没人愿意说设计师起源于非洲的南方古猿，把第一个制造工具的人等同于这个职业的起源，他们只是想通过追溯似是而非的历史为这个职业赢得地位罢了。当然，"这一开始就是设计"，但不是工业设计。这个行业的奠基者之一亨利·德雷夫斯（Henry Dreyfuss）在《为大众设计》（Designing for People，可能是关于工业设计的最好、最有特点的书）中说：

　　工业设计师从消除过度的装饰起家，当他们执着于产品的研究，观察其运作并想办法让它运作得更好、更美观时，设计师们的真正工作也就开始了。他们从来没有忘记美观只是表面的。多年以来，我们在办公室都抱有这样一个信条：我们所做的工作将会被理解、关注、议论、考虑、激活、使用，抑或被个人或公众以某种方式采用。如果产品与人之间的连接不顺，那么工业设计师就失败了。反过来，如果能使人觉得更安全、更舒适、更想购买、效率更高——哪怕是更高兴一些——设计师就成功了。他给这项工作带来了独特的分析视角。他频繁地请教制造商、制造商的工程师、工人及销售人员，对于公司在商业或工业领域中可能出现的问题做到心中有数。他在一定程度上会妥协，但是他拒绝改变那些他所坚持的设计原则。他可能会偶尔失去一个客户，但他很少失去客户的尊重。

对工具和机械设计的关注几乎与工业革命同时开始，首先发生在英国。1849 年，瑞典成立了第一个工业设计组织，接着，奥地利、德国、丹麦、英国、挪威和芬兰也相继成立了同样的团体。当时的设计师关注形式的赋予，他们在机械工具和机械产品中断断续续地寻求"恰如其分的美"。当他们关注机器时，他们看到了一种新生事物，这个新生事物似乎对它们身上的装饰很是抱怨。这些装饰大都来自古典纹样，主要是些动植物图案。巨大的水压机覆盖着树叶、菠萝和风格化的麦穗纹饰。这一时期的许多"明智的设计"和"设计改革"运动植根于卢德派的反机器哲学[1]，比如英国的威

1　源自英国工人奈德·卢德（Ned Ludd），据说其 1779 年带动捣毁了纺织机器，后来反对技术或工艺变化的人都被称作卢德派信徒。卢德派信徒在 1811 年到 1816 年间制造骚乱，他们认为纺织机会减少就业，因而捣毁了这些机器。——译注

廉·莫里斯和美国的埃尔伯特·哈伯德（Elbert Hubbard）[1]
通过他们的写作和教学发起的运动。而早在 1894 年，弗兰
克·劳埃德·赖特就说"机器应该继续下去"，设计师"不
要因为机器复制了其他时代和其他条件下所创造的形式而蔑
视它、毁灭它，而是应该利用这一文明工具获得最大的好处"。
然而，19 世纪的设计师要么坚持艳丽奢华的维多利亚式的巴
洛克风格，要么就变成了一个被机械技术搞得惊慌失措的、
不切实际的小圈子里的成员。奥地利的分离派和德国工业联
盟都预见了未来的发展，但是直到 1919 年沃尔特·格罗皮
乌斯（Walter Gropius）建立了德国包豪斯设计学院，艺术
和机器才好不容易嫁接到了一起。

在趣味和设计的塑造方面，历史上没有一个设计学校比
包豪斯更有影响力。它是第一所将设计看作是生产过程中极
其重要的组成部分而不是"实用美术"或"工业美术"的学
校。由于其教师和学生来自世界各地，而且他们后来在许多
国家开办设计事务所、建立学校，广泛传播其影响，这使得
包豪斯成了第一个设计国际论坛。直至今天，美国几乎所有
重要的设计院校仍旧沿用由包豪斯发展而来的设计基础课。
在 1919 年，让一个 19 岁的德国人试验一下钻床和圆锯，使
用一下焊接管和车床是很有想法的，这样便可以"体会工具

1　埃尔伯特·哈伯德（Elbert Hubbard，1856—1915），美国著名出版家和作家，
　　代表作为《致加西亚的信》。

与材料之间的相互作用"。而在今天，同样的做法就显得不合时宜，因为一个美国少年多数时间都生活在一个机器主导的社会（他们大量的时间都花在加大马力开各式各样的汽车上）。由于美国的设计院校仍然盲目模仿包豪斯发展出来的教学模式，计算机科学、电子学、塑胶技术、控制论和仿生学便没有用武之地。包豪斯发展出来的课程在它所处的时代和地域（有目的地利用）是卓越的，但是美国的院校在20世纪80年代还遵循这一模式就是一种顽固的设计幼稚病。

从某种意义上说，包豪斯已经不适应设计的变化了，因为它选定的一些最基本的主张就有问题。它用粗黑体字宣称："建筑师、雕塑家和画家都必须转向手工艺……让我们创造一个新型的手艺人行会！"对于手工艺、艺术和设计之间相互作用的过于强调最终却走进了死胡同。第一次世界大战后，图像艺术所固有的虚无主义对于一般的消费者，甚至对于被歧视的消费者来说也没什么用处。而康定斯基、克利和费宁格等人的绘画，无论怎么说都与一些设计师在产品中加入的苍白虚弱的雅致没有丝毫的联系。

在美国，工业设计就像马拉松舞、为期6天的自行车赛、美国全国步枪协会（N.R.A.）[1]、"蓝鹰"[2]和电影中不要钱的饭

1　美国全国步枪协会是美国的一个非营利性民权组织，高度支持并且拥护美国人权法案的第二修正案，并且认为持有枪支是每个美国公民应该享受的权利。——译注

2　蓝鹰是"蓝鹰运动"的标志。在20世纪30年代美国的罗斯福新政中，（转下页）

菜一样，是经济大萧条的孩子。乍一看，这个孩子由于营养过剩有一个大肚子，看起来喂得很好，可接下来你就会发现他那消瘦的胳膊和腿。早期的美国工业设计产品有着同样的圆肥和类似的虚弱。

对于大萧条的市场来说，生产者需要一种新的销售门道，而工业设计师就重塑了其商品的外表，使它不但看起来更吸引人而且降低了生产和销售的成本。哈罗德·凡·多伦（Harold Van Doren）在其《工业设计》（*Industrial Design*）一书中给出了属于那个时代的定义：

> 工业设计是为大批量生产分析、创造和开发产品的实践。其目的是在还没有进行大规模投资之前就获得确信能够被接受的形式，它应该以可被广泛接受的价格生产，并能获得合理的利润。

哈罗德·凡·多伦、诺曼·贝尔·格迪斯（Norman Bel Geddes）、雷蒙德·洛伊、拉塞尔·赖特（Russel Wright）、

（接上页）政府颁布了新政的核心和基础《工业复兴法》（National Industrial Recovery Act）。该法规定了各企业的生产规模、价格水平、市场分配、工资水平和工作日时数，规定工人具有集体谈判的权利，规定了资本家必须接受的最高工作时数和应付工资额。为保证该法的实施，美国政府以印第安人崇拜的神鸟蓝鹰为标记，发动了"人尽其职"的"蓝鹰运动"（Blue Eagle），凡遵守该法的企业悬挂蓝鹰标志。几周后，有250万雇主与政府签署了法规，他们给自己的产品标上蓝鹰，以示守法。——译注

亨利·德雷夫斯、唐纳德·德斯基（Donald Deskey）和瓦尔特·多温·蒂格（Walter Dorwin Teague）都是美国工业设计的先驱。值得注意的是，他们都来自舞台设计和橱窗装饰领域。

当建筑师在街道拐角卖苹果时，前舞台设计师和前橱窗装饰师却在楼上的豪华套间里鼓捣着那些"有毛病"的东西。

雷蒙德·洛伊重新设计的基士得耶（Gestetner）复印机可能是工业设计发展中第一个也可能是最有名的案例。但是，正如30年后道恩·瓦伦斯（Don Wallance）在《打造美国产品》（*Shaping America's Products*）一书中所说的那样：

> "之前和此后"的图片都显示，油印机、火车头、电冰箱、家具以及其他各种各样被工业设计改造过的东西给人的印象都极为深刻。但是更加令人难忘的是销售数字前后的差异。最奇怪的是，当我们在25年之后再看这些东西，你已经很难说清楚这些"之前"或"此后"的设计是否已经很好地经受住了时代的检验。

这种为了操纵视觉刺激而进行的设计直到二战开始都盛行不衰。

汽车业及其他的消费行业必须调整它们的生产以适应战争的需求，而战争期间则要求设计师形成一种新的（尽管是暂时的）责任。"轻松变速"和"自动魔术般的外观输送机制"在谢尔曼坦克上用不上了。在战争的条件下，设计人员必须满足复杂功能所需的性能。不同于市场，战场需要诚实的设计（基于使用的设计相对于基于销售的设计）。重要物资的稀缺迫使那些消费领域的设计师必须面对一个在各个方面都受限制的、更加尖锐的现实。由可塑纸板制造，能承受好几个小时 475 度的高温，耐冲洗、能无限再利用，零售 45 美分的 3 夸脱蒸锅就是一个很好的例子，奇怪的是从 1945 年开始它在市场上就不见踪影了。

二战结束后不久，《纽约时报》首次给吉姆贝尔销售的雷诺兹圆珠笔刊登了整版的广告，每支需要 25 美元。到周一早上，人们为了等吉姆贝尔开门把海拉尔德广场挤得水泄不通，警察局不得不专门抽调警员去维持秩序。排在队伍前面的人可以花 5—10 美元买一支，到周三的时候吉姆贝尔停止了"一人一支笔"的优惠活动，圆珠笔又毫不费力地卖到了每支 50—60 美元。

这件令人啼笑皆非的事持续了 5 周：每天，好几架装着成千上万支圆珠笔的赫德森·洛克希德（Hudson Lodestar）单翼飞机都会在拉瓜迪亚（LaGuardia）机场降落。就是卡车司机罢工三天也影响不了销售，因为政府承诺"送奶、重要的食物和雷诺兹圆珠笔"。有了一支雷诺兹圆珠笔，你可以在水底下写字，但实际上这没什么必要。它们在使用中会断线、会漏油、会弄脏你的口袋，而且因为是一次性的，也没法更换笔芯。油用干了你就随手扔掉，反正还有的可买。因为这种笔是你可以自己主宰的物件，你买了支笔，你就身处"战后"了。正如二战荣誉退役徽章在退伍军人的平民制服翻领上若隐若现意味着一个时代的结束那样，雷诺兹圆珠笔在他的上衣口袋里露出来也标志着一种新的开始。尽管市场上还有其他消费品，但这是市场上唯一全新的产品。

　　科幻的 2000 年的技术似乎在 1945 年就应验了。这显然是一种全新的、战后的产品，闪闪发光的铝制雷诺兹圆珠笔，它的重量轻得让人不可思议，有了它人们就放心了，因为它意味着"我们"这一边赢得了战争。（现在可以告诉大家：我们现在用的圆珠笔是德国圆珠笔的翻版，雷诺兹 1943 年在南美洲的酒吧里发现了它。）

　　产业界总是怂恿公众去接受那些新的、与众不同的东西。技术与艺术杂交的混血儿加速了消费者的心血来潮，这又催生了两个孪生的孽障：样式和废弃制度。有三种形式的废弃：技术上的（发现了更好的、更优雅的生产方式）；材料上的（产品损耗）；人为的（产品跟不上潮流了；或者是材料的档次降低了，而且将在一个能预见的时间段里用坏；或者，重要部件没法更换也没法修了）。二战以来，我们主要的是样式和人为的废弃。（颇具讽刺意味的是，在人为或样式废弃之前，技术发明进步所导致的产品废弃总是先行一步。）

　　诚实的设计所努力要达到的那种真实的简洁，在现实中可谓凤毛麟角。一些电视节目（比如 CBS 的《白纸》）和报刊上的文章指出，美国的军火在 20 世纪 70 年代末和 80 年代初似乎也走了消费品的老路。现在，装甲车和坦克里也有"轻松惬意"的开火装置。许多轰炸机原已为各种复杂的电子设备所苦，现在又装进去了电脑和录像装置，这样就出现了一些严肃的问题，即这些电子设备到真正用的时候还能保持精密吗？在那次从伊朗营救美国人质的失败的行动中，8 架直升机（都是经过精心设计，而且通过实验室检验的）中有 5 架在沙漠气候里根本就无法正常运转，甚至撞到了一起。许多独立的国家越来越愿意从捷克斯洛伐克、巴西、东德、法国或者以色列购买他们梦寐以求的军火物资。只有诱之以大量的资金援助时，他们才会勉强地选择我们的高科技产品。我们会设计有自动弹起装置的面包机，这种智慧似乎支配了今天的美国军火生产。

技术上的废弃在速度和规模上都可谓愈演愈烈。特别是在家用电脑、电视、高保真音像设备、照相机以及其他电子产品领域，变化的节奏越来越快。但是随之产生了一种新的趋势：公众一方在购买时对此也愈加拒绝。由于大生产改进了制造技术，降低了消费者的花费，越来越多的人渐渐意识到，买之前再等两年，它们就能升级两三代，而且花钱更少。1983 年，最简单的家用电脑键盘（英国制造）还不如一个便携式的打字机大，只需要 50 美元——而同样的装置在 13 年前要花将近 9 000 美元，而且要占据一大间房子。

在 20 世纪 70 年代至 80 年代，由于经济不景气，加上新的投资规定和税法的实施，社会两极分化比以前更加严重，美国设计运营的社会环境因而又经历了另一次变化。在美国，穷人越来越穷，富人也越发富得令人难以置信。中产阶级逐渐消失。可悲的贫困（以前，它还会像一个精神错乱的老处女一样在 19 世纪新英格兰的一个阁楼里藏着）已经成为生活中严重的现实。在密西西比和南加州，儿童们在挨饿，大城市的少数族裔聚集区有着大量无助的人群，还有一些来自乡村的老年市民，他们因得不到"65 岁体面退休后的每月 150 美元"的养老金而满心凄苦，在佛罗里达、得克萨斯南部、奥兰治、加利福尼亚的破败地区，梦想回到"美好的过去"。

全球范围内的贫富差距变得更大。随着北美和西欧出生率的下降与世界其他地方人口爆炸性激增，裂痕从 1960 年开始就已经加深。

1973 年、1976 年和 1979 年的石油危机以及对发展中国家不负责任的贷款政策进一步分化了世界。南半球仍旧一贫如洗。如果这一章你读到现在用了 12 分钟，在这一段时间里，发展中世界已经有 5 000 人死于饥饿了。［保罗·哈里森（Paul Harrison），《第三世界的明天》（*The Third World Tomorrow*），伦敦：塘鹅出版公司，1981］

把世界劈成两半，南边全是需求，北边是炫耀性消费，这是不可能的。我们需要在多个层面上展开合作，比如健康服务的交流，由北半球资助南半球进行可替代能源的研究，在工艺和技术层面上的相互交流，等等。南半球的发展中国家会对北半球的发达国家的技术日益感兴趣，从北半球可以获得许多方法。曾经有人大声疾呼食物供给的再分配，事实上除了天灾造成的食物短缺外，世界上有足够的食物供应。设计师可以参与协助的是食物仓储的问题。有关问题在后面的章节还将提到。

但是，看看发生在中东、伊朗、中非、老挝和中美洲的冲突，很明显，世界上残暴的动乱和野蛮的战争都主要发生在贫穷的国家。设计师能扮演一个重要的角色：前面已经指出，工业设计师因其受过的训练使自己成为一个综合性的关键人物。他们说着许多个领域里面的语言，不管是在乡村还是在出口市场上往往都能够给予帮助。关于这样的例子遍布全书。

除非来自南北半球的营养学家、医生、设计师、工程师，以及其他领域的专家能够进行双向的交流，保罗·哈里森的预言才不会变为现实："第三次世界大战将开始于第三世界。那将是一场一无所有的人所进行的绝望的战争。"

在《精益求精》(*Never Leave Well Enough Alone*)一书中，雷蒙德·洛伊风趣地回忆了他早年为赢得客户而进行斗争的经历。在二十世纪二三十年代末，他和其他的设计师持续拜访一些大公司，比如通用汽车、通用电气、通用橡胶、通用钢铁、通用动力。平心而论，我们必须承认他和他的合作者为这些企业的服务做得很好，事实上今天也依然如此。问题是，我们会发现，尽管今天很多学设计的毕业生也渴望进入企业的设计部门，但他们都愿意安安稳稳地躲在公司预算的茧子里，当个公司出钱的乡村俱乐部成员，拿着不菲的年金、退休金和医疗保险，每年还要踏上去往公司包场的新英格兰或者科罗拉多阿斯彭的旅途。

1970 年，我倡议需要一场新的斗争。就像雷蒙德·洛伊和其他的设计师在二十世纪二三十年代拜访潜在的客户表明工业设计师能做什么那样，我认为，我们可以在全球范围内再做一遍。我倡议年轻的设计师到发展中国家、到门诊部和医院看看能做什么。我的意思是设计师能够敞开从来没有敞开的门。由于美国民权运动的兴起，北欧对于发展中国家的关注，追求平等权利的妇女运动的展开，消费者协会的形成，以及像弗里茨·舒马赫、蕾切尔·卡逊、拉尔夫·纳德（Ralph Nader）[1] 包括我本人等人不断地宣扬，这种斗争现在已经开始了。

但现在是 1984 年，至少在技术发达国家，年轻设计师面临的主要选择似乎仍然是经济性的。可以理解，经济上的平稳对于学生和年轻的设计师来说最为重要。对于为贫穷和需求而设计来说，这提出了一个全新的问题。现在首要的问题就是工作。但是，在军工企业里草草找到一个归宿显然不是解决的办法。设计师到了一个节骨眼上，他必须艰难地做

1　拉尔夫·纳德（Ralph Nader，1934—　），美国律师和消费贸易保护主义领域的先锋，他发起组织了纳德运动（Naderism），保护消费者权益。——译注

出道德和伦理的选择。面对这种道德上的进退两难，有许多办法。过去 13 年来，我和来自世界许多国家的学生（现在，他们都已经很专业了）密切接触，大致有了一些他们处理这个问题的想法。有些人已经完全将自己出卖给雇主，继续为一小撮特权阶层设计奢侈品。有人可能会责难这种方式，但这也是一种对于生存选择难题的合理回应。有些人接受了我的建议（后面的章节中会提到），他们继续自己工作的同时，拿出自己 1/10 的时间或者 1/10 的收入去解决一些因贫穷产生的问题。也有一些人认识到，过去十多年的社会变迁为设计师提供了许多新的机会。特别是在医疗看护、照顾残疾人与老年人的领域。一些人从事建筑和设计的教学，当设计顾问或自由职业者，但是他们只接受他们认为对社会来说重要的工作。还有些人为他们自己创造了全新的职业：他们给拉尔夫·纳德或其他消费者团体做评估，给一个国家工业出口组织[1]做设计评价，如此等等。另外一些人则完全脱离了设计业，他们觉得到农场生活和工作，或给饭店做几道像样的菜比给一个充满浪费的社会制造物品更为他们所接受。当然也有些人认为自己应该从现有的体制内部加以改变，换句话说，他们试图让雇主明白他们按照自己的兴趣能做出更好的产品。还有一些人倾向于到小公司去，至少在美国是这样。当我们看到这个国家数量庞大的创新人才宁愿把时间放在纸

1　在挪威和日本。——原注

上交易和公司合并上，也不愿意制造或销售有用的东西时，不要过于惊奇。最后，还有些人，他们似乎在利益和只属于精神层面的社会责任感之间进退两难，并找到了一个答案。他们通过沉思冥想或其他精神活动解决了工作和道德观之间的所有冲突，无论他们做的是设计，还是其他事情。

现在，为病人和残疾人设计已经成为值得尊敬的行动。1975 年，《设计》杂志曾这样说过我："帕帕奈克很讨人嫌，甚至他的同辈都厌恶他；人们嘲笑他把为第三世界的人设计这一无利可图的工作当作当务之急；人们还指责他一门心思地想颠覆以前俯首于工业的设计学院。"八年之后，我高兴地看到以前批评我的人世故地当着政府的肥差，他们恰恰进入这些领域，并试图从中获得政府津贴。

设计师在 1984 年所面临的这种对于伦理困境的重新选择，并不意味着贫穷和需要解决的问题已经解决了。由于我们对于抗议和绝望的声音更为敏感，因而我们看到了更多真正的需求。在一些地方，在许多情况下，我们试图让钟摆以另一种方式摆回去。尽管经济情况会受到威胁，但设计师必须为人类和社会的真正需要做出贡献。这将要求更大的奉献和更多原创性的工作。否则，就仍是混沌一团。

第三章

附庸风雅的迷思

设计、"艺术"和手工艺

> 对于那些没有安全感的人来说，良好的趣味是他们最显眼的消遣。
>
> 有着良好趣味的人都渴望购买皇帝的旧衣服。
>
> 良好的趣味是那些没有创造力的人首选的避难所。
>
> 良好的趣味是艺术家抵抗的最后防线。
>
> 良好的趣味是公众的麻醉剂。
>
> ——哈利·帕克[1]

　　那些富有创意的个体以一种十分自我的方式表达着自己，他们以牺牲观众与消费者的利益为代价，这股风潮像癌细胞一样扩散，从艺术开始迅速波及大多数手工艺门类，最终也影响到设计。不仅是艺术家和手艺人，就连设计师有些时候都不再把消费者的利益记挂在心。他们的那些创造性的表达越来越具有个性，以自我为中心，并且不做任何解释。早在20世纪中叶，市场上就出现了荷兰的里特维尔德（Wijdveldt）设计的各种椅子、桌子和工具，它们是荷兰风

1　哈利·帕克（Harley Parker, 1915—1992），加拿大艺术家、设计师、学者，是马歇尔·麦克卢汉在学术上的主要合作者之一。——译注

格派绘画运动的结果。这些涂着刺目元素的抽象方块根本就没法坐，它们一点都不舒服。那些棱角容易刮破衣服，而其愚蠢的造型跟人体同样毫无联系。把蒙德里安和特奥·凡·杜斯堡的二维绘画转换成"家具"，这种错误在今天也时常发生。意大利和日本有些小企业通过制作和经营一些极其昂贵的复制品获利，他们复制的是二十世纪二三十年代的那些弯弯曲曲的桌子和椅子。查尔斯·伦尼·麦金托什（Charles Rennie MacIntosh）于 1902 年设计的格拉斯哥椅子，在意大利生产，如同一把王座，有 6.5 英尺高的梯状靠背，所有的线条看起来就像装橘子的板条箱。还有一些最难看的、奇形怪状的作品是西班牙的高迪和法国的勒·柯布西耶设计的，它们第一次被投入生产。那些最不舒服的坐具一半是精致考究的行刑架，另一半是所谓的"艺术品"，被当作一种时髦和富有的身份象征，整个精英阶层对怀旧之风的狂热追逐提升了它们的价值。这些椅子都非常昂贵，谈不上舒服，好在这个运动只是影响了纽约、米兰和巴黎的无聊小圈子。令人庆幸的是，奥地利索奈特公司于 1840 年首次推出的曲木椅子至今仍被生产和使用，这是个天才的创意，而且这椅子坐着也很舒服。

尽管受一时风尚影响，某些特殊的作品可能只会短暂地存在，但是这种倾向，这种把拙劣的时尚转变为日用三维物品的企图却一直存在。这种潮流甚至在一二十年之后因为复古风潮再度回归。萨尔瓦多·达利的沙发结构是梅·韦斯特（Mae West）[1]的嘴唇形状，它可能曾经是一种"无拘无束的"超现实主义行动［就像梅雷特·奥本海姆（Meret Oppenheim）[2]在1935年用毛皮做的杯子和汤勺一样］，但是作为一种粗俗的怀旧，同样的沙发在1983年再度流行起来。20世纪60年代末，曾经流行过一种廉价的、光亮的塑料枕头（饰以丝网印刷的波尔卡原点），这种枕头很小，足以折叠起来装进兜里，用的时候再把它吹起来，当时的大学生买了成千上万个这样的枕头。1983年年中，这种枕头在校园和家庭中又流行起来。生产这些透明的塑料玩意儿几乎没什么恰当理由可言——它们是塑料的，并不透气，而且，当它们在沙发上堆在一起时，彼此之间的摩擦会使它们发出杀猪般的吱吱的叫声。这些枕头只能说明我们满足于浅薄的视觉享受，无视枕头其他方面的功能。让我们设想些令人沮丧的事情：如果这种枕头在你享受浪漫时突然爆炸了，那可怎么办。

　　由于新工艺和新材料不断涌现，现在艺术家、工匠和设计师反倒因为无尽的选择感到痛苦。当任何事情都有可能，当所有的限制都被拿走，设计和艺术很容易变成一场对新奇的永无止境的追逐，最终，为了求新而求新就会变成唯一的标准。

1　梅·韦斯特（Mae West，1893—1980），美国女演员，以扮演性感的舞台人物而闻名。代表电影有《我不是天使》（1933）等。——译注
2　梅雷特·奥本海姆（Meret Oppenheim，1913—1985），瑞士超现实主义艺术家、摄影师。——译注

在小说《卢迪老师》（*Magister Ludi*）中，赫尔曼·黑塞（Hermann Hesse）描写了一个知识精英分子所组成的公社，他们熟练地使用着一种叫作"念珠游戏"的神秘的、象征性的语言，它把所有的知识都简化成了一种单一的理论。公社之外的世界被暴乱、战争和革命笼罩着，但是玩念珠游戏的人依旧逍遥自在。他们在游戏中交换彼此的秘密。我们会发现黑塞的游戏和当代艺术家的愿望之间有着惊人的相似。当艺术家实践其个人的观点，说到他的目标时，艺术家谈论的是空间，空间的卓越、空间的衍生、空间的分离和拒绝。这是一个没有人的空间，似乎人类根本就不存在一样。实际上，这就是念珠游戏的某种想法。

让我们来关注一下艺术家埃德·莱因哈特（Ad Reinhardt）[1]，《时代》上说：

> 在曼哈顿的现代艺术博物馆正在举行的展览中，有一幅巨大的正方形的油画，名为《抽象绘画》。乍一看它完全是黑的，靠近了仔细端详才发现，画面被精确地分成了七个更小的区域。在作品旁边的提示标签上，抽象画家埃德·莱因哈特解释了他的绘画。上面写道："一幅正方形（中立、没有形状）的油画，5英尺宽，5英

1　埃德·莱因哈特（Ad Reinhardt, 1913—1967），原名阿道夫·弗里德里克·莱因哈特（Adolph Frederick Reinhardt），是活动于纽约的美国抽象画家。——译注

尺高，有一个人那么高，一个人张开手臂那么宽（不大
不小，尺寸不限），分成三等分（没有构图），一种水平
的形式否定一种垂直的形式（没有形式,没有顶,没有底,
也没有方向），三块（或多或少）暗部（没有光），没有
对比和颜色（无色），笔触覆盖笔触，一个粗糙的表面，
单调的徒手制作的画面（没有光彩,没有肌理,没有线条,
没有硬的边缘，也没有软的边缘）反映不出它的任何背
景——一种纯粹的抽象，没有对象，不受时间影响，不
受地域局限，不变化，没有联系，客观的绘画——一种
自我意识的作品（不是无意识），理想的，超验的，只
能联想到艺术（绝对不是反艺术）。"

这就是美国"最雄辩的艺术家"之一说的话。

一些博学的艺术史家在他们所写的著作中花了很大的
精力论述照相机和摄影对于造型艺术的影响。诚然，手上一
旦有了设备，只要一按快门，"复制自然"对于每一个人来
说也就都成为可能了，绘画主要的目的之一——高保真复
制——似乎也在一定程度上实现了。然而我们常常会忽视，
即使是一张照片，它首先也是某种提取物。在过去属于奥匈
帝国的加利西亚[1]和波兰的某些穷乡僻壤，第一次世界大战

---

1 加利西亚（Galicia），西亚中欧的一个历史悠久的地区，位于波兰东南部和
乌克兰西部。1087年后成为一个独立的公国，在12世纪被俄国人占领，后
来转交给波兰和奥地利。一战后国土归还给波兰，二战以后东部割给了苏
联。——译注

开始的时候，乡村的药剂师们在男性的标准像上做起了有意思的生意。这些狡猾的店主存有四种男模特的小巧的身份照，尺寸长 5.5 英寸、宽 4 英寸。第一张照片上显示的是一个男人刮光了胡子的脸，第二张照片是一个有胡子的，第三张照片是个络腮胡，第四张则是布满了嘴巴上下的精致胡须。一个应征入伍的年轻人可以从这四种照片中挑选一种最接近自己脸型的，把它作为礼物送给妻子或心上人，好让她们记住自己。这很起作用！之所以会这样，是因为即使照片是一位有着同样胡子的陌生人，**除非男子本人在场，它也比妻子先前所见的任何其他形象都更为接近身在远方的丈夫的脸。**（除非她把好几张照片一起拿来看才会发现其中的蹊跷，才能把这些照片区别开来。）不过，摄影的角色与它对于艺术的影响确凿无疑。

然而，几乎没有人曾经考虑过机械工具和机器的完美性能带来的重要影响。芝宝牌（Zippo）雪茄打火机所允许的误差和它的生产过程中自动处理器所能达到的精确，可能远远超过文艺复兴时期最伟大的金属工匠本韦努托·切利尼（Benvenuto Cellini）[1] 所能达到的水准。现代的太空零部件技术的正负误差在 1/10 000 英寸，这是一个常规的生产要求。这并不是要把切利尼和自动旋转车床相比，从而得出一种价

---

1 本韦努托·切利尼（Benvenuto Cellini，1500—1571），意大利样式主义雕塑家、作家，以其《自传》和金银工艺制品的设计而闻名。——译注

值判断；这里只是想说明，在流水线和工厂里，可以按照程序按部就班地得到"完美"，这样就剥夺了造型艺术的第二个目的，即"追求完美"。无论喜欢与否，当代的艺术家生活在当今的社会里。今天的人生活在机器的环境中，就像机器存在于人的环境中一样。显而易见，风景中的人工制品比风景本身都多，说这个都显得多余。即使是一个住在康沃尔[1]的学院派风景画家，在给定的时间里他看到的汽车肯定也要比母牛多。

　　于是，有些艺术家把机器看作一种威胁，有些把机器看作一种生活方式，还有人则把机器看作救赎。他们所有的人都要找到一种与它相处的方式，而且，由于他们不能适应这些环境的改变，所以现代艺术家就为自己创造了一系列从心理上逃避机械装置的作品。似乎摆脱一种威胁的最简单的方式就是拿它开玩笑（弗洛伊德将会把这个称作"转移"）。从 1916 年达达运动在伏尔泰咖啡馆展开的日子起，当达达艺术家们试图表现 20 世纪的人及其世界的荒唐可笑时，就有了大量对于机器的冷嘲热讽。从马塞尔·杜尚（Marcel Duchamp）的"现成品"（《为什么不打喷嚏》《泉》），马克斯·恩斯特（Max Ernst）的一些"拼贴"，到库尔特·施威

1　康沃尔，在英格兰西南部，是风景秀丽的度假胜地。——译注

特斯（Kurt Schwitters）的"么子建筑"（Merzbau）[1] 对于大生产主题的一堆挖苦，艺术家们的目的是想通过挖苦、讽刺和嘲弄来取笑机器。让·廷格利（Jean Tinguely）[2] 的"机器"是由大量的齿轮、螺丝钉、伞架、针轮、白炽灯泡和散架了的缝纫机部件构成的，它摇摇晃晃，有的时候感觉像要爆炸，有时（令人失望地）只是让人有点郁闷。1960 年，在纽约现代艺术博物馆的花园中竖立起了这样一件由废旧机器零件组成的雕塑，随着太阳的落山，它就开始吱吱嘎嘎地晃动。令一个兴致颇高的观众高兴的是，雕塑的一些部分会狂乱地动起来，它们会着火并燃烧，直到轰然倒塌成为几洼煤油和铁锈，这个过程让纽约的消防队十分懊恼，他们称之为"恐怖的邻居"。

过度补偿也能开玩笑：20 世纪中叶荷兰的皮耶特·蒙德里安（Piet Mondrian）发现自己被机器制造的精准包围着，

1　么子建筑，达达主义者、德国艺术家库尔特·施威特斯 1923 年创办了《么子》（Merz）杂志，和"达达"（DaDa）一样，"么子"（Merz）也没有什么固定的含义，有人说相当于英语里的"屎"（Shit），表现了达达主义者的一种反抗文化秩序的态度。在创办《么子》杂志的同时，施威特斯开始做"么子建筑"，至死也未完成，可谓艺术家用一生创作的作品。第一么子建筑开始于汉诺威，1943 年毁于战火。1937 年，因受纳粹迫害，施威特斯移居挪威，在莱萨克开始制作第二件么子建筑，1951 年毁于战火。40 年代迁往英国伦敦之后，1947 年，艺术家又开始制作第三件么子建筑，因次年去世未完成。——译注

2　让·廷格利（Jean Tinguely，1925—1991），瑞士画家、雕塑家，其作品有达达艺术的做派。——译注

于是他决定把他自己也变成一台机器。他用非常窄的黑色线条分割他的正方形白色画面，上面只有两三种最基本的正方形或长方形的颜色块，色块之间保持着一种动态的平衡，这显然是机器生产的结果。实际上，瑞士巴塞尔研制的一种电脑已经能够创造出蒙德里安般的图画了。这可能引出关于创造性问题的讨论：电脑和蒙德里安谁更强一些。在他生病期间我曾经拜访过他，我发现他更愿意静静地靠在他的椅子上，让他的两个助手来回移动画面上的线条和颜色，直到他认为达到了最好的平衡状态为止。如果他还活着，看到电脑上的图片浏览器，他会发现这是一种令人愉快的新的消遣。在他那些未完成的画面上，通过那些轻轻滑过的笔踪，我们会发现蒙德里安自己遵循着一种类似于电脑一样的行为模式，他所带到绘画过程中的创造力完全是在美学上已经决定好了要这样做。蒙德里安的风格很快就被当代建筑的立面设计、面巾纸的包装和印刷版式接受，但是这种接受也是对其价值的一种贬低。

对待机器的第三种方式就是从它身边跑开（用弗洛伊德的话来说就是"逃避机制"）。超现实主义运动继承了达达主义非理性的一面，试图深入人类光怪陆离的潜意识或本能。他们那高度写实的画面是由潜意识里面的象征符号构成的，他们想把自己变成魔术师、巫医和色彩的萨满道士。这一概念的问题是，本能对于情感的激发在不同人的身上是不一样的。从达利画的那头燃烧的长颈鹿形象里（这被认为是他表

现性刺激最为有力的画作），画家可能体验了一个迷幻的性
欲世界，但是这并没有把性欲传达给他的观众。多萝西娅·坦
宁（Dorothea Tanning）[1] 描绘的 12 岁裸体女孩，穿着长筒
靴，戴着一种 19 世纪末的水手帽，感觉上是在拥抱一个炉
子的炽热管道，这也不能引起什么适当的回应。尽管有一些
关于"左手是梦想家"之类的胡言乱语，有荣格的原型、诗
意的感觉语言、形而上学、神秘主义等，但是由于超现实主
义者使用的那些图腾和拜物教的象征都是建立在非常特殊的
个人联想上，因而他们并没有达到目的。相比较而言，设计
师试图使用的联想价值，应该在一种文化或亚文化中能够被
更广泛地接受和理解。把超现实主义绘画当作参照点是不对
的。洛特雷阿蒙（Comte de Lautreamont）[2] 把超现实主义定
义为"缝纫机与雨伞在手术台上的偶然相遇"，由于从那以
后成千上万这样的超现实的可能性都发生了，它也就不再有
效了。尽管现在的西班牙、欧洲其他地方和越南还有些热心
者，但超现实概念本身却不再令人惊奇。

　　人天生喜欢专注地玩玩偶房子，这一点被约瑟夫·康奈
尔（Joseph Cornell）[3] 聪明地利用了。他的那些小盒子里装着

1　多萝西娅·坦宁（Dorothea Tanning，1910—2012），美国艺术家、设计师、
　　作家，早年是美国的超现实主义者。——译注
2　洛特雷阿蒙（Comte de Lautreamont，1846—1870），原名伊齐多尔·吕西安·迪
　　卡斯（Isidore Lucien Ducasse），法国诗人，被 20 世纪的超现实主义者奉为
　　先驱，作品包括《马尔多罗之歌》，断篇《诗一》《诗二》等。——译注
3　约瑟夫·康奈尔（Joseph Cornell，1903—1972），美国艺术家、雕塑家，受
　　超现实主义影响，在现成品装置和实验影像方面皆有造诣。——译注

一些奇怪、隐秘的事物，它们被巧妙地安排在里面，小盒子是一个能构建的小世界，里面十全十美，没有关于德怀特·麦克唐纳（Dwight MacDonald）[1] 的大众文化的暗示，中产阶级也进不去。（信奉荣格的人会把这个称为赫尔墨斯主义[2]。）

　　人们往往通过迎合一个小圈子，以便在充满威胁的环境里寻求庇护（就像在念珠游戏里一样），这一点在伊夫·克莱因（Yves Klein）[3] 那里被发挥到淋漓尽致，《拼贴》（Collage）一书描述了他的方法。当克莱因先生还没有忙于在一面旅馆墙面上粘贴 42.6 万个棉球时，他喜欢画水彩，画完后还要在下大雨时放在场院中，以使作品"在自然和人造形象之间获得一种动态的交换"。他的油画也遵循着同样的原理，在一辆不太通风的汽车中画完画之后，他把它们绑在他的雪铁龙车顶上，然后精神抖擞地带着它们到处转，以"使颜色纯净"。当 1958 年，伊利斯·克莱尔（Iris Clert）美术馆第一次举办他的非绘画展时，他的职业生涯达到了顶点。美术馆的内部像过节似的被涂成了白色，唯一能看到的作品就是那些简单的白框子，它们挂在墙上，标着价格，比如"非

1　德怀特·麦克唐纳（Dwight MacDonald，1906—1982），美国著名作家、编辑、社会批评家。——译注
2　赫尔墨斯主义，原指一批古老的文字作品资料的收集，这些文字的内容是关于神秘学、哲学、炼金术、魔法和占星理论学说，其思想源于古埃及，综合了古希腊以及中东地区的诸多神秘主义哲学理论，主张万物有灵、原型共通等。——译注
3　伊夫·克莱因（Yves Klein，1928—1962），法国最重要的新现实主义艺术家。——译注

绘画，30 厘米 × 70 厘米，80 000 法郎"。来参观展览的人爆满。
数百位巴黎和美国观众郑重其事地付了钱，带着一个空白的
画框回到了他们的汽车，可以想见，他们回去后还会将白框
子挂在客厅里炫耀。如果发现克莱因先生本来不愿意收钱，
那将更有启发性。

安迪·沃霍尔（Andy Warhol）、罗伊·利希滕斯坦（Roy
Lichtenstein）和罗伯特·劳申伯格（Robert Rauschenberg）
在他们的作品周围加上了更多的理论。他们想让不平凡的东
西变得平凡，让平凡的东西变得不平凡，然而这个企图却是
一个失败的命题。为了说明玛丽莲·梦露是某个群体的一员，
说她可以跻身于好莱坞最性感的偶像之列，同样一张脸可以
印 50 次，但这显然不是已故的玛丽莲小姐本人。有人喜欢
把人类的情感简化为连环画情节，这是通过陈词使自己免于
卷入一些复杂的情形。马塞尔·杜尚曾经说过："如果一个人
把 50 个金宝汤罐子贴在画面上，引起我们注意的并不是视网
膜上的图像，而是那个想把 50 个金宝汤罐子放在画面上的人。"

当然，作为自我满足的艺术也是一种发泄挑衅和敌意的
出口。尼基·德·圣—法勒（Niki de Saint-Phalle）[1]用枪和火
药在她的白色石膏作品周围打了一圈圈的洞，从里面溢出了
一小股一小股的颜料，并流满了她的作品。圣—法勒小姐接

1　尼基·德·圣—法勒（Niki de Saint-Phalle，1930—2002），法国雕塑家、
　　画家和影像艺术家。——译注

下来的作品没有用巴黎的石膏，也没有用假血浆，她找了两个"合作者"，在斯德哥尔摩构筑了一个巨大的斜躺着的裸体，观众从阴道进去观看内部的构造，里面有孩子们玩的旋转木马，在其比例宽大的乳房里还有一个鸡尾酒酒吧。

　　我们在前面提到艺术家因选择的泛滥而受到伤害。但如果他对于拿机器开玩笑，变成一台机器，或者把他们自己变成假冒巫医这样的事情并不在意，对构造一个小盒子里的宇宙，把平凡的事情提升为一种平庸的象征，或者发泄他对于一个没法再被震住的中产阶级的挑衅也满不在乎，那么他会发现自己可以选择的领域就一下子变窄了。有一个东西还残留着（偶发事件），因为一个程序上没毛病的电脑不会出错。一台设计优良的机器也是不会犯错的。那么，比起美化错误来，更加符合逻辑的方式就是推崇偶发事件。第一次世界大战期间，苏黎世达达运动的创始人之一，让·阿尔普［Jean（Hans）Arp］第一个对此进行了尝试，他认为"形式的安排遵循偶然的法则"。

　　阿尔普先生撕碎了他的几幅水彩画（连看都没看），然后爬到了一个活梯的顶端，将这些碎片撒下来。接下来，他非常小心地把这些碎片粘在它们降落的地方。几十年之后，另外一个名字叫作斯伯里[1]的瑞士人在请他女友吃完早餐后，把所有的盘子、用过的餐巾纸、熏肉的外皮和残羹冷炙都粘

1　丹尼尔·斯伯里（Daniel Spoerri, 1930—　　），瑞士艺术家、作家。——译注

在了桌子上，题名为《与玛丽共进早餐》，还在一个博物馆里把桌子和所有的东西都悬挂了起来。可能很难避免的是，继杰克逊·波洛克（Jackson Pollock）二十世纪四五十年代创作的滴洒绘画之后，其他的画家也为搞错、偶发和无计划的方式大声叫好。这群人中的一位把画笔绑在左前臂上作画，他说，他的"左手没有绘画的才能"。其他的一些画家有的让裸体模特在画布上滚来滚去，有的骑着摩托车、踏板车、自行车或蹬上旱冰鞋越过画面，还有的穿雪鞋在画面上随意踩踏，"对新奇的欲望"得到了充分的演示。

我们中的许多人（尤其是年轻人）越来越排斥单纯的物质财产的积累。这种情感之所以产生，在很大程度上是由于我们生活在一个后工业社会，社会上到处都充斥着小玩意儿、小饰物和被制造出来的琐事。于是我们现在有了"概念艺术"。1971年，一位西海岸绘画的领军人物做了一件由15页黄纸组成的作品。在这些纸上，他仔仔细细地描述了近400幅作品的尺寸、颜色、肌理和构图，**当然这些作品他并没有画出来**。除了这些内容，他还描述了假设这些作品如果已经完成，是在什么样的工作条件下完成的。在公众读完了这些描述的纸张之后，他便把这些纸烧了，并展出了盛纸灰的咸菜坛子。

来自西海岸的乔治·麦金农（George McKinnon）是一个为展览而创作的摄影师，他翻拍了旧杂志过往刊登的照片，并冠以"回顾的作品"之名。

当然，即使是纽约、旧金山和洛杉矶那些不着调的沙龙里的胡言乱语，也能证明做这些事的人的行为的正当性。但是，纽约最近发生的一件事至少指出了另一种视角：当一群"画家"毁坏了24把小提琴和低音提琴，要把它们的碎片粘在墙上创作一幅壁画时，有些深刻的问题被提了出来：附近想学音乐的年轻的波多黎各人和黑人买不起乐器。

当美术馆的赞助人被邀请去参加一个展览的正式开幕式时，他们被建议不要去美术馆而是去第63大街地铁站，然后在第二层凝视一台口香糖自动售卖机上的镜子；与此同时，他们的朋友则收到建议去乘坐斯坦顿岛的渡船，而且整个行程都是在盥洗室中阅读约翰·凯奇（John Cage）写的《寂静》（*Silence*）；还有一拨人被告知要租一间美洲风情旅馆的房子，并在这一段时间内在里面刮胡须；被所有这些人同时纵容的全部活动既是展览开幕式也是艺术作品本身，人们试图玩随意的游戏，而我们在场。正如前面所说的那样，随意，是机器不会玩的游戏，因而这也是反对机器的一种反应。

甚至环境也成了一种"局内"的事物，我们已经有了一种作为艺术潮流的大地艺术。现在的大地艺术可以有很多种做法：在莫哈韦沙漠往下深挖30英尺，在佛罗里达塔拉哈西，从每三棵橡树上扯下一片树叶，还有让雪降落在科罗拉多的一片草地上。艺术家在这种情况下什么都没做。

有些人为了找寻有意义的创造，找寻有想象力的结合，而在一堆雪上撒尿，对此我不想发表任何看法，但可以肯定的是，优秀的艺术家会找到更可靠的方法令我们惊奇，让我们惊讶，并表达他们的观点。（顺便说一下，在1948年英国人C. E. M. 贾德[1]所写的一本书中，作者已经列出、描述并解释了所有这些事情，书中还写到了未来将把什么带到艺术中。不可思议的是，书的名字恰恰叫作《堕落》。）

最近，记者乔治·威尔（George F. Will）给我们带来了一些像念珠游戏一样荒唐可笑的例子（《新闻周刊》，1981年8月2日），这是我们所关注的，引述如下：

> 纽约决定不起诉警方说的那个在布鲁克林大桥上放置炸弹的家伙，这令艺术爱好者十分振奋。那个家伙自称是"环境艺术家"，他说那个装满炸药的桶是一个"运动的雕塑"。是啊，要不是这个"雕塑"的导火线有问题，它就真成了个"运动的雕塑"了。

> 一家英国美术馆展出了一件名叫《室温》的新作品，这件作品展示了两只死苍蝇和一桶水，水桶里飘着四个苹果和六个吹起来的气球。一位美术馆的工作人员说，他"惊讶作品的完善、统一及其外观上的明确。而且它有取笑的能力，使我思考，提出问题，并给我指出了其他的角度"。

1　C.E.M. 贾德（Cyril Edwin Mitchinson Joad，1891—1953），英国哲学家和BBC广播节目名人。——译注

一个美国的基金会拿出来30万美元支持一件叫作《垂直1公里》的作品，就是把一个1公里长的黄铜杆埋进一个1公里长的洞里。还是这个艺术家，倒腾了一件称作"闪亮的土地"的作品，它用金属杆把新墨西哥的一小块地做成了一个针垫子……

《时代》杂志的艺术批评家，《新艺术的震撼》一书的作者罗伯特·休斯说，美国的艺术学院每5年毕业学生的人数比15世纪最后25年佛罗伦萨所有的人都要多，而纽约的画廊可能比面包店还要多。

……拍摄650张圣地亚哥的车库，在体育馆的锁柜里待一个星期（叫作《一件持续禁闭的身体作品》，是一个艺术作品或艺术行为）都能得到"艺术"的学分。

艺术概念的泛化包括了做任何事和制作任何东西，这是民主取得的一项丰功伟绩：每一个人都能成为——实际上也只能成为——一个艺术家。休斯说，理查德·图特尔（Richard Tuttle）[1]"被选出来代表美国参加1976年的威尼斯双年展，他拿了一根比铅笔稍长一点、有0.75英寸宽的棍子，从1英寸标准的地方开始切割，也不画什么，便被孤零零、堂而皇之地放在了美国国家馆的墙面上"。您所纳的税在那个纯粹的民主艺术的展示中起

1　理查德·图特尔（Richard Tuttle，1941— ），美国后极少主义艺术家。——译注

了作用：没有任何内容，图特尔的"艺术"不受"精英主义"的掌控。

在 19 世纪，前卫艺术家试图挑战那些中产阶级趣味的陈腐标准。20 世纪初的达达运动企图通过把自己完全置于艺术之外攻击艺术自身以震撼中产阶级。但是想一下艺术家今日的困境：所有的标准都烟消云散了。在加州艺术学院的一本关于艺术的正式目录中这样写道："艺术家是任何一个制作艺术的人"，而"艺术是艺术家做的任何事"。换句话说：怎么都行。如果人人都是艺术家，那么什么都是艺术，这样也就没什么前卫了。

这样一种"艺术游戏"与生活的相关之处是什么？我们的时代需要绘画、音乐、雕塑和诗歌，这没有问题。但那些令人赏心乐事又能净化心灵的东西真是少之又少。

即便到了 1984 年，美国艺术博物馆里面的设计收藏还是太少了。有过很多专题展览，像费城博物馆的"1945 年以来的设计"（1983 年 9 月），但是哪儿有设计的永久收藏呢？除了纽约现代艺术博物馆，在明尼阿波利斯[1]、旧金山、洛杉矶、费城、波士顿和布法罗[2]也有些零星的收藏。这个国家其他地方有时也能看到一个"优良设计"的巡展，但是它们

---

1 明尼阿波利斯，美国明尼苏达州最大的城市，位于密西西比河畔。——译注
2 布法罗，纽约西部城市，位于加拿大边界上伊利湖的最东岸。——译注

冈纳·埃格德·安德森（Gunnar Aagaard Anderson）的"扶手椅"。
聚氨酯泡沫，高 30 英寸。在丹麦聚醚工业公司（Dansk Polyether
Industri）完成。纽约现代艺术博物馆藏。设计师捐赠。虽然这把椅子
奇丑，但却舒服得令人难以置信，它是从泡沫中有机"生长"出来的

对于好的设计作品的介绍也就仅止于此了。

　　基于此，即使是声望很高的"优良设计"展也会令人失望。
1971 年，纽约的现代艺术博物馆举办了一个"好的设计"物
品展，这个展览把丑，实际上是把**刻意的丑**，提升到了一个
新的层面。展览中有一个小的、很亮的灯，无论怎么放，它
的设计看起来都不稳当、不牢靠。有一堆以不规则的形状喷
出来的塑料，其颜色就像是腹泻产物被冻结之后的颜色，一
层叠一层地累积成了一把休闲椅。简而言之，过去的 12 年，
在一个用最少的努力就能达到"机器的完美"或"时尚的满足"
的社会中，通过一小撮精英分子和被他们驯化了的博物馆馆

长，扭曲的丑陋与野蛮在家具和家居陈设上已经作为一种新的方向被接受了。其他这样的物品展览，我在第六章中还将谈到。

当野蛮人在门外的时候，罗马衰落了，对此人们谈论了很多。而我们的外面没有野蛮人：我们自己已经成为野蛮人了，野蛮已经成了我们的一部分。

第四章

你自己完成的谋杀

设计的社会和道德责任

> 真实的情况是，人们并不要求工程师为安全而设计。如果
> 我们仍然不行动，那就是犯罪——有足够的事实证明，我
> 们的行动能够引起改变，车祸会减少，高速路上将不会再
> 有屠杀……是行动起来的时候了。
>
> ——罗伯特·弗朗西斯·肯尼迪[1]

离开学校后，我最早做的一项工作是设计台式收音机：给机械和电子装置设计外壳。这是一种表皮设计、样式设计或者说是设计整形，这是我第一次做这种事，我也希望这是最后一次。这种收音机是战后市场上最早兴起的轻便型台式收音机之一。尽管我当时已经在学校兼职任教，但我还是觉得没把握，而且有点害怕，尤其是当我想到我设计的收音机

1　罗伯特·弗朗西斯·肯尼迪（Robert Francis Kennedy, 1925—1968），第 35 任美国总统约翰·肯尼迪的弟弟，曾担任美国司法部长，在和平解决古巴导弹危机和促进民权方面发挥了极大的作用。1968 年，时为民主党总统候选人的他突遭暗杀而死，导致共和党的理查德·尼克松最终赢得总统选举。——译注

是这家新开张的公司唯一的产品时。一天晚上，我的雇主G先生拉着我来到他公寓的阳台，眺望中央公园。他问，我是否已经意识到为他设计收音机的责任。

因为老是觉得拿不准，所以我便兴冲冲地谈起市场标准的"美"和"顾客满意"的话题。他打断了我。"是的，当然，你说得都对，"他说道，"但是你的责任远比那些要大。"接着，他又发表了一通他自己（往大里说，包括设计师）要对他的股东，特别是对他的工人负责的陈词滥调：

　　　你就站在我们的工人角度上想想你做收音机承担着什么后果吧。为了生产，我们在长岛建了个厂，雇了大约600个新手。工人们来自许多个州，包括佐治亚州、肯塔基州、亚拉巴马州、印第安纳州，他们几乎连根都挪到了这里。他们卖掉了自己原先的住所，然后又在长岛买了新的，组建新的社区。他们的孩子也被从原来的学校拽了出来，塞到了另外一个学校。在他们那块新土地上，为了他们的需求，各种各样的超市、药店和维修站都会开张。现在，设想一下收音机卖不出去会怎样。一年之内，我们就得把他们都辞掉。他们的房贷和车贷会断供。因为没有收入，商店和银行都得关门，房子也不得不打折卖掉。他们的孩子也必须换学校，除非他们找到了新工作。头疼的事儿太多了，这还没说到我的那些股东呢。所有的一切就是因为你犯了一个设计错误。那就是你的责任所在，我敢肯定学校从来没教过你这些！

由于年轻，坦白地说，我当时被他镇住了。在 G 先生那个封闭、狭隘的市场辩证法体系里，所有的说法都讲得通。多年之后，从一个较高些的位置回顾这一幕，我必须承认设计师要对他设计的产品的市场前景负责。但是这种观点仍然太狭隘。设计师的责任必须远远超越这些想法。远在他开始设计**之前**，他就需要做出社会和道德判断，因为他必须提前问自己，人们让他设计或再设计的产品是不是完全值得他去做？换句话说，他的设计是不是站在社会利益这一边。

食物、居所和衣服，这些是我们经常说的人类生活必需品。随着社会日趋精致复杂，我们又在这个清单上加上了工具和机器，因为它们使我们能够生产前述三项。但是，人类有比食物、居所和衣服更多的基本需要。千百年来，我们呼吸着新鲜的空气，喝着纯净的水，但如今这幅图景已急剧改变。尽管空气、河流和湖泊污染的原因十分复杂，但是，普遍来说，工业设计和工业本身显然对现状负有一定的责任。

外国人眼中的美国形象常常是电影所创造的。那是个让人宁可信其有的童话世界，到处都是灰姑娘喜欢的"安迪·哈迪上大学了"和"雨中曲"之类的事情，它比情节和明星更为直接而且下意识地感动了外国观众。它传达的是一个理想化的世界，一个各种新潮玩意儿唾手可得的世界。

在 20 世纪 80 年代，我们出口各种产品和新鲜玩意儿。对于那部分我们乐意称之为"自由"的世界，随后在文化和技术上可口可乐化[1]愈演愈烈的同时，我们也忙着出口环境和"生活方式"。1982 年在尼日利亚看《我爱露西》的重播，或者在印度尼西亚看《大白鲨 2》，这些对于任何人来说都已经不稀奇了。

设计—策划者对几乎所有的产品和工具都负有一定的责任，因而也就应该对我们在环境上犯的错误负有一定的责任。他不仅要对差的设计负责，还要对没有履行责任负责：由于没有出于责任发挥创造才能，他要负责，"没参与"或者"敷衍了事"，他也要负责。

有三个图表可以解释设计中社会参与的缺失。如果我们把一个三角形看作**设计问题**（见图 1），我们会很容易地发现，工业及其设计师关注的只是三角形顶端的那一小部分，却忽略了真正的需要。

让我们以电脑为例。自从电脑被引入办公室和家庭，交流机制发生了许多重要的改变：无论是在办公室工作与在家工作之间的关系，商业相关的和与个人相关的问题，还是数据的处理程序、信息存储和恢复等方面。事实上，在过去的三四年中，它改变了人们生活的诸多方面。显然，无论是在

1　可口可乐化（Coca-colonization），是 Coca-Cola（可口可乐）和 colonization（殖民化）两个词的合成词，指全球化或文化殖民。——译注

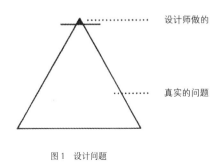

图 1 设计问题

家中还是在办公室里，设计师们大部分的工作都不是在微型电脑上完成的。许多电脑是家用的，还有很大一部分小型电脑是给办公室准备的，它们都有电脑游戏或其他电子娱乐消遣。剩下的，无论它是否装有磁盘驱动器、磁盘或者磁带存储，样子看起来都差不多。制造商和设计师已经开始着手改进键盘和显示器终端，但是这些做法顶多是在表面问题上下功夫。他们处理的是外壳，有时也改一改键盘按键的样子。但是，要想真正弄明白计算机和文字处理软件的问题，无论是制造商还是设计师都必须检验跟这个工具的应用相关的一些更为深入的问题：

    1. 键盘上各种字母、数字、符号和命令是不是根据日常使用频率与手的舒适度来设置的？（我们在下文中将会看到，打字机的键盘设计从人体工程学的角度看是很糟糕的。）

2. 黑屏上的绿色字母舒服吗？它是否造成了视觉疲劳，而且还不容易辨识？康懋达（Commodore）和奥斯本（Osborne）电脑通过他们的视觉终端在黑屏上提供琥珀色。对于一台 3 000 美元的电脑来说，应该最多再花 30—50 美元就能"随意"挑选背景、数字与字母的颜色。

3. 对于大多数使用计算机的人来说，屏幕上字符的大小是否合适？显然，有多种字号可供选择应该也是很容易增加的功能。

4. 如遇突发情况，会有电脑记忆保护程序避免停电、雷暴等带来的损失吗？因为所在城市的变压器故障，许多使用文字处理软件的人曾经丢过整整一篇博士论文、参考书目或者书的部分章节。加一个设备花不了 40 美元，但是它仍不是出厂功能。

5. 显示器的角度校正到最好了吗？它是否可以调节（手控）以适配带着双焦或三焦眼镜的人呢？

6. 以此种方式组织的各种指令功能会不会被两个不同的用户群，即那些需要进行数字处理和那些使用文字处理的人不小心漏掉呢？

7. 键盘——或者放置键盘的平面——能因人身材的不同而降低或升高吗？甚或那些躺在轮椅上的人呢？这种调整装置应该是机械性的，而不是电子的或水压的。它们花钱不多，而且几乎不会出什么错。

8. 使用者的椅子很容易调节高低吗？

9. 电脑的操作指南以及磁盘、碟片和录音设备的说明是否简明易懂？

10. 在多大程度上是迫使使用者适应机器，而不是把电脑设计得"友好"些，还是鉴于它光滑的表面与极快的运算速度，人类才容忍其缺陷呢？

上面所有的问题都不是无稽之谈，而且我们还可以继续加上其他内容。罗伯特·弗兰克（Robert Frank）博士为纽约芒特西奈医院做了一项为期三年的研究，他发现许多患有视觉疲劳、视网膜脱落、视幻症、头痛、背痛和腰椎间盘脱出的人在工作中都经常用到视频展示终端和家用电脑。（《万象》，1983 年 10 月 18 日）

这些不友好、缺乏革新的设计之所以能够继续存在，原因在于电脑市场上存在着激烈竞争。尽管改进上面提出的 10 个问题意味着零售价格要提高 400 美元（粗略说来差不多是个人文字处理软件零售价格的 8.5%），实际上通过大规模生产多花不了 200 美元，但是，残酷而又原始的市场战略，尤其是美国人所谓的自由企业制度，要求企业交到股东们手里的季度财务报表必须在每一个季度都能体现出利润的增长，市场竞争的喧嚣阻碍了设计的改进和提升。[1]

1　关于我们对于电脑的需要的设想，也可以参见约瑟夫·迈诺斯基（Joseph Menosky）的《电脑工作室》（*Computer Worship*），载《科学》（*Science*）杂志，第 5 卷第 4 篇，1984 年 5 月。——原注

左图：世界上有个地方制造了这种愚蠢的物件而且还大卖……

右图：……而另一方面，这是一个家庭唯一的做饭工具。哈利斯科州的墨西哥人用的炉子，用废旧的汽车牌照制成，每件售价 8 美分。它被用来作木炭火盆。用了 10—15 年之后，焊接处会裂开，人们会尽可能地对其进行维修，实在不行，这个家庭就得再花 8 分钱买个"新"炉子了。无名氏设计，约翰·弗罗斯特（John Frost）收集，作者收藏。罗格·康拉德（Roger Conrad）摄

作为一个设计师，我的观点是，根据办公室和家庭的实际情况、人的特点与使用的方便做出相应的调整，需要做的事情还有很多。工业企业及其设计师还没有将我们画的那个三角形巨大的底座作为考虑的对象。

图 2 和图 1 显然是一样的。只是标签换了一下。我们把"设计问题"换成了"一个国家"。当我们在谈论偏远异域时，这样看就一目了然了。如果我们让整个三角形代表包括南美洲和中美洲在内的几乎所有的地区，我们就会明白它的意图。几乎所有这些地区的财富都集中在一小部分"缺席的地主"手中。这些人中有许多从来没有去过南美国家，但他们却对

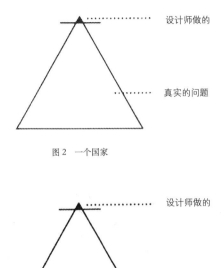

图 2 一个国家

图 3 世界

其进行了有效的"管理"和开发。设计成了一个小圈子的奢侈品,这个小圈子包括了所有国家的技术、金融和文化"精英"。而生活在印度大陆90%以上的人们既没有生产工具也没有睡觉的床,他们没有学校也没有医院,他们甚至从来就没有闻见过从设计师的作坊里飘出来的气息。正是这一大群贫困而又被剥夺了的人代表了我们这个三角形的底座。如果我说这同样说明了非洲、南亚和中东地区的真实情况,估计没几个人会有异议。

不幸的是，这个图表同样适用于我们自己的国家。在内地的城市和乡村，学校系统所使用的90%以上的教具，以及我们的医院、医生的办公室、诊断设施、农具等，都被设计忽视了。尽管在这些领域中，新的设计会零星地出现，但这往往是研究突破的结果，而不是对于真正需求的真实反应。我们在这儿必须把设计师的工作指派给三角形顶端的那些人。

第三张图和前面两张图一样。但是我们又一次更换了标签。现在我们把它叫作"世界"。这个世界上的许多人并没有受惠于设计师，对这个问题的真实性还有怀疑吗？

我们的创新精神都跑到哪里去了呢？当然，这并不是说要把我们生命中的乐趣都抽走。毕竟，想花钱买"成人玩具"的人就应该得到，这在一个丰裕社会中只是一种正当的权利。在1983年的美国，几乎没有专门为家庭生产的收音机。有些是在美国组装起来的，但部件却来自中国港台地区和韩国。最多三五年之内，它们将产自中国大陆、印尼或那些我们还没染指的中美洲国家。索尼、日立、松下、爱华的更新换代都很快。他们生产了120多种型号的台式收音机，其区别在于它们的用途、外观和特殊用处。类似情况很快也会在录音机、电视机和照相机身上出现。这并不是说公司里卖出去的每一种产品都必须品质优良，毕竟，正如许多书商那样，尽管他们为畅销榜贡献了难以置信的垃圾，但他们每年也设法出版一些有价值的著作。

那些想在整个三角形（问题、国家或世界）中做出点成绩来的设计师，常常发现他们被说成是为少数人设计。这种指控是完全错误的。这反映了这种职业运转中的误会和错误认识，对这些错误认识的本质必须加以反思。

让我们假定一个工业设计师或一整个设计机构，其工作的范围完全处于这一章和其他章节所勾画的人类需要的框架中。那么，工作的任务又由什么组成呢？它包括各种用于托儿所、幼儿园、小学、中学、大专、大学、研究生和博士后及各种研究项目的设计。也会有一些为特别领域设计的教育设施，这些领域包括成人教育，为智力缺陷、社会底层和残疾人提供的知识和技能培训，还有特殊语言教育、职业再教育、犯人的改过自新及精神疾病患者的教育等。除此之外，围绕着人展开的新技能教育应该给他们的生存环境带来激进的变革：从贫民窟、少数族裔聚集区、农村贫困地区到城市，从澳洲土著到技术社会中的人，从地球到太空，从英国宁静的乡村到北极严寒中的生命。

我们假定机构所从事的设计工作应该包括医疗诊断仪器、医院设备、牙科器械和外科工具的设计、发明和改进，包括为精神病医院设计仪器、器械和设备，包括妇产科设备，以及为眼科医师准备的诊断和训练仪器等。其工作范围从更容易读解的家用体温计到一些特殊的器械，如心脏起搏器、人工器官、移植器官，而且还要为盲人设计简易的读解器，改善听诊器、分析仪、助听器与药物瓶子。

设计机构还应该关注家庭、工业和交通运输及其他领域，以及河流、湖泊、海洋、大气的化学和热污染。世界上 75% 的人生活在贫穷、饥饿中，这些人显然需要我们的设计机构在其紧张的时间表上为其挤出更多的时间。但是，不仅世界上的不发达国家和新兴国家需要特殊的帮助，这种特殊的需要在我们的住所周围也到处都有。肯塔基和弗吉尼亚西部矿工的肺病只是各种职业病中最寻常不过的一种，许多职业病都可以通过对设备或生产过程的再设计得到避免。

研究设备一般是些相互关联、临时配备起来而又设计精巧的装置，但是从事高级研究项目的人却常常苦于没有设计合理的设备。从雷达、望远镜到简单的化学实验用烧杯，设计都远远地落在后面。年迈的老人需要什么样的设计？孕妇和胖人需要什么样的设计？全世界那些觉得被社会疏远而备感孤独的年轻人需要什么样的设计？公路运输又需要什么样的设计？（美国车的确是最有效的杀人机器，有了它，这顶桂冠戴不到机关枪头上。）

这是不是在为少数人设计？ 问题是我们所有人在生命的某一个点上都是孩子，我们整个一生都需要教育。几乎所有人都会逐渐从青少年步入中年，然后衰老。我们需要老师、医生、牙医和医院提供的各种服务和帮助。我们所有人都属于有特殊需要的群体。我们所有人都需要迁移、交流、产品、工具、住房和衣服。我们必须有干净的水和空气。作为一个物种，我们需要值得探索的挑战、空间的允诺和丰富的知识。

如果把上述所有看起来只占少数的人聚在一起，如果把所有这些"特殊"的需要合起来，我们就会发现，我们竟然已经在为大多数人设计了。只有 20 世纪 80 年代那些为了好玩而变换样式的工业设计师，那些为了一小撮富人市场而殚精竭虑的人，他们才真正是在为少数人设计。

1982 年，纽约联合国总部举办了第一届主题为"为无障碍的环境联起手来"（Coalition for a Barrier-Free Environment）的国际会议，其间，工业设计师、建筑师、医生，还有其他设计师及消费者／使用者济济一堂，我被邀请做主题讲演。我非常高兴地听到，几乎每一个讲演者都认为，人在其整个一生或一生中的某些时期都会或多或少地感到无助。这个国家的许多设计师和建筑师最终接受了这一观点，人们最终接受了把社会看作马赛克式的拼图，而不再是我们所谓的少数人个性的碎片。

回答是什么？不只是为了明年，而是为了未来？不只是在一个国家，而是在整个世界？ 15 年前，我发现了一个芬兰词，其起源可以追溯到中世纪。它是如此古奥，就连许多芬兰人都没有听说过。这个词是"kymmenykset"，就是中世纪基督教所谓的"什一税"。它是一种支付形式：农民将在岁末的时候拿出他们 1/10 的谷物扶贫济困，富人也在岁末的时候拿出他们 1/10 的收入去帮助那些需要帮助的人。作为一个设计师，我们不需要以"什一税"的形式拿钱出来，我们可以拿出我们 1/10 的点子和精力去帮助那 75% 需要它的人。从那时起，我高兴地看到，许多国家的设计师接受并实践着这一社会性的"什一税"。

有些人会用他们的所有时间为人类的需要而设计。尽管我们大多数人都做不到，但我想，即使是最成功的设计师也能拿出他们 1/10 的时间来。付出的形式并不重要：每 40 个小时里拿出 4 个小时，每 10 个工作日里拿出 1 个工作日，或者每 10 年都拿出一段时间的休假[1]，在这段时间里不为钱而设计。

20 世纪 70 年代，芬兰最著名的珠宝设计师比约内·韦克斯特伦（Björn Weckström）在这个什一税观点的鼓舞下，从他繁忙的国际事务中抽出了一年时间为东非设计避难所。即使许多设计机构的法人因利益不允许这种设计，至少，我们应该鼓励学生去做一些这样的事情。因为在把一个新的工作领域呈现给学生的同时，我们可能也就为思考设计问题提供了一种新的可供选择的模式。我们可以帮助他们发展出一种真正需要的社会和道德责任。

自从这本书及其修订版发表以后，13 年来，一个基本的误会一直萦绕在我的心怀：许多设计业人士认为他们很难接受我的提议，即为以前被忽视的领域设计是一个新的设计

---

1 原文中假期一词用的是 Sabbatical，指周期性的长假，往往为一年（例如，大学教师每 7 年一次）。作者在此希望设计师把每 10 年左右一次的长假拿出来，摆脱商业利益的干扰，为需要设计的大多数人服务。——译注

方向。相反，他们认为对于现行的商业设计来说，我为世界上大量的人类需要提供了一种替代性的视角。真理往前走一步就不再是真理了：我所有的建议是，对于一个"次品"横行的全球市场来说，我们应该加上一些明智的设计产品。下面就是关于这样一些商品的讨论。

在商业产品的设计中，有许多事例表明，产品的制作可以通过感性和技巧进行。美国的一些例子也符合相对一小部分人的利益：许多炊具和美食餐具都经过精心构思和精良设计，有着很高的品质。为徒步旅行、登山、野营和救生设施设计的装备和产品同样如此。体育竞技、钓具和猎具、山地车和帐篷等，此类消费品同样具有高品质。所有这些物件的共通之处就是"性能"。要获得用户的满意，质量是最关键的。对于手头工具、园丁工具和手工艺人的用具来说，为需要和使用而设计这一优点同样应该保持。上述许多物品的设计、制造是在美国完成的，有些优质的物品是从英国进口的。在其他的消费品领域，最好的设计来自日本、德国、意大利和斯堪的纳维亚国家，尤其是在汽车、相机、电视、家具和其他电子和家居产品领域。原因可能是美国的工业——包括工业设计师——发现他们自己受困于市场：当我们为巨大的潜在市场设计时，却很少强调设计质量。

许多年前，一些激进的设计组织用了所谓"与工人交谈"这样一种引人注目的修辞。若换成是"为工人工作"的说法怎么样呢？安全帽之所以叫作安全帽是因为它能起到防护的

教室用休息或倚靠结构，以补常规桌椅之用。这个设计可以适应好动的儿童8种以上的姿势。
史蒂文·林奇（Steven Lynch）设计，时为普渡大学学生

作用。但是这些帽子并不安全，因为它们没做充分的动能吸收测试。我想从密歇根州沃伦市杰克逊制品生产的"安全"帽说明书上截几句话：

> 注意：这种安全帽提供有限的保护。当物体降落砸到帽顶时，它能起到缓冲作用。
>
> 禁止与带电导体接触。千万不要调整或改动安全帽的帽壳和减震构造。
>
> 例行检查，出现损耗时须立即更换帽壳。
>
> 上述警告适用于所有工业安全帽，无论制造商是谁。

最后那句话读起来煞有介事，因为所有的安全帽都有这么一句警告，用的词也几乎都一样。（1970年的时候我就反对这个陈述，不幸的是，什么都没有改变。）

在这个国家，每年生产的200多万副风镜几乎都是不安全的——其镜片很容易造成刮伤，有的可能会碎裂，更多的，风一吹，它就会在鼻梁上留下一道口子。还有些所谓的强力鞋，其设计据说能够使脚的前部免于降落物的砸伤，但由于它没有足够的缓冲动能而起不到作用；只要一小根钢筋从3英尺高处落下来，脚趾前的钢帽就会被砸扁。许多长途货车的驾驶室总是摇摇晃晃，大约4—10年，它就会给个人的肾脏造成实质性的损坏。这样的例子不胜枚举。尽管在过去的13年中，人们对上述问题越来越感兴趣，也进行了更多的研究，但是安全帽仍然有待改进，农民、卡车司机及其他劳动者的工作条件仍然是危险的。读者可以参考我的《为人的尺度设计》（*Design for Human Scale*）一书，在里面可以找到更多为工人设计安全设备的想法。

设计师间的讨论与会面所激发的许多有趣的设计观念都对提高人们的生活水平有所帮助。20 世纪 70 年代，我曾经想过，一个结合高科技和行为科学成果的设计师公社也许会形成某种固定的设计师圆桌协商机制。但 1984 年的经济现实使这个观点在今天看起来不太现实。一个互相激励的环境对设计师成长的影响将在第十一、十二章有更为详细的论述。

富于同情与智慧的设计，其作用不应该止于农民和工人对安全的诉求，问题是遍布全球的。我们所有人都生活在这个被称作地球的飞船上，其直径有 9 700 英里，有着大片的海洋。这是一个很小的飞船，50%—60% 的人尽管没犯什么错，却对地球的运转无能为力，他们自己甚至连生存都成问题。在芝加哥和纽约的少数族裔聚集区，饥饿和贫穷使一些小孩子只能去吃墙皮；而洛杉矶和波士顿的儿童则死于流行性鼠疫。在我们这个星球上，剥夺任何人的智力和潜能都是错误的，也是不可接受的。

上述的所有事例都向我们提出了价值的问题。如果我们意识到设计师有足够的能力（通过影响人类所有的工具和环境）在大规模生产的基础上实施谋杀，就会发现这在设计师的身上施加了巨大的道德和社会责任。我曾经试图证明过，

有手控光纤的盲人手杖。它可以在黑暗中发光，而且手部的触觉回馈更敏感。
罗伯特·森（Robert Senn）设计，时为普渡大学学生

设计师自由地拿出他 1/10 的时间、才智和技巧就能给人以
帮助。但是应该帮助哪些人？他们又需要什么呢？

　　在 50 年代早期，我有幸与巴尔的摩已过世了的罗伯
特·林德纳博士有过长时间的书信往来。我们当时一起写一
本叫作《创造与服从》（Creativity Versus Conformity）的书，
那次合作由于他过早去世而中止了。我想从他的《反叛的药
方》（Prescription for Rebellion）一书的前言中详尽征引一
些文字，看看他的价值观：

　　　　人类探究自身的终结也就意味着人类实现了其存在

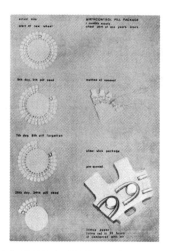

为基本上是文盲的人设计的避孕药包装。里面包含一列安慰剂，所以无须
计算。如果用户某天忘记从塑料薄片中取药，U 形的管状旋钮就会变红提
醒。皮尔科·丁丁·索塔马［Pirkko（Tintti）Sotamaa］设计，普渡大学

的所有潜能，意味着他征服了人生的"局限三角"，摆脱了上帝、命运和偶然因素所强加给他的影响。人类被一个铁三角围绕着，这对于他们种族而言才是真正的牢笼。这个三角形的一个边是人类必须生存于其中的外部环境；其次是人类所拥有的，或称其为人类的适应能力，也就是借以存活之物；其三是他们终将死亡的事实。所有的努力和奋争都为消除这几点对我们的限制。如果说生活有目的，那么这个目的必然是要打破这个三角，继而，旧有的三个局限维度将不复存在，人类将陷在一个新的存在秩序的牢笼中。这是个性和人种功能的终结，

局限三角

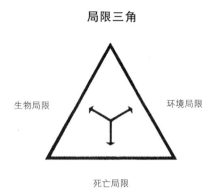

死亡局限

是种族奋斗的终结，也是生命的意义及其实质的终结。

所有哲人的语言游戏背后，在终极的分析上，人们做的一切——无论通过他自己或是他的组织——其设计都不外乎突破人类局限性的边界，要么择其一二端，要么关涉所有的方面。我们所谓的进步只不过是每一个人或每一个时代在这个三角牢笼的各个边界上取得的一点小小的胜利罢了。因而，进步在且只能在这个意义上，是一个可以衡量的事物；这样一个人的单独的存在，或一群人的行动和目标，甚或一种文化的成就，都可借此评判其价值。

为了从局限三角中逃脱，自从在地球生活开始，人类已持续不断地、勇敢地努力了不知多少个千年。经过了许多个世纪不屈不挠的斗争，已经打败并征服了赖以生存的环境，泰然自若地站在了通向星辰的跳板上。今天，人类已经不再为大地所束缚了，甚至地心引力也无能为力，他们可以回过头去数一数自己的战利品。自然环境已经臣服于他们，那些空间和时间的天然障碍也毫不例外。他们曾经被一个狭小的区域限制，这个区域高不及他们能爬上的树，远不过他们的腿脚所及，视野越不出他们眼睛能见的视界，不会超过他们声音所能传达的地方，也不超过他们的胳膊能触及的范围。他们的感官很敏锐，一旦历经磨难的人类在诡谲变幻的大自然中找到了他们的立足之地，他们就会成为那些本来会永远奴役他们的力量的主人。于是，在他们的牢笼中，有一面铁墙就会变得残破不堪，通过他们在上面凿的洞和裂缝，远道而来的自由之风便长驱直入，动人心弦的世间万物也会在他们面前若隐若现。

同样，三角的第二个边——人类因其生理机体所受到的限制——日益屈从于人们对它所正在进行并将持续进行的抗争。主要是这已经成为人类拓展自身的途径。一个明显的例子是人们通过工具增进了肢体的能力。有的特别设计的末梢终端的灵敏性和其他部分的效率使人类更为强大。在此，成功的例子不胜枚举。它们在数量上达到了顶点，已经完全突破了我们的皮肤对我们的桎梏，甚至突破了我们的手和脑——这个时代的巨型电脑和其他的物质奇迹，到目前为止，就已经在许多方面都超过了它们的造物主的才智。最后，也就是三角的最后一边，在我们有生之年最后的日子里，当我们只剩下往永恒的时钟那张冷漠的脸上瞥一眼的当儿，如果不要求永生，长寿并非不可能实现。

尽管一个苦心孤诣的探求者必须付出艰苦的努力才能在一片浮夸的沼泽中发现秩序和意义，但是知识的作用是明确的。科学与艺术——正如人类个性的生存——都充满了斗争和试验。它们旨在实现人类的潜能，并毫无保留地贡献于突破，这种突破将随着那三面压抑的高墙轰塌崩落而到来。因而，某一类知识的价值，一个学科，或者一种艺术的成就都可以置于某种天平上去衡量。

在第一章中，我们为了评价设计而建立了一个六边形"功能联合体"，在此，我们也可以用这个"局限三角"，把它看作构建设计行为的社会价值的一个重要的过滤器。尽管美国车在后面的章节中会被仔细检视，现在我们也可以拿它作为一个例证。

早期的汽车超越了那个三角牢笼中的一面墙。比起人的腿脚，汽车可以跑得更远更快，还可以装载更多的东西。但是到了今天，汽车承载了过多的错误价值，它已经成了一种大吹大擂的身份象征，是危险的而不是方便的。它排放出大量诱发癌症的浓烟。快得过了头，浪费原材料，行动笨拙，平均每年还要使 50 000 人死于非命。车流高峰的时候，开车从纽约的东河经过第 42 大街到哈德逊河至少需要一个小时:而一个人走过去都花不了那么长时间。[1]考虑到这些问题,汽车现在是加强了三角中死亡的那一面墙,相比之下,它的贡献变得可以忽略不计了。

汽车设计中的安全性问题已经在两条清楚而又完全不同的路线上显示出来了:

1. 尽管日本、德国和瑞典的汽车制造商已经先行一步,并超出美国的安全指导标准,且成本也不多,但是美国的汽车制造商仍然煞费苦心地向美国国会委员会解释,为什么在"合理"成本之内无法达到安全基本法的要求。为了使他们的作伪证词在美国国会委员面前更可信,他们雇了一堆伶牙俐齿又体面的说客到国会陈述他们的理由。

2. 相反,欧洲和日本的汽车制造商拿出钱去研究而不是行贿。因而,萨博、沃尔沃、梅赛德斯—奔驰和保时捷在发生碰撞时明显更安全,而许多美国车被撞得变形如手风琴——早在美国实行排量控制三年之前,本田汽车就已经低于美国的排放标准。本田宣称可以膨胀

1　伊凡·伊利奇(Ivan Illich)有趣地证实,时速超过6英里的交通花费是非常昂贵的,而且隐私难保不会大量泄露,环境和生态水平会越来越低,能量的消耗更是巨大。他关于自行车和汽车的统计学分析在他所著的小册子《能量、公平和愉悦的工具》(*Energy and Equity and Tools for Conviviality*,伦敦:考尔德·波亚斯公司,1976,1978)中可以找到。——原注

用啤酒罐做的汽车保险杠。斯密特·瓦加拉门特绘

的安全气囊到1985年会成为他们所有汽车的标准配备，而美国的汽车制造商却阴沉着脸作证说他们还没有这项技术。1983年4月，本田的思域（美国市场上最小的车之一）以时速28英里检验碰撞。它是实验中最安全的5款车之一。

1971年，底特律的发言人作证说，能耐得住时速10英里撞击的前保险杠将使每辆汽车的价格提高500美元，而且更令人气馁的是，还需要3—5年的时间才能实现。为了证明这种说法的不实，我拿两个12英寸宽、7英尺长的木头书架做了个实验。在两个书架之间我放置了大约80个空的啤酒罐，这样就做成了一个巨大的英雄三明治：书架代表面包，空的啤酒罐代表熏牛肉。我把书架和啤酒罐捆起来，把整个玩意儿拴到我车前面的保险杠上，接着便以时速15英里的速度冲着参议院大楼的一个角落开了过去。

尽管那是为电视上的一个小新闻故事做的，但那可能已经是当年最轰动的一件事了：同一个汽车经理可能昨晚已经从电视上看到了我的实验，不过第二天他仍旧信誓旦旦地说5年之后花500美元才能买到一个前置的保险杠，然而其性能不过是我的实验所能达到的一半，这着实令人愤怒。我花了14美元，用了大约1小时研究、安装。在这次相撞中啤酒罐都撞扁了（计划中就是这样），但我的车和参议院大楼都毫发无伤。

然而在设计中，汽车只是缺乏社会责任感、不关注价值问题的一个例子。通过那个局限三角过滤器，人类设计的任何事物都能够以同一种方式被检验与评价。

K.G. 蓬图斯·胡尔腾（K.G.Pontus Hultén）的《机器时代末期的机器景观》（*The Machine as Seen at the End of the Mechanical Age*，1968）是一本优秀的著作。在此，我引了一段相关的话。胡尔腾说：

> 那些没人需要的商品占领了所有大商场的一层货架，这表明在这个生产过剩同时又营养不良的世界上，有些事情从根本上讲就是不正常的。为了控制那些无法通过错综复杂的销售网络卖出去的过剩产品，这个世界上必然有些地方总在进行着破坏性的战争。今天，全世界因实际或潜在的生活及财产破坏耗费了不下

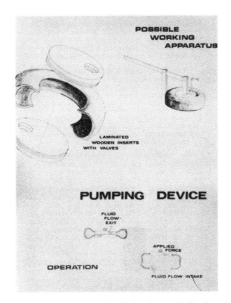

第三世界现在有大量的废旧轮胎，这是 20 个利用废旧轮胎的系列研究中的一个。这个灌溉水泵后来被建成并得到检验。罗伯特·托里宁（Robert Toering）设计，时为普渡大学学生

1 500 亿美元，而每年从发达国家流向发展中国家的资金不过区区 100 亿美元——其中还包括相当大一部分军事援助。

我们应该做什么？我们能怎么做？下面的这一系列例子可以作为最好的回答。

1958 年产生了一些为数不多的为新兴国家而做的伟大

设计，它们是由来自三个不同国家的设计师共同完成的，尽管近30年过去了，一些发展中国家仍在使用这些设计。这是个制砖设备，这个简单的装置是这样使用的：泥土被收集到一个砖形的容器中，填满抹平之后就倒过来，这样，一个完美的"冲压土坯"砖就制成了。这样的工具可以使人们按照他们自己的速度做砖——可以1天做50万块，也可以1周做2块。有了这些砖，南美洲和第三世界的其他国家就可以修建自己的学校、住宅和医院。今天，在厄瓜多尔、委内瑞拉、加纳、尼日利亚、坦桑尼亚，以及世界上其他的一些地区，学校、医院甚至整个村庄拔地而起。这个想法是伟大的：人们不仅不再遭受雨淋，而且他们有能力建立起自己的学校了，这在多少年前根本是不可能的。以前想都没想过的建立工厂、安置机器，有了制砖的机器都变得可能了。这是具有社会意识的设计，它关注今天世界上人们的各种需要。

在非洲国家，许多问题还有待解决。非洲国家的循环系统是非常差的，由于污染物不能被有效地漂净，人们经常因此得病，并且那里几乎没有卫生设施。因为水经常受到污染扩散的影响，在露天的沟渠里流淌，以惊人的速度蒸发，所以水资源并不充沛。但很多时候，控制不住的水患会卷走宝贵的表层土。在许多村庄，根本就不可能有所谓的灌溉。这里缺乏的东西是管道，或是一种制作管道的简单系统，这种系统应该能使村庄里的作坊或个人能够制作一节一节的管道。所以，设计师的任务就是要设计一个制造管道的系统，

操场雕塑。设计者为中部非洲研发了一种管道系统，操场上的这些雕塑是为了把那些铸造有问题的管道部件再利用起来。罗杰·道尔顿设计，时为曼彻斯特理工大学研究生

这个系统使非洲人在非洲就可以制造来为公共利益服务。这个系统（或工具）与私人利益、法人组织、商业开发和新殖民主义无关。

1973年，英国的一群我的毕业生开始设计这种管道系统。1973年到1979年间，他们想到了一种方法，即用前面提到的做砖的方法做管道。此后，坦桑尼亚铺设了600英里的管道作为试点项目。这个试验系统运行得很好，因而加纳和尼日尔现在也想试行这一试验系统。

罗杰·道尔顿（Roger Dalton）也有一个看起来不太

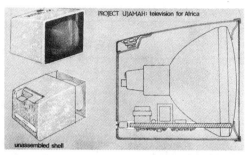

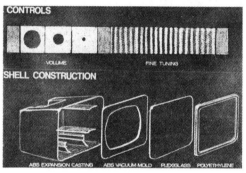

非洲人在非洲制造的低成本教育电视。理查德·鲍尔斯（Richard
Powers）设计，时为普渡大学学生

引人注意的想法，他发现有些管道难免用不上或者做得达
不到标准。考虑到这些管道潜在的别样价值，他把它们改
装成了学校游戏室的玩具或者操场上的攀登架。非洲的一
些地区虽然越来越城市化，但仍然非常缺乏儿童游乐园和
活动设施。

　　1969 年，来自七个国家的一些非洲朋友告诉我，联合
国教科文组织提供的一种低成本教育电视将给他们的国家

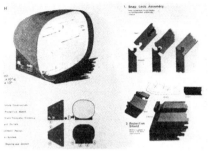

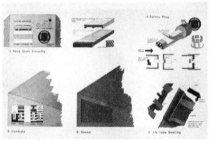

另一版非洲电视提案。迈克尔·柯罗迪（Michael Crotty）设计，时为普渡大学学生

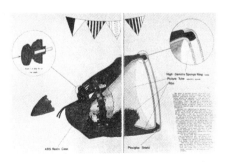

另一版非洲电视提案。小斯坦诺普·亚当斯（Stanhope Adams, Jr.）设计，时为普渡大学学生

带来巨大的帮助。但由于东非联盟解散，低成本教育电视的施行计划被突然中断。现在，东非到处都是日本、德国和法国生产的商业电视。然而我们应该看到，在1970年，如果用当地的劳动力，能生产三种花费不超过10美元的电视，这样还能培训一批训练有素的工人，装配好一些工厂，使非洲国家从中受益。我们在研究中曾发现，在1970年，一种高端的畅销电视（有36个频道，内置散热风扇，外观受欢迎）在美国的零售价不到120美元，而同样的电视用日本的劳动力和原材料生产，在当时都花不了18美元。

到了1970年，人们试图进一步使这些电视机与录像带相配套，因为事先录制好的材料对第三世界的教育来说无疑具有革命性的意义。

从1984年有利的形势看，人们能找到一些成功的例子。其中之一就是本书后面将要提到的印尼锡罐收音机。另一个是为坦桑尼亚和尼日利亚设计的教育录音带播放机，设计者因此获得了1980—1981年度国际工业设计协会（京都）奖。[参见帕帕奈克：《为人的尺度设计》和《巴塔·科亚项目》（*Project Batta Kōya*），载《工业设计》，纽约，1978年8月]

对于发展中国家和新兴国家来说，为他们的需要而工作可以采取的方式有许多种：

1. 对于设计师来说，最简单、最常用也最老套的方式便是坐在纽约、伦敦或斯德哥尔摩的办公室里设计些能在坦桑尼亚这样的国家生产的东西。比如说用当地的材料和手艺可以生产一些旅游纪念品，希望这些东西能在发达国家卖出去。他们确实在做，但是就做了一小会儿，就是设计了些"家用装饰品"和"时尚配饰"，只能通过这些东西把当地的经济和发达国家联系起来。但这样的话，发达国家的经济如果垮了，发展中国家经济自主的起步也要随着停下来。即使发达国家的经济一直在增长，但是因为这些国家的人掌握着时尚的风向，发展中国家的经济独立还是无从谈起。

2. 设计师用第二种方式参与，起到的效果比前面的会稍微好一点，他可以花些时间到发展中国家去，做一些适合当地人需要的设计。这还涉及两者的磨合是否会有意义的问题，因为短期的专家不可能全面深入地了解当地的风俗和需要。

3. 从某种意义上说，比较好的办法是让设计师到发展中国家去训练一批当地的设计师，同时设计并制作一些那个国家的设计所需要的后勤设施。尽管这样做离理想的情况还很远，但是这种办法能使设计师所代表的特殊的设计思维方式也即一些设计的特质与这个国家紧密地联系起来。

4. 理想的（就现在来说）状态是，设计师到那个国家去并做所有上面提到的事情。而且，他也将训练一批设计师，而这批设计师又会再带出另一批设计师。换句话说，他将成为一个"种子计划"，帮助这个国家在本地的人才中选出有能力的设计师，从而形成桃李满园的局面。因而，少则 5 年，多则 10 年，他将能够造就一批将他们自己的文化传统、生活方式和他们自己的需要牢固联系在一起的设计师。

多年的经验使我确信"来了就做的专家"永远都干不好。当外国的专家被带到发展中国家，碰到新的问题时，他们常常能够提出一些看起来明智而又可行的建议。他们那种能够穿透问题关键的卓越能力实际上是一种幻觉：他们根本就不了解这个国家的文化背景，不了解他们的宗教、社会禁忌、经济来源以及其他一些当地人要考虑的东西，但他们却提出了一种貌似令人信服的解决方案。三周后，当他们已经登上"银鸟"，返回位于日内瓦、巴黎、维也纳或纽约联合国总部时，这些人会突然意识到，尽管他们好像已经解决了那些问题，但是他们的"解决办法"又引发了二三十个新的问题。

1970 年以来，我曾经在六个发展中国家工作过，时间陆陆续续加起来共有八个年头。在拉美、非洲和亚洲的经历使我意识到，发展中国家的人民比起我写这本书的第一版时更有能力解决他们自己的设计问题了。在发展中国家内部有一大批设计和技术专业人员，外国专家的工作（短期的或其他形式的）越来越像是一些不必要的侵扰了。由于本地设计师和建筑师更熟悉当地的生存方式和解决问题的方式，因而他们总是能找到更好的解决问题的方法，这比那令人失望的所谓捷径要好。［参见帕帕奈克：《建议：为了南半球》（ *Proposal: For the Southern Half of the Globe* ），载《设计研究》，伦敦，1983 年 1 月 ］

第五章

我们的面巾纸文化 [1]

废弃与价值

> 如果你想成为一个设计师，你必须下定决心，要么做有意义的事，要么就去挣钱。

——R. 巴克敏斯特·富勒

这种情况很可能是从汽车开始的。制造汽车用的冲模、工具和铸模大约在三年之后就会磨损。这促使底特律的汽车制造厂商为他们的"样式循环"建立了一个时间表。美化装饰的次要细节一年一改；由于需要重新设计制作冲模，大的样式三年一变。从第二次世界大战结束到 1978 年，制造商们贩售给美国公众这样一种观念，即三年换一次车最时髦。今天，经济的压力促使我们略加节俭一些，我们试图让汽车能开得久一些。由于不断地换车，制造工艺也就随随便便，而且实际上根本就没有质量监控。在 1/4 个世纪里，美国政

---

1 面巾纸，比喻某事物"不是必需"的。——译注

府的行政管理部门对这种制造体系一直都持默许甚至热情支持的态度。这种政策所造成的经济后果和浪费已经在其他的章节里评述过了。但真正的危险是这种态度的泛化：由于每隔几年就换汽车，我们可能会把任何事物都看作可以用完就扔的东西，所有的消费品都是这样，大多数的人类价值也是这样。

如果人们听信广告和宣传上的花言巧语，把他们还能开的汽车、还入时的衣服扔掉，因一种新的电子小发明就把以前用得好好的电器扔掉，久而久之，任何东西都会被我们看作是陈旧过时的。扔掉了家具、交通工具、衣服和其他的日常生活用品之后，我们会觉得婚姻（以及其他人与人之间的关系）也是可以扔掉的，而且在全球范围内，许多国家，甚至整个次大陆，都可以像面巾纸一样被扔掉。我们丢弃的时候，也就丢掉了价值。我们设计和策划的东西将被丢弃，这意味着我们缺乏对设计的关注和对安全因素的关注，对工人与用户的异化考虑得也不够。

尽管汽车、建筑、玩具及许多其他领域之间的设计差异很大，但是它们中的很多例子都愈发使我认识到：当我们把所占有的物品像垃圾那样随意扔掉时，更多的物品和工具又会回到我们身边，大批量生产使之成为可能，就像巫师学徒的更新换代一样。

美国汽车业在 1977 年召回的汽车比卖出去的还多。由于设计和技术流程上的错误，1 040 万辆历年产的各式客车不得不被召回，其间，只有930万辆新车被卖了出去。在那之前的三年（1974—1976）里，有710万辆车因同样的设计和技术问题而被召回。从那开始，召回的频率也加快了：通用汽车现在正极力反对法庭的命令，因为那个命令将使他们再召回900万辆车。微型小客车的安全设计更加糟糕：在1983年10月10日那一周里，光通用汽车就被命令召回1983年生产的50万辆前轮驱动的X、J和A型车。（美国广播公司新闻，1983年10月20日。上述统计数字由来自国家高速公路安全管理局和《纽约时报》底特律社的消息综合而成。）

在本书的第一版里，我说通用汽车召回1/7的汽车并对其进行"补救性的修理"，因为这些汽车在驾驶中已经证明了它们不安全（到1969年4月1日为止）。现在我们已经看到，很多情况变得更糟糕了。

近15年来，一些设计师包括拉尔夫·纳德和我一直呼吁要在接近汽车的顶部位置加上第三个红色尾灯。这将减少严重的交通事故以及交通堵塞时的汽车碰撞。美国国家高速公路管理局在纽约、费城、波士顿和旧金山总共12 000辆的出租车上安装了这个灯做试验。三个月后发现撞车的次数比之前少了54%。美国国家高速公路管理局已经决定给汽车安装这种特殊的红色尾灯，它将便于别的司机确定车的位置，每辆车需多花4—6美元。不出所料，底特律的发言人却说这是"一种看不见也不必要的配件，将使每一辆汽车的造价提高几百美元"（美国广播公司新闻，1983年10月13日）。

根据国家安全委员会公布的数字，我们在1982年杀死了近26 000名美国人，每年有超过30万人因交通事故而致残。由于强制限制时速55英里，这一数字下降了近55%。美国在这些人的生活、医疗看护和心理创伤治疗等方面的支出更是无法估计。

但问题不光是轿车。由于公路集装箱车的错误设计和缺乏常规检查，加之公路网的围栏年久失修，每年都有将近1 000辆这样的车发生爆炸、出轨。我们每个月都能读到或听到很多次这样的新闻报道，因为用设计得很差的汽车运输危险化学药品，沿线一些社区被迫撤离，以免遭殃。

1981年7月17日，堪萨斯市海亚特摄政饭店的空中走廊轰然坍塌，造成100多人死亡，200多人受伤。现在回过头看，我们一眼就能确定建筑师和工程师所犯的设计错误。但除了人的错误和缺乏监督、管理之外，还出现了一件更加可怕的事情：

空中走廊坍塌之后五天，7月22日，美国建筑师学会（AIA）出版了其为期两年的关于空中走廊设计的研究报告。**一年多以前，建筑行业就已经知道7月22日这一天就要发表这项研究了。**美国建筑师学会的研究认为"超过45英尺长的空中走廊需要多加一个支撑系统"，也就是说需要一些塔门、台柱或支柱从下面支撑这个走廊。海亚特摄政饭店的空中走廊有100多英尺长。建筑师竟然在**决定安全与否的研**

究发表之前就设计了这样一个危险的结构（大大超出了后来所能想象的工程错误），而且还把它建造了起来，这真是让人匪夷所思。三年之后，1984 年 7 月 27 日，建造空中走廊的工程师丹尼尔·邓肯（Daniel M. Duncan）在法庭上作证说，空中走廊支撑系统的关键部分设计因考虑到像是一个"除尘器"而被替换了。做出这个改动是"因为饭店的建筑师想要一个干净漂亮的设计"。

但是，消费者开始反击了。三年前，费城成立了一个消费者事务委员会，他们建议全美父母注意儿童玩具的安全问题，并每年都检查上千种玩具的质量。每年都有几百种玩具被宣告对儿童的安全和健康构成威胁，有的玩具太复杂，有的则显得太白痴。

宝贝玩具公司（Tootsie Toy）生产的"F-15 老鹰"被消费者事务委员会认为"因其设计、重量、锋利的边缘和结构而具有潜在的危险性"。至于美太公司（Mattel）生产的"罗丹"，委员会说："它有 12 个指示步骤，我们参加试验的 11 岁儿童全神贯注地花了整整 45 分钟才把它组合起来。它根本不值得这些努力。"对于孩之宝（Hasbro）生产的"我的小狗水坑"，委员会认为"它唯一的目的只是为了让狗去洗澡。孩子们很快就会明白让狗去洗澡事实上不需要什么用具"。（上述例子来自联合出版社，1980 年 12 月 4 日）而玩具制造商协会的发言人不以为然地解释说，他们考虑的唯一问题是玩具是否"有趣"。

　　消费者事务委员会也挑选了他们所认可的玩具，这些玩具有着非同寻常的优点。它们都具有开放性，能让孩子们发挥想象力，自由地玩耍。在过去几年里受到赞誉的玩具就包括来自丹麦的乐高玩具，这种由能够相互咬合的塑料块构成的搭建玩具，还有美国的林肯木材（Lincoln Logs）积木，以及西德制造的一种金属拼装玩具麦卡诺（Meccano）。在 1982—1983 年，他们挑出了一些由西尔斯百货（Sears Roebuck）零售的德国慧鱼公司（Fischer Technik）生产的学习玩具。这些组装类的玩具让孩子们探索电阻器、晶体管、二极管和电路结构，可以制造出简单的扩音器、放大器等电子装置。科普沙勒（Capsela）也被强烈推荐。这是一种日本人生产的玩具，它由一些塑料小节组成，在这些塑料小节里面有由小电池助动的电子马达。孩子们可以用它建造简单的水车、风车、用桨滑动的小船、机车、起重机等。在这本书的第六章里我将讨论来自芬兰和丹麦的木质玩具，精心的设计与木材质地之美，为小朋友带来了愉快的玩乐时光。

　　许多玩具在还没有经过充分评估之前就被投放到市场上了。人们或许还记得在 1982 年圣诞节期间，北卡罗来纳设计制造的一种会讲话的玩偶发出了这样一句咒语："杀死妈妈！杀死妈妈！"这是由于质量监管不严，电路设计差，扭曲了玩偶的声音。哪怕有一点点道德和常识都能建立起足够的设计监督、检查和质量管理以避免这样的失误。（美国广播公司新闻，1982 年 12 月 13 日）

大约在 15 年前，纽约萨福克地区的卫生部门报告说，许多彩色电视都能放出有害的射线，这可能会对儿童的视力造成遗传性的破坏。就在 1983 年 11 月 1 日，消费者安全协会发现，在 9 英尺范围内看旧彩电仍然是不安全的。"旧"在此指的是 1977 年以前生产的彩电。由于上百万台这样的彩电仍在被使用，孩子们在周六早晨仍然会在 3—4 英尺距离内看电视，这种健康风险依然存在。

在第四章中，我提到安全帽的缓冲功能并没有进行充分检测。在有些事故中，这可能会导致大脑皮层下的组织受到压迫。橄榄球头盔也是这样，比赛时它会导致一些严重的损伤。

根据美国国家心血管疾病中心提供的数字，由于机器设备的噪音而导致的心脏病致使大约 50% 的产业工人寿命缩短了 5 年甚至更长的时间。不安全的家庭设施每年造成 25 万例伤亡。甚至那些所谓"安全设备"的设计也强加给人可能的危险："经核准"的煤气灶常常灼伤那些想用它们的人。由于煤气灶被认可推广，已经有 8 000 多人因煤气泄漏窒息而死。

两年前，我作为专家证人出现在法庭上为一起拖拉机案件作证。我为原告作证，他是一个密苏里的农民，当他想使用刹车时，他的左脚被这辆设计奇差的拖拉机给扯掉了。（1983 年上半年，原告打赢了他的案子。）我们根本无法估计，每年农机具的设计缺陷造成了多少人的死亡或重伤。有些工作本来就危险，比如在工地驾驶起重机。但毫无疑问，在所谓安全的工厂、办公室、矿井等工作场所，每年都会有千千万万的人受伤。

即使是白领的工作也会对健康构成威胁。有一项研究调查了视频显示终端对其操作者的影响，结果在他们身上发现了严重的眼部疲劳、脊椎病、周期性的精神恍惚、下巴脱臼，以及由于紧张而引起的牙疼等毛病。（联合出版社，1983年10月23日）

在这本书的第一版中，我提到有一位年轻的妇女，当她要离开一家药店时被倒下来的玻璃门砸死了，因为一个小石子滚进了药店薄玻璃门的门轴里，使玻璃门倒了下来。12年后，当我要离开香港巴克莱银行时也遇到了同样的事——不过我是幸运的，只是被轻微地擦了一下。

在过去的大约15年里，炉子（煤气的或用电的）的控制面板一直是往前拧和往后拧的设计，家用设备的设计师们把它们做得像是悠悠球。这些样式的变化总是伴随着似是而非的解释和技术依据。在20世纪70年代早期，当所有的控制钮都被移到产品后部的时候，制造商的解释是这将使小孩更难碰到控制钮。事实上这是一种促销的小伎俩：把线绕到炉子后面造价低廉，而新的设计却能卖更多的钱。可以预见，孩子们会爬到椅子顶上玩所有的控制钮，有的就会烫到胳膊或脸。在20世纪80年代早期，多数控制面板又回到从前了。为了给妇女们制造一种幻觉，通过不停拨弄那些控制钮，让那些白痴一样的灯忽闪忽闪的，使她们觉得自己似乎控制着银河系的巨大命运，儿童安全的因素却早被抛诸脑后。事实上有种很简单的设计解决办法：一种需要双手一起按"开始"钮的双重保险开关（和录音机的"录音"键是一样的）。但制造商们用来迎合公众的却是花言巧语的措辞，就像1978年产的一种"热点火炉"，他们说这种火炉无论何时烘烤完毕之后都将变得"温和"下来！

由于我一直在收集我的设计同行们做的一些很白痴的构想，我发觉我自己被1983年圣诞节的一些东西给迷惑住了。人们提供给了我们一些机器人，它们能做的事情实在是非常有限。"我的英雄！"是由大来俱乐部提供的，它是一种2 449美元起售的电话一体机，会说话，还能播放磁带和录音（后面的这项功能被描述为"它会给你唱歌"）。广告上说，这种机器人具有"一种惊人的能力，能够分辨256种不同级别的光和声"。并且还承诺，它能给你递报纸和杂志（大来俱乐部，1983年圣诞商品目录）。"尖端印象"（Sharper Image）也售有同样的机器人，价格为1 795美元，而且还有两种选择：一种胳膊能够"擎起12盎司的重量"的机器人要595美元，而一种可用夹子夹住的真空吸尘器则需要604.5美元（包括邮费，"尖端印象"，1983年假期商品目录）。我们中的一些人也许看过《哈洛与慕德》（Harold and Maude）这部优秀的电影，其中的一些黑色幽默现在被一些没被歌颂过的电子天才变成了现实。还有一些华而不实的礼物，比如差不多要花 20 美元的"雷鸣顿芳香唱机"。同样的价格，我们还可以买一个"浪漫芬芳型"，或许你更喜欢"自然芬芳型"的。它实际上就是一种在长时间播放音乐的过程中能够散发出香味的机器［马克林（Markline），《假期礼物指南》，1983］。根据我们平常的经验，戴齐（Dazey）剥皮机的作用是用电给苹果、橙子甚至柑橘剥皮——一次一个。我们只要花 29.95 美元就能享受这种剥完皮之后再用 10 分钟清洗机器的乐趣了，而不只是洗干净我们的手［爱捷特（Aztech），1983—1984 年度冬］。

孩子们也被洗脑对这些恶俗的白痴玩意儿上了瘾。1983年 10 月，艾美洛（Amurol）公司开始在一些药店和百货商店推广其泡泡糖。根据包装上的信息，泡泡糖是一种"很柔软的能起泡的口香糖"，它装在管子里，就像牙膏。这引发了一个问题，小孩是否应该学会分辨挤到他们嘴里的东西是什么，无论是泡泡糖、牙膏，还是强力胶水。第二个问题是，泡泡糖（这种糖果发出的臭味就像沤烂了的天竺葵）在其他方面对身体健康造成了严重伤害：这种愚蠢的混合物的确"很软"，事实上，为了达到咀嚼口香糖所具有的韧性，它必须被"嚼烂"。一个幼小的儿童，若整日往嘴里挤这种东西，他的喉咙可能被堵住。

尽管美国和世界上其他国家都经历着严重的经济萧条，但一些没用的琐碎事物却成了我们产品环境中永恒的一部分。《生活》杂志（1983 年 1 月号）在一篇题为《好玩就赚钱！》(*Cute means Cash!*)的文章中列出了一个面包师有一打这样的白痴玩意儿。把这些没用却十分昂贵的小玩意儿列出来真是一件令人丧气的工作。毫不夸张地说，北美的人花在"成人玩具"上的钱要比他们花在年轻人的教育和穷人的公共卫生身上的钱多。最近的"蠢人用品清单"包括：电动胡萝卜剥皮机、电子钓鱼计数器、热鞋架、电动水压劈柴机、小孩玩的大小为原尺寸 1/4 的 1906 年版消防车（每个 9 000 美元的天价）、电子餐巾纸，还有一个装满"2 美分"爪状物的包，这些爪状物都是用 18K 金做的，售价 8 500 美元。这些玩物即使制作得再好，最终也将被废弃掉，因为其拥有者很快就会对这些根本就没用的产品失去兴趣。

在一些特殊的情况下，废弃的概念是合情合理的。比如，医院里一次性的注射器就省去了高温消毒和灭菌设备的费用。在一些发展中国家，或为气候条件所限，杀菌消毒是很困难或不可能做到的，一次性外科和牙科用具非常有用，薄纱、尿布等物什都受到当地人的珍惜。

但是，当我们有意识地设计一些新的最终要被丢弃的物品时，在设计过程中必须考虑两个新的因素。首先，物品的价格是否体现了其短命的特征？外科用的一次性卷装手套，就像厕纸或实验室的临时性保护服装，在价格上反映了其使用寿命短暂的特征。

第二个需要考虑的问题是，这些物品被丢弃后又会发生什么。沿着海岸的高速公路行驶，我们会看见一个接一个的汽车垃圾站。这些风景中的污点虽然在慢慢地锈蚀，但要使这些汽车都变成尘土，尚需 5—20 年。新塑料制品和铝不能分解，我们随手扔掉的啤酒瓶，其前景也不容乐观。就像其他一些国家一样，"瓶子法规"在美国的一些州也已经实行了，铝罐现在也可以被回收了。

未来势必将越来越多地使用生物降解材料（例如，塑料变得可以被泥土、水或空气降解）。瑞典的利乐包装（Tetra-Pak）公司每年负责包装 70 亿件牛奶、乳酪和其他食品，他们现在正在开发一种理想的可自我降解的包装。20 世纪 70 年代，他们与斯德哥尔摩聚合体技术研究所合作开发了一种新方法，能够加速聚乙烯塑料的降解速度。这样，当人们仍然在使用这些包装时，它们照样结实可靠，其他的性能也保存完好；当用完丢弃之后，这些包装就会更加迅速地降解。从 1977 年开始，一种名叫"利雅路"（Rigello）的新型可降解的一次性啤酒瓶也面市了。除了瑞典寥寥的几种，我们需要更多的解决办法，以将我们从产品污染中解救出来。

幸好，通过研究**污染的实际过程**从而取得有效的成果，已经成为可能。由两名研究生在 1968 年完成的一个设计研究问题就很能说明问题。

我们从研究苍耳、牛蒡[1] 和其他具有"钩子机械"的植

1　牛蒡：菊科牛蒡属的两年生植物，开粉红色或略带紫色的花穗，并被带有多刺的苞所包围，形成果实中的刺果。——译注

人造刺果，长 15.5 英寸，由生物可降解塑料制成，表层涂有植物种子和一种向水性的营养液，以扭转干旱地区的侵蚀循环。詹姆斯·赫罗尔德（James Herold）和约翰·特鲁安（John Truan）设计，时为普渡大学学生

物种子入手。（这一关于种子的仿生学探究在第九章有更为详细的解释。）从它们的身上，我们研发出了一种人造刺果，大约 40 厘米，由可生物降解的塑料制成。我们所选的这种特制塑料，其一般寿命是 6—8 年。人造刺果的塑料表面都粘有植物种子，并被压缩进一种向水性的营养液中。这些人造刺果都具有可折叠的平面，在沙漠，用飞机把千千万万的人造刺果撒到干燥贫瘠的地域，一旦降落，这些种子就会弹开并连在一起（如图所示）。一场雨过后，空气里湿度足够大，这种人造刺果表面的植物种子就会落地、发芽（在向水性营

养液的滋润下）。而人造刺果本身，在这些新发芽的有机体帮助下，便会形成一个低矮却连续的坝。（理论上，这样的坝可以无限长，会有 20—30 厘米高。我们在一个干燥地区构造的一个试验坝有 17 米长。）

这些人造刺果钩在一起，加上有机体生长缠绕，它们形成的坝会赶上第一场春天的雨水。种子、覆盖层[1]、表土层以及其他有机质都会被它捕获，这个坝就可以自由延展了。3—6 个季度之内，它就会长成一块结结实实的植被，能永久拦截表土层。一段时间之后，这些可生物降解的塑料便会被周围的植被和土壤分解吸收，变成肥料。

至少在试验上，风化的循环已经中止了，实际上是往反方向发展。试验的组成因素——废弃、丢弃和自我分解，已经被用于积极的生态变化了。

有人还为这些人造刺果找到了一种有意思的用途。哥本哈根皇家建筑学院有个学建筑的学生，名叫马格迪·特维克（Magdy Tewfik），他在苏丹做了成千上万个这样的刺果。它们是由硬纸板和废报纸制成的，大约 40 厘米长，只是缺少生物催化剂和种子。在苏丹的沙漠里，它们被用作"沙锚"，在沙暴到来的时候可以留住更多的沙子。这个想法听起来真是愚蠢而简单，但却管用。[马格迪·特维克，《消除沙暴给

1　覆盖层：放在植物周围以防止水分蒸发、根被冻坏和野草生长的保护性覆盖物，通常由有机物质构成。——译注

热带带来的痛苦》(*Abatement of Dust Storms Afflicting the Tropics*)，哥本哈根：城市和地区规划系，1972]

让我们回到关于一次性社会的讨论：随着由技术而引起的废弃物越来越多，产品的更新从根本上升级换代就有意义了。不过人们对这一市场层面的新特点还没有做出反应。如果我们以一种越来越快的速度，把昨天的产品和设备换成今天的，把今天的换成明天的，总消费必然会反映这一趋势。那么，处理这一问题的两个方法就会慢慢浮现出来。

"租借"而不是"拥有"将成为发展的目标。在有些州，签个合同，三年之内借一辆汽车用比买一辆汽车要划算。借车还有一些其他的好处，借车的人不用再担心维护费、保险费以及以旧换新时的价格波动。在我们的一些大城市里，像电冰箱、冷藏机、炉子、洗碗机、洗衣机、烘干机、组合空调和电视等大一点的家用设备都是可以租借的。在生产和办公领域，这一趋势也越来越显著。围绕电脑硬件、实验室和办公系统的维护与服务所产生的问题已经使得设备的租借越来越合理了。许多州的财产税法规也使得"暂时使用"的概念比"永远占有"更符合消费者的心意。

现在，需要让消费者确信，他此刻事实上所**拥有的**也很有限。我们在郊区购买的那些住宅都有 20—30 年的抵押，但是（正如我们在上面看到的那样），每个家庭平均 56 个星期就要搬迁一次，房子会被卖来卖去很多次。大多数汽车也都是用 48—52 个月的按揭款购买的。它们常常在合同还没到期的时候就被卖掉了，还没交的那一部分钱也成为交易的一部分。正如我们在住房、汽车和大型家用设备的身上所看到的那样，在一个高速运转的社会，"拥有"的概念已经成为一种想象了。

在如何看待财产的问题上，这事实上是一种重要的、彻底的转变。这种态度的转变，常常会立即受到老一代人的谴责（他们丝毫未意识到自己实际拥有的其实非常之少）。但是，道德的谴责事实上与此并无关联，而且也从来不曾相关过。纵观整个人类历史，"财产之祸"已经不知被多少宗教领袖、哲人和社会思想家警告过了。我们的社会以个人、资本家和贪婪的哲学为基础，它恋物、被商品引导并以消费作为动力，我们逃离这种社会的热切愿望都基于对这些事实的承认。

对待因技术而废弃产品的第二个办法依赖于对消费市场价格的重构。1969年4月6日，《纽约时报》刊登了一则销售简易充气椅子（英国进口产品）的广告，其零售价不到10美元（包括海运、进口税等各种税费）。5天内，顾客通过信件和电话就订购了60 000把这样的椅子。20世纪70年代早期，在一些像"壹号码头"（Pier One）和"成本加成"（Cost Plus）这样的全国性的折扣商店，用塑料加固的纸板做的跪垫和临时性椅子的价格并不贵。这样的东西，使用方便，颜色靓丽，设计时髦、舒适，非常便宜，而且轻便，易拆卸，用完了就可以扔掉，这自然受到年轻人和大学生们的欢迎。但是，便宜和轻便的家具被大多数"定居"的人忽略了，现在，经济因素影响着更多的人。

1970 年的时候，我认为，大批量生产和自动化将使大众获得越来越多的半一次性（semi-disposable）廉价商品。我赞成这个观点，因为**如果它没有导致浪费和污染**，这将是一个好的趋势。随着手工艺的伟大复兴，我想，由于这些便宜的商品可以回收利用，半一次性商品的收益可能会给更多人的生活带来更多手工制作的、设计精良的产品。可以想见，将来家庭除了便宜的塑料餐具，也会有一些优秀的手艺人制作的瓷器。一件半一次性的衣服与银匠根据传统文化专门为用户设计、制作的指环配在一起，效果可能会非常出人意料。在一些像"壹号码头"这样的折扣店购买的便宜的藤条沙发和方便的椅子，与在著名的手工艺商店或画廊买的手编衬垫配在一起，可能也很和谐。

但是经济低潮从某种意义上已经改变了这一景象。手工艺制品仍然是被那些能够承受得起的人所购买。那些必须小心算计支出的人和新的穷人却有了两项激动人心的新发现。

由于钱很紧张，消费者们开始站起来反对人为的废弃和假冒伪劣产品。几十年来，消费者们第一次去追求质量，追求持久的价值以及简洁、无装饰的产品。而且，如果可以，公众似乎愿意多花一点钱购买能够用二三十年的炒锅、制造精良的自行车、工艺精湛的家具和相当可靠的工具。

第二个发现就是过去的优良设计。越来越多的人不得不从一些像古德维尔、救援军、圣文森特德保罗协会或残疾人协会的零售店购买**二手**产品。他们常常发现用了 30 年的烤箱比最近产的便宜货还要好；樱桃木做的书架（去掉它浮夸的彩饰后），无论是看上去还是用起来都比一些昂贵的合成板组合架子要好。

频繁搬迁的趋势和 13 年前所描述的没什么不同。尽管一方面由于高抵押利率和不断增长的搬迁费用使人们试图原地不动，但求职又使千千万万的人照样得不断搬迁。

如果在不危害环境的情况下，一次性用品可以继续使用，我们所拥有的物品、工具和人工制品就会非常丰富，任凭我们去挑选。我们仍会认为有些东西具有永久的价值，因为它们是传家宝，出于情感原因，出于爱，出于它们繁复的手艺，或者因为它们那内在之美。

有些东西是我们不用思考就可以扔掉的：面巾纸、一次性医药容器，而可回收的瓶子和罐子则要**回收**，不能扔掉。还有一类东西，我们把它们看作是半永久性的：照相机、高保真设备、运输设备等。我们应该拥有这类工具，不过我们只在有限的时间使用它们，因为真正的技术进步会不断推陈出新。无论是通过低价购得，还是通过租借，这一类物品必须从根本上反映出暂时"拥有"的模式。

人们希望这样的变化会发生，而那些变化将使我们对自己真正认为有价值的东西的思考更加深入。

总之，我们容易把我们的面巾纸文化的某些方面视作无法避免且是有益的。然而，目前市场的统治地位已经耽误了理性设计策略的出现。什么应该扔掉，什么不应该扔掉，使用者和工业界都没有做出答复。更可笑的是（对于股东和负责市场营销的副总裁来说），用完即扔的东西的售价高得似乎它们可以永存一样。人们对于当前价格体系的两个替代性选择——租借或是低价以旧换新——还没有展开系统的研究。技术革新的步伐越来越快，而原材料却没有了。

　　在一个私有的资本主义体制下，设计和市场策略是否能够共存仍然是一个问题。但显然，在一个贫困的世界中，必须找到关于废弃和价值问题的新的解决办法。

第六章

万灵油与镇静剂

大众休闲与冒牌时尚

> 道德义愤的确仍旧以一种直接可感的方式影响着我。
> 在抨击时,我能够感觉到注入血液中的那种激动,
> 感受到肌肉为了激烈的行动而充满渴求。
>
> ——阿瑟·库斯勒

确实——设计师必须意识到他的社会和道德责任。通过设计,人类可以塑造产品、环境甚至人类自身,设计是人类所掌握的最有力的工具。设计师必须像明晰过去那样预见他的行为在未来所产生的后果。

这是困难的,因为设计师的人生已经被一种以市场为导向、为利润所驱使的体制规定好了。彻底脱离这些既定的价值是难以实现的。

今天,正是那些凭借其地理位置和历史条件而更为幸运的国家,愈发表现出了一种粗俗的精神品质和堕落的道德原则。

我认为这些国家并不幸福，尽管在外界所有人看来这些国家繁荣富强。

但是，如果哪怕是富人都会因为缺乏理想而感到压抑，那么，对那些真正因丧失了理想而痛苦的人来说，理想就是生命的第一需要。在那些衣食富足却缺乏理想的地方，面包并不能代替理想。但在那些衣食匮乏的地方，理想就是面包。（叶夫根尼·叶夫图申科[1]，《早熟的自传》）

所有的设计都是某种教育。设计师试图教育他的制造商客户和市场上的人。由于在大多数情况下，设计师被降格（或者，很多时候是他把自己降格）去制造"成人玩具"，流光溢彩、昙花一现的杂烩和一些没有用处的小玩意儿，而设计的责任问题却很难触及。孩子和年轻人被蛊惑购买与收集这些旋即被丢弃的、没用而又昂贵的垃圾制品。很少有年轻人会禁得起这种诱惑。

针对这一现象，瑞典在 15 年前有一场值得我们注意的反抗运动，当时举办了一场为期 10 天的"青少年博览会"，旨在宣传针对青少年市场开发的产品，然而这个博览会却遭到全面抵制，差一点就关门大吉。根据《今日瑞典》的一则

---

[1] 叶夫根尼·亚历山德罗维奇·叶夫图申科（Yevgeny Aleksandrovich Yevtushenko, 1933—2017），俄罗斯诗人、小说家、政论家，代表作有《娘子谷》《妈妈和中子弹》等。——译注

报道（1968 年第 2 卷第 12 期），一大批年轻人认为这是过度消费，他们通过支持他们自己的"反博览会"抵制这个博览会，当时的口号是："走开，不，我们不会买！"那一天，来自斯德哥尔摩各个地方的青年乘坐巴士来到实验剧场，那里上演的特殊节目都是一些关乎政治的电影和戏剧，其主题包括世界性的饥饿、污染，毒品的问题也被列入讨论会环节。这些年轻人认为，官方的"青少年博览会"只不过是通过诱使年轻人对更多的衣服、汽车和"身份毒品"产生渴望，从而开始实现系统性剥削欧洲青年人的计划。

到了 1984 年，瑞典的年轻人仍在强烈抵抗，他们不愿意成为产品的"瘾君子"，也不愿成为无知的消费者。"在西欧的很多地方，对于千千万万德国、荷兰和斯堪的纳维亚的青年人来说，以前被看作替代性的生活方式现在已经成为主流。他们同情第三世界。他们为自己的富足感到愧疚。"（《新闻周刊》，1983 年 10 月 24 日）

但瑞典仍旧是一个例外而不是惯例。当设计师们得到了官方身份、薪资或资助，"纯"设计和设计师道德中立的观念便会被提出来讨论。它看上去似乎是想确立设计师的身份，以使他们不受管理部门的干扰；可惜，这也是一种自我欺骗，是对公众的愚弄和冒犯。

如果**所有**的社会和道德责任都被除去，如果真的任由"广告—设计—生产—市场调查—获取暴利"这一复杂商业链条为所欲为，那么会发生什么样的事情呢？在来自心理学、工

《大船》（*Argosy*）杂志上的一则广告，1969 年 2 月。
一个不负责任的设计结果

程学、人类学、社会学及媒体的"科学家"团队的帮助下，他们会把世界的面目变成或者扭曲成什么样呢？

　　我曾经写过一篇简短的讽刺文章，试图说明不负责任的设计、大男子主义和纵欲是怎样勾结在一起去获得不义的暴利的。这篇文章《洛丽塔项目》（*The Lolita Project*）发表在 1970 年 4 月的《未来信徒》（*The Futurist*）杂志上。我这篇讽刺性的文章关注的命题是，在一个大多数人仍然把女人看作性对象的社会，一个有野心的制造商可能会着手生产和销售人造女人。这些人造女人看起来栩栩如生，有温度，而且具有感应功能，其零售价在 400 美元上下，头发和皮肤的颜色甚至人种类型都可以任意挑选。而且，我虚构的设计师和制造商还设计了许多种"自然升级版"，一个"特殊产品分部"将满足这些订单，比如说一个 19 英尺高，有着蜥蜴般的皮肤，长着 12 个乳房和 3 个脑袋，有攻击性设定的女人。

令我惊讶的是，文章发表后，我收到了大量的来信。哈佛大学的一位社会心理学老师给我写了 4 次信，想得到许可开始生产。设计师和制造商们也在给我写信，他们给我钱，邀我加盟，要把洛丽塔投入生产。人们可以买到一种标准尺寸的塑料玩偶，她有 3 种颜色的头发，售价 9.95 美元，其广告也在这本书里。1970 年 12 月份的《绅士》(Esquire) 杂志把这种妇女的构造展示了出来，还精明地配了一张合成的彩照。

可惜，现实远远超过了我那保守的预测：自从《未来信徒》发表了那篇文章，各式各样的人造女人涌现了出来，其价格从 19.95 美元到 89.95 美元不等（后面那一种有电动孔口和能够活动的手指）。诸如《皮条客》(Hustler) 和《性交》(Screw) 这样的色情杂志刊登了整页的广告。我又恢复了一点信心，觉得设计的最新发展还没有堕落到我在那篇文章中所说的那种水平。

我写那篇关于电动液压控制的人造女人的挖苦文章是出于两个目的，首先是想揭露工业与设计师迎合男性至上主义者的性别偏见。（在此后的 13 年中，人们接二连三愿意把钱

花在这种白痴产品上，这些反应更加证实了我的观点。)其次，
我也想求证一种相当复杂的产品设计过程：即洛丽塔用具。

这个讽刺性的作品把性和工业设计联系在了一起。政治
也利用工业设计以进一步达成其目的：在杰伊·多布林（Jay
Doblin）撰写的《100 个伟大的产品设计》（*One Hundred
Great Product Designs*）一书中记载了一个早期利用设计支
持其政治野心的例子。1937 年，阿道夫·希特勒意识到一种
人人都能拥有的汽车具有显著的宣传价值，所以他非常重视，
决定优先发展。他下令成立了一个新的汽车公司——大众汽
车（Volkswagen）发展公司。在 1939 年早期，大众汽车计
划在一个地区开始进行，那里后来就形成了沃尔夫斯堡[1]：

> 希特勒确信，大型机动车——30 年代早期德国制
> 造的唯一类型——是为特权阶层设计的，因而也是与国
> 家社会主义的旨趣相违背的。1933 年春，他会见了费迪
> 南·波尔舍（Ferdinand Porsche）[2]，筹划一种大众用车——
> 克莱因汽车（Klein-auto）。波尔舍已经进行了多年的小
> 型车试验，他从希特勒的狂热中看到了实现这个梦想的
> 机会。波尔舍被认为是当时德国最优秀的汽车工程师之

---

1 沃尔夫斯堡，德国中北部城市，它在 20 世纪 30 年代末大众汽车工厂建立
   之后发展起来。——译注
2 或译"费迪南德·保时捷"。——译注

一。由于波尔舍是包括洛纳（Lohner）[1]、奥斯图—戴姆勒、戴姆勒—奔驰和斯太尔在内的许多汽车公司的首席工程师，他自然是承担这一任务的理想人选。他和元首一致认为，"大众汽车"应该能够坐乘4人，有着空气冷却引擎，每加仑汽油平均能够跑35—40英里路，最高时速70英里。另外，希特勒规定德国工人花费大约600美元就应该能够买到这样一辆汽车。政府拨付了总计65 000美元作为前期的研发费用；两年后，波尔舍在其斯图加特的工作室里完成了第一辆样车。

在美国，设计并不以一种政治的方式被公然使用：它主要是作为一种大商业的营销工具运作的。

从性和政治转向某个消费品，我们就会发现其在将近25年时间里的发展；更为重要的是，我们会看到同样的问题是如何被一家美国的母公司和德国的子公司操作的。1961年，柯达Carousel（旋转木马）幻灯机首次被引进美国市场。它用"重力吸引法"操作幻灯片，这代表了一种重要的观念和设计的突破，几乎替代了所有其他放幻灯的方式。但是，作为美国工业设计的先驱，雷蒙德·洛伊却喜欢说"精益求精"。于是，Carousel 600型又从画板上走了出来，它有着"纤细

---

1 洛纳，当指 "Lohner Porsche"，是费迪南·波尔舍1900年设计并制造的世界上第一台由电力驱动的四轮驱动汽车。——译注

的线条"，更为紧凑，还有更换幻灯片的推进钮和可供选择的透镜。随后，价格更高的 650 型又出来了，它适合各种厚薄不同的幻灯片，还能够在前方遥控；750 型，有遥控，能倒放，还有能够调节灯光亮度的开关；800 型，有遥控调焦和内置的调节开关；850 型，有自动对焦不需要遥控，一个钨–卤素灯泡和两个透镜；860QZ 型，有变焦透镜；其他的一些中间型号还配以各种附件。这一系列产品甚至包括 RA960 型，它能够随机读取幻灯片，具有弧光灯，其价格是最简单型号的 10 倍，是底价的 20 倍。最后的 Carousel 型号有弧光灯，能够随机读取幻灯片，还内置了叠化装置，是这一特殊新型系列产品的顶级型号。

在最初的 20 年中，柯达公司还以 Ektagraphic（爱影）之名逐点向学校和视听部门销售这些幻灯机。Ektagraphic 幻灯机花费不菲，它被涂成灰色而不是黑色，而且具有柯达所谓的"牢固的电路"。（这意味着，大众一般是买不起 Ektagraphic 幻灯机的，它有一个接地的三相插头，沉重的绝缘线路，而且不容易短路。）换句话说，一般消费者使用的类型虽然不够安全但花钱少，真的算不上昂贵。

1983 年，美国柯达公司发布了其最近的"改进"：他们的 Carousel 5200 型和 5600 型幻灯机。最新的型号装有便携把手，提供能够拔出来的幻灯片阅读器（但要想用它，必须移开透镜）。

在这期间，斯图加特的德国柯达悄无声息地制造与开售

两种柯达 Carousel 幻灯机，可远距离变焦，并有操控键。德国柯达 Carousel-S 可变电压，价格大概 75 美元，还额外配有重载线路。美国柯达 Carousel Ektagraphic-VA 与之很像，但是更重，也没有电压调节，设计得既笨又沉，价格为 279.5 美元

了他们的大陆版幻灯机，称作 Carousel-S。这种型号线路安全，自带远程对焦和幻灯片选择线，而且，它最厉害的是，内置有可以调节电压的变压器，这使得它能够在世界上的任何地方使用，而不用考虑当地的电压。其价格（在德国）很便宜。地处纽约州罗切斯特的柯达公司试图阻止美国人买这种幻灯机，他们拒绝回答关于这种幻灯机的问询，并暗示其零配件难以购买，而且它还可能不安全、不适合使用。当然，这不是真实情况。

　　德国这种型号的幻灯机，无论是功能还是外观，看上去都很简洁、让人放心，而且不易出故障。其自动定时和其他

功能使用简单的插入组件，可以单独购买。德国版幻灯机的附件，比如盛放幻灯片的盘子和额外的透镜，不仅设计得更好，坚固耐用，美观大方，而且价格一点都不贵。德国人用的产品那么好，老一代的美国人知道是为什么：真正的大批量生产。他们只做一个幻灯机，容纳各种不同的插入选项，而在美国，一打幻灯机（看看 Ektagraphic 系列），也就稍微有些变化，这都是诱骗消费者的诡计。我们的体制是为顾客的不满和被迫废弃设计的。它也很昂贵，而且不安全，这都是已经被证实的。到了 1984 年，事态又一次发生了根本的变化。德国柯达幻灯机（现在称作 2000S-AV）已经变得相当昂贵，它是从一块坚固的铸铝块中加工出来的。但即使是最早的德国版现在用起来依然好得让人吃惊：吉姆·亨尼西（Jim Hennessey）和我（在我们的设计事务所和大学里）已经用了 17 年了，没有出过毛病。

1984 年美国消费者的抵抗似乎表明，不能再用老办法欺骗一个新来的家伙了。严肃认真的摄影师不会购买任何一款轻薄易坏的美国柯达 Carousel，他们会购买德国蓝帜（Leitz）公司的 Pradolux 300 型幻灯机。蓝帜公司决定将其在光学上众所周知的卓越水准和柯达的一个真正贡献结合起来：重力吸引幻灯片圆盘。这是一个没有销售伎俩的合乎逻辑的综合，在纽约的相机专卖店，Pradolux 300 型幻灯机比美国柯达的幻灯机还要便宜。

为了能为大众更直接地工作，整个设计界必须强调设计师作为倡导者的角色。例如，一种新型秘书座椅的设计，可能是因为一个家具制造商觉得往市场上投放一种新的椅子会带来许多利润。而设计团队则被告知需要一种新型的椅子，以及它应该切入哪档价位。在这个时候，人体工程学（或人体要素设计）就有用了，设计师们会从这个领域里查阅他们所需的重要测量数据。美国大多数秘书都是女性，而遗憾的是大多数人体工程学的设计数据都是基于18—25岁的白人男性得出来的。由于在相关的专题书目里几乎没有人体工程学分析的书，其数据几乎完全来自陆军（麦考密克，McCormick）、海军（塔夫茨大学）以及荷兰空军（巴沃斯，Butterworth）的应征入伍者。除了亨利·德雷夫斯的《为大众设计》一书中某些有意义的章节，直到最近也没有关于妇女、儿童、老人、婴儿与残疾人的重要的测量数据和统计结果。

我很高兴看到这一状况在最近10年里得到了改变。尼尔斯·迪夫里恩特（Niels Diffrient）、阿尔文·蒂利（Alvin Tilley）、大卫·哈曼（David Harman）——他们都来自亨利·德雷夫斯事务所——和其他同事编著了一套质量极高的书，涉及儿童、男子、女子和残疾人。他们用一系列的图表和成百上千的关键尺寸非常清楚地提供了设计师在以前根本就得不到的东西：《人体度量1/2/3》《人体度量4/5/6》《人体度量7/8/9》（剑桥：麻省理工学院出版社，1974—1981）。

维也纳的哈罗德·库贝尔卡（Harald Kubelka）是我以前的一个学生，也是同事，他在奥地利从事学龄儿童重要测量数据的收集工作。这一优秀的著作，配有许多插图和照片，为奥地利生产学校的家具、衣服及书包等物品提供了一个宝贵的数据基础。

让我们回来继续讨论秘书所使用的椅子，它基于制造商的直觉，即一种新型的秘书座椅会大卖，通过对二战期间荷兰飞行员测量数据的推断和应用，又经过设计师杂糅各种风格使其充实，这种椅子的雏形已然就绪。现在开始进行消费者测试和市场调查。把麦迪逊大街[1]的推销话术赋予这个调查的种种神秘外衣统统去掉，这意味着仅有一部分椅子在严格控制条件的情况下，在5座城市接受检验或销售。（那些城市的人口和平均收入适中，据说那里的城镇居民愿意为新想法付钱。旧金山、洛杉矶、亚利桑那州的菲尼克斯、威斯康星州的麦迪逊和马萨诸塞州的剑桥是从一长串名单中挑出来的5个城市。）市场调查也是这样。如果它卖得不错，就开工生产。

当要为秘书设计一把更好的椅子时，秘书们自己必须成为设计团队中的成员。大多数时候，一个"普通"的打字员被邀请坐在一把全新的椅子上（有时候才5分钟），然后被问道："好了，你觉得怎么样？"当她回答说："哎呀，这块红色的装饰面料真是与众不同！"我们就把这句话看作一个很重要的评价，然后就开始大批量生产。但是打字这项工作

1　麦迪逊大街（Madison Avenue），美国广告业中心，引申意指美国广告业。——译注

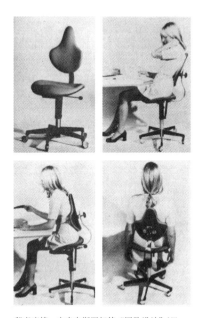

秘书座椅，由来自斯图加特"团队设计"（Team Design）的博尔（Bohl）、孔泽（Kunze）、谢尔（Scheel）和格林施洛斯（Grünschloss）设计。供图：《设计信息》（Infordesign）杂志，布鲁塞尔

一天要干 8 个小时，是个非常漫长的工作。即使秘书们非常可靠地试用过这些椅子，我们怎么才能够相信**秘书们可以自己决定要买哪把椅子呢**？通常情况下是由老板、建筑师或者（上帝保佑）室内设计师做的决定。

　　有一种椅子是这样被设计的，即秘书们加入设计团队，而且全面测试了这些椅子。这些椅子是由斯图加特的一个叫作"环境设计与补救"（Umweltgestaltung）的设计小组设计的。这种椅子涉及人体工程学的部分由乌尔里克·布兰特（Ulrich Burandt）与瑞士苏黎世卫生和劳动者心理研究所负责，制造商是德国德拉贝特与明登之子公司（Drabert and Sons of Minden）。《设计前沿》（1970 年第 34 期，布鲁塞尔）对此有全面的介绍。但是，正如我在 1970 年所担心的那样，当它到了美国市场，却远远不如美国设计师喜欢的"性感"椅子销路好。我要再次提醒您：当老板们要买椅子的时候，秘书们哪有插嘴的份。

在 20 世纪 70 年代早期和中期，密歇根州泽兰的赫曼·米勒家具公司曾经研发过一系列很好的秘书座椅，他们现在仍在继续做这件事。诺尔国际公司和意大利的埃托雷·索特萨斯（Ettrore Sottsass）设计了另外一些秘书座椅，人体工程学的部分也处理得很好。但所有的这些椅子都相当昂贵（由于是从欧洲进口，纽约的中间人有时会因"设计师"而把椅子的价格抬升 300%），而且，在绝大部分情况下，秘书在这件事情上仍然没有发言权。

另外一个例子表明，关于秘书座椅的设计仍然有很长的路要走：在 1970—1971 年间，一个面向全欧洲的桌面餐具的设计竞赛在西德举行，竞赛的名称叫作"蒂什 80—博尔 80"（Tisch 80-Bord 80）。有一个参加比赛的设计作品对生态环境最为负责，这个设计是由来自芬兰的巴尔布鲁·库尔维克—希尔塔沃里（Barbro Kulvik-Siltavuori）小姐提交的。当其他选手都诉诸消费主义，想从外观引起别人的注意，她

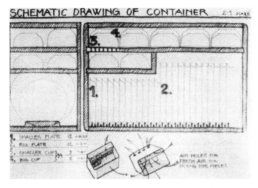

芬兰设计师巴尔布鲁·库尔维克—希尔塔沃里为可反复使用餐具设计的洗碗柜，可清洗、干燥、贮存。供图：巴尔布鲁·库尔维克—希尔塔沃里和 21 号小组

提交的设计关注的却是循环利用。

她的提议（具有反讽意味的是它来自芬兰）是反对人们收集一些漂亮的盘子和堂皇的玻璃器皿，并把它们储藏起来，直到它们被打碎，或者出于趣味变化的原因被换掉。巴尔布鲁·库尔维克—希尔塔沃里小姐建议把盐釉的红色黏土作为一种可行的材料，把塑料作为一种替代材料选择。这些可反复使用的餐具将被放进一个敞口的塑料洗碗柜中，可以洗涤、烘干和存放。更为重要的是，打碎了的碟子和杯子放到垃圾袋里是能回收的（就像空啤酒瓶和可回收的奶瓶一样），这也是系统的一部分。制造商可以用回收的塑料、碎陶土制作新餐具，等等。

重要的是权威设计机构对她的参赛作品所做出的反应。

这件参赛作品被评为第 15 名（一共 15 个名额），评审委员会评价说："这种观念具有很大的原创性……无论如何，**我们知道了如何评价这种解决方式中的幽默**。这是对现实情况的一种**有趣**的挑衅。"

尽管权威设计机构可能不鼓励创新，但消费者似乎并不同意。1972—1973 年度，西柏林的国际设计中心举办了他们一年一度的新家具展览会，名字叫作"好的造型"（Good Form）。他们的总监弗朗索瓦·布克哈特（Francois Burkhardt）邀请我同时举办一个关于"自己动手"和"流浪家具"的展览。关于自己动手做家具的介绍性小册子是免费发放的，大一点的作品为了展览的目的在此之前就已经做好了。展览也邀请西柏林的人把他们为个人发明制作的家具带到展览会上去。参会人数打破了国际设计中心之前的所有纪录。弗朗索瓦·布克哈特欣喜地告诉我："好几千人以前从来没有来过我们的展览会，有老人、年轻的环保主义者，包括穷人！"

在 1973—1974 年度的春天，南斯拉夫的格拉达·莎格勒巴（Grada Zagreba）美术馆举办了同样的一个展览。参观的人数又一次打破了先前的纪录。美术馆预计会有 60—80 人来参加我的开幕致辞——实际上来了 6 000 多人，连大街上都得装上高音喇叭。和在柏林一样，原本是为两个月准备的免费分发的示意图，结果 15 分钟就被抢光了。当人们被允许去**参与**的时候，博物馆、展览中心和美术馆要想容纳那么多人，显然地方就不够大了。

有一种古怪的家长作风仍然统治着设计思想。芝加哥最大的设计事务所的头儿在一次会议上曾经对我说："我们得为移民工人做点好事——但也不要太好，否则他们永远不会变得勤快！"当印第安纳州拉斐特低收入区的居民在建筑系学生的帮助下设计一个运动场的时候，居委会提出了一个更加符合社区愿望的解决方案。"他们不能那样做，这儿是我的黑人朋友的！"这是其中一个学生的回答。

我现在想举一些特殊的例子，关于儿童的第一本书，还有座椅的历史，说明设计应该如何应对一些特殊的需要。

10 年前，当我女儿珍妮·萨图（Jenni Satu）3 岁时，市面上几乎没有为这么大的孩子准备的像样点的图画书。芝加哥的汉普顿出版公司总共只出版了 8 本这样的书，每本书有一个封面、一个封底，里面统共只有 6 页。这些书是用无毒的颜料在布上印刷的。每页有一幅 1935 年绘制的插画。在这本书每一页图画下面，印着一个描述本页内容的词汇，比如"球"。由于大多数的 3 岁小孩并不认字，如果要读，还需要认更多的字，因此这种相当昂贵的小册子几乎没什么用。这种书唯一有价值的是书页是由布做成的，不会划破孩子稚嫩的手指。在这期间，许多出版社都发行过少儿书。在我看来，他们之中没有一个做得足够好，因为小孩子要的已经开始渐渐超越图画所能给予他们的了：他们会对质感、颜色对比、视觉效果及发声的东西感兴趣。

图中上面所示是从市场上花 2 美元买到的婴儿书。下面是一本重
新设计过的书，更适合孩子的需要，估价 60 美分。这是从作者
的一个想法设计发展而来的，阿琳·克拉斯基（Arlene Klasky）
设计，加州艺术学院

　　于是，我的学生设计了一本书：里面有 20 页，其中有
一页是一个小口袋，里面装着常用来做玩具熊的布料；另一
页是一块反射织物的表面；其他书页里还有简单的色点、色
彩鲜艳的图案，以及摸起来很舒服的各种质地的材料，还有
一些能够发出吱吱声的东西。另外，这些页面都可以水平撕
开，因此，孩子们可以把这 10 页纸拼成 40 多种图案。这本
书仍然是用布做成的，颜料仍然是无毒的，其售价不到 1 美
元。但这并不是设计的终点：我的学生还做了一种装配架，
这样，无论是在医院里还是作为一种"村舍工业"，包括盲

人在内的所有人都可以制作这种书了。通过这个设计就把对两种人的支持结合了起来——既给小孩带来快乐，又为成人提供了有意义的工作。

正如全书各处所表明的那样，设计把人群中最主要的一些部分排除在外了。只要把调控器、开关、球形把手，以及在我们的社会中似乎只有女性才使用的一些工具和设备的设计，与看上去是由"男性主导"的设计相比较，我们就会发现巨大的差异。

正如前面所提到的那样，尽管现在有了新的人体工程学数据，但 1984 年大多数设计事务所仍然把他们的理想客户定位在 18—25 岁，他们收入中等，精力充沛，身材精确到 6 英尺高，175 英磅重。然而，在今天的美国，老年人却比以往任何时候都要多。[1]

当我还在学校学习的时候，《室内》（Interiors）杂志造了一个短语："作为设计师署名作品的椅子"（The Chair as Signature Piece of the Designer）。无论如何，这句短语留

1　看了 50 多所设计学校安排的课程之后，我发现，这些课程在心理学和社会科学上所提供给学生的内容几乎总是这样一些题目，比如《消费者团购优惠》《市场心理学》《消费者测试》和《出口市场分析》。在有些学校也有像样的心理学和社会科学课程交给这些初来乍到的设计师。但是，当社会心理学及其他的行为科学和设计之间的混合被牢固建立起来的时候，一种新的危险就出现了：有些设计师和他们的学生不是在搞设计而是在搞流行社会学。显然，解决真实世界中设计问题的更好办法将来自受过设计原则训练的年轻人。——原注

导演椅, 望远镜折叠家具责任有限公司制造,
格兰维尔, 纽约

了下来。今天，想买把椅子的消费者面对的是一排让人迷惑
不解的 20 000 多种样式各异的椅子。其中有许多是美国的，
但我们也从丹麦、芬兰、瑞典、意大利、日本及其他的国家
进口。有些椅子的制作是小心翼翼地从埃及古王国的作品那
里抄来的；其他的一些椅子是可以充气的，而且（集合了近
来的塑料和电子技术）其审美来自最近的航天飞机。其中还
有赫波怀特式[1]、早期美式、邓肯·法伊夫（Duncan Phyfe）[2]

1　赫波怀特式，19 世纪末期英国某种家具式样，该式样的特征包括轻巧优雅
　　的轮廓、凹面弯曲、鞘状或心状的椅背等。——译注
2　邓肯·法伊夫（Duncan Phyfe, 1768—1854），美国 19 世纪著名的家具设计
　　师，受新古典主义风格影响较大，但更加理性、简洁。——译注

"休闲椅"（1938），杜尔汗·博内特和费拉里–哈多伊设计。金属杆和皮革。阿尔捷–帕斯科有限责任公司制造。纽约现代艺术博物馆藏，埃德加·考夫曼（Edgar Kaufmann）基金

椅子的忠实复制品，此外，还包括一些新的造型，比如"日本殖民风格""塑料巴洛克"以及"纳瓦霍风格"。价钱也各不相同：买一把充气椅子可能只需要花 9.98 美元；有一把舒适的椅子，一部分是瑞典制造的，但装有日本制造的电子立体声耳麦，在其背面的支架上还装有德国制造的能够缓缓移动的推进马达，售价高达 16 500 美元。从美观、使用功能及适用性上讲，可能至少有 500 多种椅子都不错。但我想谈论三种我认为最好的椅子，其中的两种已经经受住了长时间检验，而当人们在得知这些椅子何时诞生时，他们会大吃一惊。

　　从现在的眼光看，"导演椅"（director's chair）就是一

个剪刀腿的木结构，上面有容易套上去也容易褪下来的椅子面和靠背，它由8号帆布做成，据测能够承受300磅的重量。长时间坐在上面也很舒服，不需要坐垫和衬垫。它可以折叠后装在压缩包里，重量不到15磅，储存和运输都方便。它最大的好处是无论用来闲坐休息或当餐椅，都很舒服。我们家有8把这种椅子，它们看上去很好，不会妨碍什么，简洁、易收纳、非常舒服，又很便宜，对于今天越来越多的租房者来说，这种椅子特别有吸引力，还能在西尔斯百货以匪夷所思的低价买到。杰伊·多布林在其著作《100个伟大的产品设计》中，说这种椅子"……非常值得买，可能是最物有所值的家具"。若问它产生的时间，大多数人都会以为它是在20世纪40年代末设计的，但他们错了一个世纪。在法国和美国早期的照片中可以看到，这种椅子最常出现在南北战争期间。它现在的形式是被许多公司接受并生产的：纽约格兰维尔的望远镜折叠家具公司，威斯康星拉辛[1]的金牌公司，现在每年至少制作75 000把这样的椅子。据这种椅子的制造者估计，单是在美国，从1900年到1984年的产量就超过了500万把。杰伊·多布林提到，金牌公司现在生产的椅子样式可以追溯到1903年。另外，这种椅子还有英国版、德国版、瑞典版、丹麦版和芬兰版。供给当今消费者的英国版是由编制的皮革和胡桃木制成的，被作为"英

1　拉辛，美国威斯康星州东南部城市，是一个港口和制造业中心。——译注

国作战军官座椅"销售。

1940 年，汉斯·诺尔（Hans Knoll）公司买下了费拉里-哈多伊（Ferrai-Hardoy）和杜尔汗·博内特（Durchan Bonet）所开发的一种椅子设计。其结构是两个钢条四面体交叉而成，上面吊挂着一张皮革或一块帆布，设计师们将之称为"哈多伊椅"（Hardoy Chair），也是众所周知的蝴蝶椅、军椅、吊椅、卵形椅和旅行椅。无论是在户内还是户外，它都是一种非常舒服的简易座椅，当吊挂的是帆布时，它具有双重特征，轻便且能折叠，而大部分椅子都不能折叠。1940 年，最初的诺尔-哈多伊（Knoll-Hardoy）椅子零售价是 90 美元，吊挂的是皮革。其他竞争对手的盗版使其价格降了下来，到 1950 年的时候，至少是在西海岸，售价已经是 3.95 美元了。由于盗版太多，致使这种椅子在南部和西南部的一些超市里成了免费的赠品（只要买够 40 美元的商品即可获得）。哈多伊椅似乎起源于 1869 年意大利军队使用的一种军官折叠椅。它由天然成形的木材、黄铜铰链和加固部件，以及一张皮革组成。1895 年，金牌家具公司生产了一种几乎相同的椅子，但吊挂的是帆布而不是皮革。第一种不能折叠的版本是在 20 世纪 30 年代的德国生产的。到了 20 世纪 80 年代，人们又开始用吊挂皮革和小马皮做椅子面了。

1968 年末，皮耶罗·加蒂（Piero Gatti）和西泽·保利尼（Cesare Paolini）设计的"豆袋椅"在意大利问世。这是一个装满塑料球的皮面袋子，里面的塑料球使得它可以按人的体态调整。除了表面的材料，这种椅子没有任何可以显示身份地位之处。随着它的引进，对它的抄袭，以及表面材料的变化，已经使其价格降到 9.99 美元。用布做似乎也很好，当然最好还是用柔软光滑的意大利手套皮革。最好不要用乙烯化合物或瑙格海德人造革，因为这些材料不"透气"。1984 年，"正宗"的意大利版市场上仍旧难求，但可以买到需自己组装的版本——而且也很方便——从公司邮购即可。就像导演椅和哈多伊椅，它很适合今天这种轻松随意生活的理念。"豆袋椅"和哈多伊椅的缺点是不便于年纪大的人起坐，但三种椅子的共同点（尽管它们的设计跨越了一个多世纪）是便于维护、便于储存、便于携带，和身份无关，而且价格便宜。

设计师们可能不会毫无异议地把这三把椅子归为"优良设计"。但是，决定我们社会趣味的人却曾留下一个非常糟糕的挑选记录。纽约现代艺术博物馆通常被认为是设计作品趣味的最佳仲裁者。在近 36 年中，这家博物馆曾相继出版过一本书和两本小册子。这本书就是 1934 年出版的《机器艺术》(*Machine Art*)。书中有很多插图，是为了配合展览所作，这个展览想让机器生产的产品为大众所喜爱，而且博物馆还把这些产品说成"在美学上是成功的"。当时有 397件作品被认为具有持久的价值，但其中的 396 件现在已经留不下来了。只有科罗拉多的库尔斯（Coors）制造的化学实验用烧瓶和烧杯在今天的实验室里仍然存在。（博物馆展览

"萨科"豆袋椅，皮耶罗·加蒂、西泽·保利尼和弗朗哥·特奥多罗（Franco Teodoro）设计

导致这两种化学器具短暂地流行了一阵，在此期间，知识分子用它们用作盛葡萄酒的细颈瓶、花瓶和烟灰缸。）

　　1939年，博物馆举办了第二届展览，展览集结成了第一本小册子《有机设计》（*Organic Design*），囊括了各种各样参展作品的图片。在70种设计中，只有沙里宁和伊姆斯设计的A-3501号参展作品后来有了进一步的发展。A-3501号参展作品后来被成功地利用和改进，变成了1948年的"沙里宁子宫椅"和1957年的"伊姆斯休闲椅"。

　　第二本小册子是关于1950年"现代家具设计奖"国际展览的。46项设计中只有1项今天还在用。前面提到的沙里宁和伊姆斯的椅子售价超过500美元，所以它们对于大众生活的真正影响可以忽略不计。但是当我们面对现代艺术博物馆**组织**（apparat）的趣味制造时，只有3项设计留了下来，其他的 510 项都失败了。这太难让人放心了。更令人震惊的是博物馆曾经犯的一个错误：密斯·凡·德·罗（Mies van der Rohe）在 20 世纪 20 年代设计了"巴塞罗那椅"。诺尔国际公司在 50 年代重新生产了这种椅子，每把售价 750 美元（且只成对卖）；后来售价一度高到每把 2 000 美元，已经成了一些大公司身份地位的重要象征，它被摆在很多企业的入口大厅里，成了老总们附庸风雅的玩物。

比较一下各家博物馆的"优秀设计作品"目录是很有趣的。无论是在 20 世纪 20 年代、30 年代、50 年代、70 年代，还是在 80 年代，对象总是一样的：几把椅子，一些汽车，餐具，灯具，烟灰缸，可能甚至还有一张无时不在的 DC-3 飞机的照片。新产品的发明创新似乎总是冲着为每年圣诞礼品市场开发那些艳俗的垃圾去的，冲着发明成年人的玩具去的。当 20 世纪 20 年代用上第一个电烤面包机的时候，没有人会预见到在短短的 50 年里，同样的技术能把人送上月球，也能给我们一个电动剃须刀，使用安装电池组的烧烤用切刀，还能做电动的程序化的人造阴茎。但也有真正的发明家。我敢说，已故的彼得·施伦博姆（Peter Schlumbohm）博士设计的东西在设计和工艺上无一不精湛考究、费尽心思，每一件都有全面的突破性，而且有着不同寻常的、吸引人的美感。

施伦博姆是一个为自己工作的发明家，他于 1941 年设计了切麦克斯（Chemex）咖啡壶。这件咖啡壶预示了施伦

左图：施伦博姆设计的"切麦克斯咖啡壶"（1941）。耐热玻璃，木材，高9英寸，美国切麦克斯公司制造。纽约现代艺术博物馆藏。刘易斯（Lewis）和康格（Conger）捐赠
右图：施伦博姆设计的"水壶"（1949）。耐热玻璃，高11英寸，美国切麦克斯公司制造。纽约现代艺术博物馆藏。制造商捐赠

博姆后面所有的设计：一种更好、更简单的做事方式，不用电也不用机械的方式。通过重新研究应用物理学，他想出了一种简简单单就能做出好咖啡的方法。自1941年切麦克斯咖啡壶面世以来，其他国家出现了许多模仿品，有名气的如德国的美乐家（Melitta），以及几种瑞典的系列产品。接着，到了1946年，继咖啡壶之后施伦博姆又发明了一种鸡尾酒搅拌器；1949年，发明了一种因其构造特殊所以烧水更快的玻璃水壶；1951年，又发明了一种"过滤器—喷嘴"电扇，还有些其他的东西，比如防雪盲的墨镜和一种双重用途的盘子。施伦博姆（1957年逝世）设计的所有东西都定价合理。

　　回来再说玩具。设计得好、价格低廉，同时吻合儿童成长发现周期的玩具，在1984年几乎没有。这是有原因的。1982年的圣诞市场见证了电视游戏的引入与消亡。而

在 1981 年，一个类似的失败终结了电子游戏长达 3 年摇摆不定的发展之路。室内微型轨道遥控车仍然在销售，但就像模型火车一样，它的市场地位居于次要。芭比娃娃（和芭比的男朋友，以及其他一整套衍生的人物、衣服、时尚汽车、芭比游泳池等）至今已经统治玩偶市场 30 多年了。美泰公司（Mattell）芭比娃娃的发明者和设计者最近公开否定了他自己的设计（《所有的考虑》，1983 年 10 月 7 日）。他说他给女人培养了一种男性至上主义的视角，而且孩子们被鼓励去买越来越多的芭比周边。

婴幼儿和刚开始蹒跚学步的儿童的玩具设计常常是经过充分考虑的，比如费雪牌（Fisher-Price）玩具和《芝麻街》（Sesame Street）的衍生产品。但是新的道德问题又出现了。许多这样的玩具都是由便宜的塑料制成的，很容易弄脏、打碎或坏掉。玩这样的玩具，儿童只会接收到这样的价值观：东西做得都很差，质量并不重要，俗气的色彩和矫揉造作的装饰再正常不过了；当东西玩坏了就被扔掉了，取代它的东西又会奇迹般地出现。（南太平洋岛屿上有些土著有着某种货物崇拜的信仰，小孩对玩具魔幻般重现的信念与之相似，其中的差异可作为博士论文的研究课题。）

《芝麻街》这个节目在北欧和西欧的一些国家是不合法的。原因如下：制作电视节目的人发现，小孩们对交易比对节目更感兴趣。若设计一些简单的交易场景去解释一些简单的词，比如说字母 A、数字 7 或其他什么东西，虽然小孩们也会学习数字或字母，但他们都会第一时间适应商业交易。这些尖锐刺耳的交易，制造（无论是否有意）了一些被动的小消费者，无论广告业那些像老鸨一样能说会道的说客想倾销给他们什么垃圾，他们都准备买下来。

儿童，尤其是幼童，需要体验高质量、耐用的和令人愉悦的玩具。我特别想称赞芬兰产的一系列简单的木制玩具。约尔马·文诺拉（Jorma Vennola）和佩卡·科尔皮亚科（Pekka Korpijaakko）设计的这些玩具，既给孩子们带来了快乐，又训练了他们的一些技巧，比如扭动、旋转、装入、按压和推挤。几年前，约尔马·文诺拉为脑瘫儿童（CP-1）发明、设计、改进和制造了第一个可移动的玩耍和训练环境设施，为此付出了巨大的心力。关于这一环境设施的图片和描述在本书中将另作表述。在做这个环境设施的时候，约尔马·文诺拉还发展出了他的"Fingermajig"（大意为手指运动理念）品牌。约尔马·文诺拉把他设计的第一个原型带到了我们的会议上：一个木质的纯实验性的设计。这真是一个非常有趣的玩具，看起来也极有市场前景（无论是对于智力障碍儿童还是对于正常儿童来说，它都是非常好的训练），我强烈建议他把它推向市场。

这个玩具是由两块塑料组成的，每一块塑料的形状和大小确切地说就像一个老式的自行车铃铛，它们被连接成一个球形。通过一排排的孔，有一些凸出的暗榫，每两个相隔1—1.5英寸。这些暗榫能够被摁进去，然后再弹出来，因为在这个玩具的中心有一个小橡皮球，它起着支撑作用。这个玩具有 8 种明亮的颜色。孩子们喜欢它的弹性，玩起来非常尽兴。它让孩子们的手部肌肉得到了极好的锻炼，其中也包括那些患有脑瘫、下肢瘫痪和重症肌无力的儿童。由于这种玩具优雅简洁，又不是机械结构，所以它不会用坏，也不需要修理。它能浮起来（所以它还是为数极少的设计精良的浴盆玩具之一），并且由于它颜色靓丽，很适合在雪地玩。让人庆幸的是，从芬兰进口后，相对而言也还算便宜。美国的一些商店最近已经把 "Fingermajig" 摆到儿童商品玩具货架上了。有一种 "executive pacifier"（是喷完了含铬染料之后的Fingermajig），其价格是普通圣诞礼品的 10 倍。市场上销售的这些有创造性的玩具值得称赞，但很多功劳还要归于凯亚·阿里卡（Kaija Aarikka），他是第一个在赫尔辛基制作并销售它们的人。

有些东西现在就需要设计。因为有更好的技术出现，设计常常为人所忽视。但是，当一个盲人需要更好的书写工具，用盲文记点东西时，告诉他 10 年后像香烟盒一样大的录音带也花不了 10 美元是没用的。首先，他**现在**就需要书写工具；其次，现在的垄断经营使得对未来价格的预测很不可信。毕竟，正是垄断协议和固定的价格，才使得一种由耳机和口袋大小的扩音器组成的助听器制造成本低至 10 美元，售价却是 750 美元。因为似乎没人愿意去设想和研发这些人们真正需要的产品，我在下文中做了很多解释。我必须为我以某种

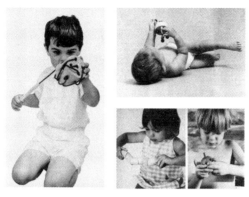

Fingermajig（右下右图）和"缠"（左图）玩具，约尔马·文诺拉设计，芬兰
"摁"（右上图）和"拧"（右下左图）玩具，约尔马·文诺拉和佩卡·科尔皮亚科设计，芬兰
供图：创意玩具，普林斯顿，新泽西，加利福尼亚，洛杉矶

"设计师式的速记"把它们列出来而道歉，因为去详细描述
这每一个产品将花费许多篇幅。有些产品已经被学生设计过，
在这本书里也有插图。我们所寻找的是改进这些产品的途径。

　　从医疗保健、疾病防御和诊疗设备开始，这是一个为现
在的需要而设计的很好的新起点。尽管到了1984年，心肺
机[1]、手术电子监控器等设备已经有了巨大的改进，但一些简
单的和更为便宜的医疗设备仍然需要重新仔细思考。有一些
非常复杂的设备，比如电子和气动钻孔机，以及进行穿颅整
形手术用的锯［C. 科林斯·皮平（C.Collins Pippin）设计］，
这些设备在本书其他的地方附有插图，它们在最近的14年

1　心肺机：心脏手术时临时代替病人心肺的机器。——译注

中启发了许多与之相似的医疗设备的设计。但是，它们中有很多都能够做得更简单，简单得像个"配件"。就以发热温度计为例。在1984年，有几种相当笨重的电子探测器，测温很快，却需要额外的时间清洗或检查电池，而且要花大约30美元。尽管有一种便宜的窄条能够像带子一样套在小孩的额头上，但这种东西从长远看来还是相当贵的，而且其温度也只能测一个**近似值**。若有颜色代码，那么不熟悉数字的人也能知道他们的体温怎么样。市场上卖的所有温度计对于老年人和视力差的人来说都很难看明白（后面的插图展示了一种可能的改进）。能否设计出一种能让盲人确定其自身温度的温度计呢？通过一种简单的声音代码就可以做到。

有焦虑倾向的病人常常在无意识中血压就会升高。我们有很多测量血压的电子设备，而且在机场和超市还有一些投币可用的测压仪器，但是还没设计出一种能够让人感觉到**慰藉**的测压仪器。

芯片技术和微处理器的引入给我们带来了很多能够监测心脏病和测量脉冲频率的小仪器，但便于人们自行测试其氧交换、尿分析、肺活量等情况的自动诊断设备还有巨大的潜力。［在这重联系上，有意思的是，药房里卖80美分的怀孕自测设备（含说明书和包装），其售价与大多数大夫进行这项测试的收费**正好**一样。］没有一种能够迅捷、准确测出皮电反应的便宜的诊断设备，但一种自来水钢笔大小的探测器或许就能承担这项工作。

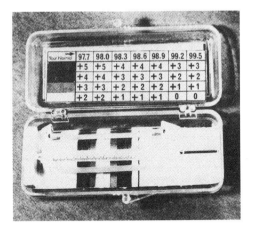

Your Normal →	97.7	98.0	98.3	98.6	98.9	99.2	99.5
	+5	+5	+4	+4	+4	+3	+3
	+4	+4	+3	+3	+3	+2	+2
	+3	+3	+2	+2	+2	+1	+1
	+2	+2	+1	+1	+1	0	0

一个有刻度放大的颜色编码盒，内置体温计，文盲亦可读懂。
萨利·尼德奥尔（Sally Niederauer）设计，时为普渡大学学生

　　拐杖的设计都很差，但想设计出花钱少而又能给不同的身体提供更好的平衡的支架并不难。罗伯特·森（Robert Senn）第一次为盲人重新设计了一些更好的拐杖，在本书中附有其描述和插图。遗憾的是，罗伯特·森为盲人设计的拐杖被人们忽视，这倒是让大量昂贵却又不准确的电子"感应拐杖"捡了便宜。这些沉重的拐杖勉强能用，但也没有得到消费者的认可。

　　在过去的十多年中出现了非常多的健身器材。其中有健全人使用的锻炼设备，也有能让残疾人参加马拉松的竞赛轮椅。但直到1983年，专门为患有脑瘫、截瘫或格林巴利综合征、重症肌无力，以及其他患有虚弱疾病的儿童所设计的

锻炼工具才在美国市场上出现。在瑞典和美国，我的学生和我做了些开拓性的工作，我们最先对这项工作展开了研究，其他的章节对此有详尽的讨论和插图说明。

尽管到 1984 年时，儿童很难打开的处方药药瓶已被免费分发，这似乎可以令大人放心，但实际情况并不总是这样。在 20 世纪 50 年代和 60 年代，每年都有 500 多名儿童因过量服用药丸和胶囊致死。为了改变这种情况，在我的指导下，大卫·豪斯曼（David Hausman）设计了一种能够防止儿童打开的药瓶。在进行完测试后证明，儿童确实打不开它，因为不能"读出"围绕在圆柱形瓶体上的一系列颜色代码点，而大卫·豪斯曼正是基于这一点做的设计。遗憾的是，大卫·豪斯曼的药瓶是由一种坚硬的尼龙制成的，其加工费用很高，因此从来没有被投入生产过。然而，它的确指引了我们所熟悉的所有"先推后转"或"先提再拧"的药瓶的出现，它们现在在这个国家和其他的国家都是被强制必须使用的。这些药瓶都很便宜，能免费分发，但它们也有两个重要的缺点：

1. 老人或那些受关节炎折磨的人会发现他们也打不开（盲人也一样）。这对于文盲和不说英语的人也成问题（根据《时代》杂志所说，美国大约有 30% 的人都是机能性的文盲，而且有 18% 的人说西班牙语）。

2. 任何一个意志坚定的孩子都能把它们打开。

能够防止儿童触摸的家庭药品"保险箱"依然没有普及。也没有能够防止家庭清洁工在家里乱扔漂白剂、清洁剂，以及其他化学制剂的"保险箱"。

让我从我以前出版过的一本书中引一些话：

在美国、西德、加拿大和其他一些国家，规定强制使用"对儿童安全"的处方药药瓶并没有完全解决问题。1965 年，我的一个研究生设计了第一个"安全药瓶"的原型。从那以后，有盖子的、更加便宜的药瓶被制造了出来。但是孩子们仍然会因喝了漂白剂、清洁剂以及其他的家用化学制剂，或咀嚼质地柔软的破布而中毒。显然，解决这一问题需要一种能够储存这些东西并能够上锁的橱柜。

然而，一个用钥匙或密码锁锁住的橱柜也不是真正的解决办法。家里的老年人会突发心脏病，这时需要立刻找到药物，人们根本没时间去拨弄钥匙和锁。患有严重关节炎的老年人可能也根本没法用钥匙。为了解决这一问题，我们在丹麦的学生设计了几种橱柜，其优点是划定一块区域，孩子的小手伸不到那里，而成年人，哪怕是很严重的跛子都能够立刻找到那个地方。为此，哥本哈根举行了一个新闻发布会，电视台还对一些学生进行了半个小时的采访。报纸和电视报道的一个直接后果就是，丹麦很有可能会通过一条新的法律，要求所有的住宅和公寓在出租或销售时都必须配备这样的橱柜（带有符合人体工程学的弹簧锁，而且对孩子是安全的）。

我们已经能够把这个概念继续往前推进一些了，因为新西兰政府也在考虑采取措施，要求人们必须安装这种安全橱柜。新西兰标准协会是其政府的一个咨询机构，他们根据法律已经为其示范建筑准备好了一套改进设计的方案，如果测验证实可行，那么它将要求新的住宅和公寓都必须安装一种孩子们打不开的橱柜。这种橱柜必须不用钥匙就能被"锁住"，这就给关节炎重度患者及因其他理由需要迅速打开橱柜却摸索不到钥匙的成年人提供了便利。

在英国，另外一个研究生蒂姆·劳埃德（Tim Lloyd）设计了一种可以自己动手制作的箱锁，它容易安装，而且能阻挡任何一个想打开它的小孩。这种锁在几分钟之内就能把任何一种现存的箱子、柜子或储存单位都变成一个"保险地带"。在较早的一本著作中，我们曾经展示过一种更为简便的、可以自己制作的改装物。[维克多·帕帕奈克和詹姆斯·亨尼西（J. Hennessey），《事物怎么不工作？》（*How Things Don't Work*），纽约：万神殿出版社，1977，第15—17页]

在1980年，我们重新研究了分配药丸的全部问题。我们决定从头开始解决这个问题：**专门设计一种使盲人和因关**

左图：为了防止被随便打开而设计的药瓶，这样小孩就拿不到药丸了。
大卫·豪斯曼设计，时为普渡大学学生

右图：新型的安全药瓶。可以完全阻止儿童打开，这种安全药瓶是专门为了盲人和因关节炎致残的老人方便取药而设计的。第一个原型是在作者指导下，由堪萨斯市艺术学院讲习班的学生温德尔·威尔逊（Wendell Wilson）设计的

节炎致残的老年人都能够轻易打开的药瓶。达到这一步后，我们再把它进行改进，使小孩怎么也打不开它（如图所示）。

成年的盲人需要一种能用盲文在上面记事的工具。他们现在要么使用一种昂贵且笨重的打字机（因为他们看不见，所以打字机需要额外的调控器），要么就是使用能够装在口袋里的铁笔和石板，但后者根本就不够用。这种工具应该足够小，从而便于携带。然而，由于压痕都是**往下**的，这样盲文才会**突起**，所有的字都得**反着**写。加州艺术学院的两个研究生詹姆斯·亨尼西和索尔布里特·朗奎斯特（Solbrit Lanquist）组成了一个小组，他们设计了一种价格低廉的、能够装在口袋里的盲文书写工具。除了制作篮子和扫帚之

外，盲人也需要一些更为有意义的工作。根据盲人那些令人印象深刻的技巧来设计生产程序，或许也将成为设计师的工作。

还有一些人群，我们把他们挑出来，称之为"缺吃少穿的人""行动不便的人"和"智力迟缓的人"。我们必须研究他们所掌握的技能，以便设计和研发出一些他们能够使用并谋生的工具。我想再强调一下，在每一项相关的设计中，上述人群中必须有人成为该设计团队的一部分。

从1970年开始，我们展开了一项关于"感官刺激墙"的长期研究。这种墙先前是由两个学生开始设计的，他们是普渡大学的查利·施赖纳（Charly Schreiner）和赫尔辛基的约里奥·索达曼（Yrjö Sotamaa），该设计的服务对象包括正常儿童和残障儿童，后来《脑瘫斗士》（C.P.Crusader）杂志把它作为一种脑瘫儿童家长可以自己动手制作的设计刊登了出来。从那以后，在孩子们和他们的老师及保姆的帮助下，这种墙的其他的版本也建造了起来，而且继续被改进。让我简要地阐述一下这个观念，本质上讲，这种墙是一种长2英尺、宽5英尺、厚1英尺的空间网格。"塞进"这面墙里的是10个1英尺见方的小方格。每一个方格里都有事情可"做"。它们有的能发出吱吱的尖叫声，有的里面装着多面反射镜，有的里面是一个用手可以"感觉"三维的空间，有的能够转换光线，等等。1岁大的小孩就能在里面摸索着玩了。随着小孩日渐长大，他们掌握了新的本领，老师就可以加进去或替换掉新的方格了，比如小鱼缸、背投的幻灯屏幕、电动玩具。一些特别的技能，如扎带子、扣扣子、打结、拉拉链、系皮带扣或按扣也可以教。

芬兰为残障儿童设计了一种沉浸式锻炼与玩乐的方格，这在后面章节中有图片和详细讨论。其他的方格又是什么样的呢？那些试验性的儿童看护中心的方格，在水中能够使用的方格，还有能够用于玩耍、测验和诊断的可拆卸的方格呢？当大学生们（另一个研究小组）搬进一所旧公寓时，他们要花一些无辜的钱使之更加宜居。这样一所公寓的服务设施常常是不可或缺的：自来水、盥洗室和浴缸、供热系统、厨房、窗户及储藏室。结果许多钱都被花在了粉刷墙面和地板上，最后就像是给贫民窟的房东改善了居住质量似的。事实上，还有很多住在贫民窟里的人显然根本没钱去这样改善居住水平。建造室内生活方格应尽可能地把睡觉、工作和坐的地方结合起来，通过利用公寓自身的所有资源，在视觉上将其隐藏，使其在美学上统一起来。我的朋友们已经构造了三个这样的小空间（一个用来睡觉、吃饭和娱乐，一个用来工作，一个用作小孩子的玩耍区域，每个都是 8 立方英尺）并把它们安装到了他们在芝加哥的凌乱、简陋和贫穷的家里。1970年，他们把这些（可拆卸打包的）小空间搬到了在布宜诺斯艾利斯租住的同样廉价而简陋的房子里，在那里，它极大地改善了他们的居住环境，这促使他们在 1980 年时又将这些小房子搬到了巴西。

现在可能不得不说一下瑞典全国性教育协会康复机构（RFSU Rehab）的出色工作了。他们为那些不再健壮而且行动不便的人，尤其是患有风湿性关节炎的人，设计了刀叉餐具。他们还设计了一套看上去很像门诊工具的"标准"餐具，从而使病人在家里或饭馆里吃饭时不会引起不必要的注意。瑞典康复机构的工作人员还为残疾人开发了各种延伸手柄、活栓把手、旋转水龙头、钢笔和拐杖。我曾经帮助世界卫生组织为发展中国家设计过拐杖和轮椅，它们在印度和马来西亚得到应用。在爱德华·卢西－史密斯（Edward Lucie-Smith）的《工业设计史》中有一章"高尚的设计"对这种设计进行了充分的讨论（纽约：凡·诺斯特兰德·雷茵霍尔德，1983）。

根据最乐观的估计，现在（全世界）大约有 200 万卧床不起的人想读书却没有能力翻书。在瑞典有 7 种不同的翻书器，美国有 3 种；但除了那些非常昂贵的投影系统外，没有一种是好用的。在设计出了这样一种工具之后，我们可以把它与吊在头顶上的投影仪连接起来，并把价格也降下来。

对于老年人来说，什么是有意义、有帮助的活动呢？显然，推盘游戏[1]并不是唯一的选择。老年人需要易开易合的家具。这些家具应该价格便宜、易清扫，且便于保存。在佛

---

1 推盘游戏，一种游戏，用带尖角的弹子棒击打圆盘，使其沿着一个光滑、水平的表面滑向一个或两个目标物，这些被绘在平面上的目标物通常为三角形且分成标有数码的得分区。——译注

为盲人设计的书写用具，对现有模型来说是一个重
大提高。索尔布里特·朗奎斯特和詹姆斯·亨尼西
设计，时为加州艺术学院研究生

罗里达和西海岸的一些退休社区住着上百位橱柜制作者、设
计师和手艺人，他们最具挑战性的刺激活动是周末的桥牌比
赛。家具可以由这些雇主参与设计制造。靠背、扶手、斜角
等设计必须适合老年人。

　　残疾人、老年人和一些小孩需要能够辅助他们行走的支
撑工具。今天可用的很多支撑工具都是危险、笨拙且昂贵的。
任何一个学过四年设计的学生，只要他富有同情心并训练有
素，一小时内都能拿出一个比现在任何可用的支撑工具都更
好的设计。马来西亚的一个学生在世界卫生组织的帮助下已
经这样做了。他的支撑工具是由当地的竹子和木材做成的，
接近乡村手工艺的水准。（见《工业设计史》）

买一辆救护车要花 28 500 美元。在全国性的突发事件当中，哪里有设计优良、价格低廉的连接插入装置，能把任何一个车站的货车转变成一辆救护车使用呢？现在救护车的数量和价格摆在这儿，但所谓的全国性的突发事件在 20 年前就开始了！

在二十世纪六七十年代，我在斯德哥尔摩的艺术与设计学院（Konstfackskolan）完成了一些实验，处理残疾人与其环境之间的关系。《造型》（Form）杂志翔实地刊载了这项试验，我们证实坐轮椅的人，还有用拐杖的人及推着轻便婴儿车的人，他们没法使用付费电话、旋转门，也没法在超市自由购买他们想要的商品，许多货物不是放得太高就是放得太低，很难拿到。一些楼梯需要被斜坡代替。在过去这 10 年中，这一情况已经得到了极大的改善。在北欧、加拿大和美国的付费电话，其放置的位置已经大大变矮了，许多斜坡已建立起来，为坐轮椅的人提供方便，其他的一些重要操控区域，比如电灯开关和电梯控制键的位置都也已经被降低了。但还有很多事情需要做，在美国，大多数斜坡都是为了应付残疾人法规而加上的。这些斜坡的建材与倾斜的坡度，使得坡面在下雪或下大雨的时候容易结冰、打滑。在美国的许多小城镇，对于推着轻便婴儿车的人或者坐轮椅的人来说，过马路仍然是一件头疼事。对于儿童、矮个子的人、老人以及坐轮椅的人来说，厨房的水槽一般架得都太高了。厨房里的那些架子、桌面及其他的工作平面也是这样。超市里面的货

携带杂物的习惯方式与新方式。作者为孕妇所做的研究

架也没有做过任何处理——既然能想得出来在结账的地方放一些让人垂涎的糖果和《国家质询者》（*National Enquirer*），为了迫使消费者必须穿过所有的内部通道，把那些刚需型的大宗商品，比如牛奶、黄油和面包都放在商场的大后方，那么就应该有办法去除消费者在获取普通商品时所遇到的障碍。

在芝加哥一个建造于20世纪50年代的黑人贫民窟里，黑人妇女不得不转一个将近5英里路的大圈才能走到最近的一个超市去买东西，且附近没有公交车。如果是一个孕妇，在回程的时候，就不得不把她买的大包小包放在她还没有出生的孩子的头上。孕妇所遇到的建筑问题和有关水的问题也是肥胖人士的永久难题。一些像洗澡、下床这样简单的琐事都会给她们带来一堆麻烦。然而，那些能让她们的生活变得舒适一点的工具迟迟没有出现。

　　高度专业化的工作常常也需要很特殊的设施。举一个例子来说，在加州艺术学院，我们发现舞蹈演员和学舞蹈的学生喜欢把他们的腿尽可能地抬高，以便更有效地放松。但现在还没有一种座位装置［1939 年命途多舛的"南迦巴瓦躺椅"（Barwa Lounger）勉强算个例外］能够满足这一需求。让舞蹈演员和学舞蹈的学生（用户）加入设计团队后，一个研究生道格拉斯·舍夫勒（Douglas Shoeffler）研究出来一种休息椅可以满足这一需求。下页图中，第一张图展示了一种常规坐姿，这种椅子也可以当作摇椅。第二张图展示的是一种"高效放松"的模型，人只需把手臂放在脑后，把椅子倾斜到第二个位置上。许多这样的椅子已经做了出来，并按普通椅子的价格卖给了职业舞蹈演员和学舞蹈的学生。它对女服务生和护士放松一下她们那疲劳的双腿也很有帮助。［自己动手制作的高效放松椅的图表、说明、草图和材料列表详见作者的《流浪的家具》（Nomadic Furniture）第 32—33 页。］

　　在美国，校车是最危险的运营车辆之一。它是不安全的，无法给儿童和司机提供足够的保护。但人们也不买德国专门制造的优良客车，因为地方学校的管理委员会预算很低，美国的运输公司也并不想制造更好的车辆。因而，很多 30 年高龄的死亡校车吱吱嘎嘎地行进在北卡罗来纳弯弯曲曲的山间公路上，在那里，当地法律还允许这些校车由 15 岁的孩子驾驶。

　　在 20 世纪 70 年代早期，我给瑞典哥德堡的沃尔沃汽车

一种"快速"放松的椅子，专门为舞蹈演员设计。道格
拉斯·舍夫勒设计，时为加州艺术学院学生

公司做过设计顾问。我们设计了一些准备在美国市场销售的
校车。这些车辆都非常的安全和舒适，还能教孩子们如何过
马路。但因 1973—1976 年的石油危机及美国教育预算的削
减，这项设计研究就全部停下来了。

　　农场里发生的很多事故都是由拖拉机引起的。**所有**的农
用机械和农用工具都是不安全的。我曾多次作为"专家证人"
在农夫因拖拉机事故而致残、致死的诉讼案中出庭，这是我
所承担的一项很令人痛心的工作。现在，农用机械制造商已
经安装了滚轮栓，在输了一些官司之后，他们不得不提供一

些最低限度的安全保障设备。但销售部门的重点似乎还是放在一些小花招上，比如为拖拉机舱里操作盘上的立体声系统提供一个图解补偿器 [1] 之类的设备。

危及婴幼儿人身安全的乘船事故经常发生，令人惊讶的是，竟然没有"自动仰面"的救生衣。

我们更需要为第三世界设计。我再重复一下，我们不能坐在纽约或斯德哥尔摩的舒服的办公室里为他们筹划事情或为他们所拥有的商品做设计。不过，这篇冗长的说辞目的也只是想引起人们对于什么能做、什么需要做的兴趣。动力资源、光源、制冷和冷藏设备，防治病虫害的谷物储仓设备，简单的制砖系统和管道制作系统（用于灌溉、污水处理等），以及前面提到的同样价格低廉、但能够把轿车和卡车变为救护车的转换系统，这些都是需要的。还有其他一些设备，如传导交流系统、简单的教学设备、水过滤装置、免疫和接种设备也需要设计或重新设计。

我曾经为一些客户设计过用于牙科手术和"丛林"手术室里使用的灯，其中一个客户在澳大利亚。现在，在印度尼西亚、马来西亚、菲律宾和巴布亚新几内亚都能找到这种灯。一种能够储藏大量食物的新型村庄级冷藏设备在第十章有介绍。我还为坦桑尼亚和尼日利亚的乡村设计了一种传达／教学设备。**所有**的这些器具都是在土生土长的当地人配合下设

1　补偿器，在音响系统中用来补偿频率扭曲的音调控制系统。——译注

计出来的，在大多数情况下，也是我住在那儿时设计的。

有些很好用的机动车辆，比如公共汽车、有轨电车、火车、渡轮和汽船，它们到处都是，却没起到什么作用，那么，把它们重新设计为可以移动的教室、职业再教育中心、应急医院等，理由似乎就很正当了。作为门诊，一些老渡船可以来往穿梭于亚马孙河的支流上，它们提供计划生育信息、堕胎指导、X光拍片、玻璃瓶装的处方药、牙齿护理，以及性病治疗——这里只是举一个可能的例子。

第三世界的大多数需求必须在当地得到解决。我们看到，一些新兴国家的设计师并没有像我们那样，把设计才能都用在为富人追求个人满足、为企业追求利润上，我们作为设计师的责任正在于此。现在，在外国"专家"微乎其微的帮助下，发展中国家也能够解决他们自身所存在的设计问题了，这是一个新的希望。70年代中期，爱尔兰出口委员会的保罗·霍根（Paul Hogan）与我一同为工业设计师组织了一个为期一个月、位于瑞士日内瓦的国际会议。这是在联合国的赞助下举办的。来自20多个发展中国家的设计师和设计管理者济济一堂，共同研究设计，并实地考察了捷克斯洛伐克、丹麦和英国。他们还听取了来自印度、澳大利亚、苏联、加拿大以及爱尔兰共和国的设计事务所及政府机构的代表所做的正式发言。在这个月快要结束的时候，一个未曾想到的奇迹般的结果发生了：一个来自埃及的设计师为一个来自厄瓜多尔的年轻人提供了一份工作，而一个来自加纳的平面设计师则接受了一份东南亚的工作。换句话说，来自发展中国家的专家们自己进行了一次横向的转换。那个只有来自发达国家的高科技专家才能有所帮助的神话最终被打破了。

美国妇女看起来似乎喜欢探究自然生产和心理助产法[1]。现在有一些假的古典雕塑的幻灯片，展示的是在使用心理助产法时所应摆的姿势；然而，好的图像信息（以一种幻灯片或示意图的方式）还没有出现。而一些关于小孩出生的真实电影（自然生产或其他生产法）通常只会让观看这些电影的丈夫们陶醉其中。

在第三世界国家，刚出生的小孩的健康问题常常被忽略掉，因为那里的医生、护士和诊所都很少。通过智慧的设计，简化对营养不良儿童的诊断已经成为可能了。这个过程是如此的简单，父母甚至是上学的儿童用不了1分钟就能完成。诊断工具叫作"沙基尔带"（Shakir），人们可以自己制作，其费用也花不了1/15美分。沙基尔带是为国际儿童健康研究所设计的。

关于运输的问题，我们现在可以从长计议。在我还是个小孩的时候，有幸成为齐柏林飞艇[2]的极少数乘客之一。这

1　心理助产法，在该法中怀孕的母亲不借助麻醉药而是在心理和身体上做充分的准备。——译注

2　齐柏林飞艇，德国发明家斐迪南·冯·齐柏林（Ferdinand von Zeppelin, 1838—1917）设计并制造的第一艘机动的、可驾驶的飞艇（1900年），它是一种由内部气囊支持着长圆筒机身的硬式飞艇。——译注

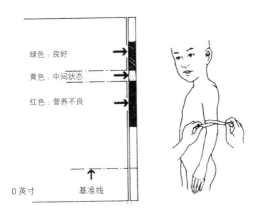

绿色：良好

黄色：中间状态

红色：营养不良

0 英寸　　　　　　基准线

沙基尔带。从薄的有色塑料布上剪下来，用于自行诊断是否营养不良。
为国际儿童健康研究所设计。斯密特·瓦加门特绘

是一次既豪华又非常愉快的经历，它美化了我童年旅行的所有记忆。这巨大的飞艇包括了一个庞大的乘客吊舱，里面有船长过道、餐厅、高级包厢以及空间走廊。发动机装在一个单独的发动机舱里，它就像乘客的吊舱，悬挂在巨大的铝结构底下。客舱在船尾，有100多英尺长。飞艇震动的声音和发动机的噪音都是可以忽略不计的，由于飞艇比空气轻，唯一需要做的就是轻轻地拨正航向。不像今天的喷气式飞机，它并不需要破空才能飞。在30年代末，由于几次事故，齐柏林飞艇逐渐被停止使用了。但通过我们最新的技术，或许能够把它们拿回来再使用；我们现在有一些不易燃烧或者说是惰性的气体，能够防止灾难的发生。它将从根本上减少北大西洋航线上的污染，同时也将提供一种替代旅行方式，惊

人的安全与舒适，仅仅是需要把旅途的时间拉长几个小时。它之于今天的喷气式飞机是一个非常完美的补充，显然是比协和式飞机更好的解决办法。超音速喷气机对那些恐飞的乘客是有吸引力的，能把他们担惊受怕的旅程从8小时减为3小时。飞艇将为人们提供一种更为安全与舒适的替代选项，而且它对生态环境来说也更友好。

我对齐柏林飞艇的体验也承载着我对新生活的感受。我深信，当高速度的选项存在时，慢一点将更好，这使我在20世纪50年代、60年代和70年代早期一直主张用回帆船，用飞艇装载货物，并让它带给人们更为闲暇、舒适的空中旅行。现在有两家公司，美国天舟（Skyship）实业有限公司和昂斯沃斯（Unsworth）运输国际有限公司，准备用欧洲的技术再一次建造飞艇。横跨加拿大边境的"比空气轻系统有限公司"（Lighter Than Air Systems Inc.）正在多伦多为美国海岸巡逻队建造天舟500型飞艇（Skyship 500）。

美国的"天舟"飞艇将会是一种"坚固的飞船"，它将使用足球成型的工艺，铝制外壳，里面充满氦气[1]。该公司设想R.30A飞艇将有413英尺长，航程3 500英里，并有22吨的承载能力。

提高燃料使用的效率是今天飞艇重新出现的一个原因；

---

[1] 氦，自然界天然气体或放射性矿石中一种无色、无味的惰性气体状成分。用作人造大气层和激光媒体的组成部分，以及用作制冷剂及飞行气球的气体，还在低温学研究中用作超流体。——译注

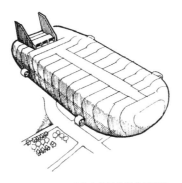

运货飞艇，由伦敦航空货运有限公司研发。
它可装载 500 吨的重量，飞行时速 100 英里。
全球巡航，空对空补给燃料。斯密特·瓦加
拉门特绘

另一个原因是，比起像协和式飞机那样运行起来要花很多钱的高速装备来说，飞艇是一种造价低廉、飞行较慢，而且更为舒适的运输方式。（美联社，1983 年 3 月 6 日）

做事轻快的替代方式就是让它慢下来。帆船重返北大西洋航线是非常可行的，但它最大的缺点就是它得由人力发动，而今天，所有的东西都可以是自动的。帆船的第二个缺点是速度慢。今天，用喷气式飞机装载人和货物穿越大洋一天可以走三次，一种替代性的方式在这里似乎是可能的。我非常高兴地看到西德和东德都在发展这样的船只。在大西洋的这一边，试验也在进行。约翰·L. 艾尔（John L. Eyre）现在正在百慕大为美国研究一艘这种穿越大西洋的帆船。他的设计部分基于德国航空工程师威廉·普勒尔斯（Wilhelm

由电脑掌控索绳的运货帆船。斯密特·瓦加拉门特绘

Prolss）的实验，威廉·普勒尔斯把他的帆船命名为"动态船"（Dyna Ship）。帕洛·阿尔托（Palo Alto）的动态船公司现在在北美和南美都拥有很多专利。威廉·沃纳（William Warner）说：

> "动态船"用的全都是旧汽车原料。它不美观。帆船由电动引擎发动，没有人在上面。到处都是按钮。来自卫星拍摄的世界天气出行参考会告诉这艘船哪儿能去，用不着船长用鼻子从海风里闻。电脑决定这艘船如何调整。（美联社，1978年10月15日）

约翰·艾尔的船在某些方面与之相似。两者都是由于70年代油价提升所导致的最新的设计发展。

尽管在这次写作时油价又回落了，但世界原油的供给在迅速减少，这一点是毫无疑问的。在世纪末的时候，原油短缺将成为一个永久的话题，与政治上的考虑无关。

鉴于我在上文中涉及了那么多领域，有人可能会认为我觉得世界上的问题都可以通过设计解决。真理往前一步就是谬误。我所说的是，很多问题都会因为设计才能的干预而变得简单一些。对于设计师来说，这意味着一种新的角色，他不再是企业掌握的工具而成为使用者的支持者。

1983 年底，我收到了《设计师》（Designer）杂志的主编阿拉斯泰尔·贝斯特（Alastair Best）寄给我的一封信，其杂志的读者遍布 125 个国家，是世界上最具影响力的设计杂志。结束这一章最好的方式就是直接应用他说的话："听说您在修订《为真实的世界设计》，我特别感兴趣，因为在我看来，**北半球的发达国家和南半球的不发达国家之间的鸿沟比以前更大了，而设计界那种犬儒主义和事不关己高高挂起的态度比这本书初版时更严重了。**"

南、北之间的不平等的确是愈演愈烈。联合国确定了一个理想的目标数字，即让每一个技术发达的国家贡献其 0.7% 的国民生产总值给发展中国家。尽管贡献的数额在增长——尽管发生了全球性的经济衰退——但在 1981 到 1982 年之间，只有 4 个国家真正达到了联合国的最低建议或超过了它。这些国家依次是荷兰、瑞典、挪威和丹麦。尽管华盛顿的政治家们严肃地告诉我们，美国贡献了最大的一笔美元数额，根据我们实际贡献给发展中国家的国民生产总值的百分比，美国在 15 个高科技国家里排第 14 位；我们只在意大利前面，我们自己的贡献还达不到我们国民生产总值的 0.3%。这些做出贡献的国家的排名依次是：荷兰、瑞典、挪威、丹麦、法国、比利时、奥地利、西德、加拿大、英国、芬兰、日本、新西兰、美国和意大利。[经济合作与发展组织，《地球》（*Geo*）杂志，1983 年 11 月]

第二部分

设计能成为什么样

第七章

有根据的造反

发明与革新

> 当你做一个东西，而且是一个新东西，做起来是那样的麻烦，它必定是令人生厌的。但那些在你之后做它的人，他们不必担心怎么做。他们会把它做得很好，所以别人在你之后做它的时候，每个人都会喜欢上它。
>
> —— 毕加索
>
> 〔转引自格特鲁德·斯坦（Gertrude Stein）的文章〕

一个设计师能够带给其作品的，最重要的就是辨别、剖析、定义和解决问题的能力。在我看来，设计师必须敏感于问题的存在。设计师常会"发觉"一个别人从未意识到的问题，并对它进行定义，然后试图找到一个解决问题的办法。问题的数量及复杂性与日俱增，这需要新的和更好的解决办法。

基于这一点，我想做三件事：尝试解释为什么鼓励革新变得至关重要，定义创造性地解决问题意味着什么以及建议一些特别的方法。

"创造性"这个词在过去的 20 年里已经变得非常流行，它为搜集奇谈怪论打开了方便之门。我桌子上有篇论文，叫作《前哥伦布时代[1]陶器的创新点》。文章对陶器有些见地，而且很可能包罗了今天所有还在使用的前哥伦布时代的陶器——可是作者想当然的思考过程、学究式干巴巴的分析对于我们理解其创意过程毫无助益。南加州有所大学竟然开了一门叫作"矫正创新201"的课！简直匪夷所思。它藏在一些杂志里，招揽那些无聊的中产阶级家庭主妇，特写文章总不外乎"创意壁橱""创意烧烤架"或者"乡村风格乳蛋饼烧制20法"之类。为了把这些对"创造性"一词的时髦误用扫到一边，我们需要检讨到底何为创造性。

我们的思维方式可以划分为多种模式。其中一种是**分析性思维**（假如下暴雨，我又要去吃午饭，从这儿赶到那儿要花多长时间？）。我们常用的是**判断性思维**（这三块肉排哪块看起来更嫩？）和**常规思维**（给定一个特殊的温度回火一种钢合金，要想撑起一座桥梁，它的密度应该是多少？）。在后一种思维方式中，我们常常被鼓励在一些技术指导手册上面查找正确答案。

常规思维是一种似乎更适合工程师领域的思维流程。这可能是为什么多年来我在美国、芬兰、德国和英国的一些工业工程公司受聘教两天"创造性解决问题的技巧"研讨班的原因。而其他一些职业，其解决问题的办法似乎并不是那么按部就班。

---

1 前哥伦布时代，泛指1492年哥伦布发现美洲之前土著人的文化。——译注

　　最后还有一种是**创造性思维**。它似乎以三种不同的方式出现。第一种是突如其来的，刹那间的灵感（"天才的火花"），它常常是灵光一现来到我们身边。心理学家和发明家们自己对这个过程都没有一个清晰的解释。

　　我们有许多资料是关于发现新方法的第二种途径的：即我们在做梦的时候发现问题的解决之道。科学文献中充满了关于这个过程的描述：一个研究者努力探索一个新观点，某天他去睡觉，醒来时便有一个明晰的解决办法呈现在脑海中。这个过程的机制也无法理解，我自己深信这些新发现来自**直觉**（intuitive），即：一系列事实的信号编集起来，等待潜意识或前意识层的综合推理。

　　我们在这里所关注的是第三种模式：为了产生一种新的工作方法而进行一种系统的，以解决问题为导向的研究。

　　阿瑟·库斯勒在其《洞见与远见》（*Insight and Outlook*, 1949）一书中曾研究过一些创意思维活动，后来，他在可能是他最严密、最权威的著作《创造行为》（*The Act of Creation*）中对此做了进一步阐述。库斯勒发现在幽默和才智之间存在许多相似之处（通过滑稽的明喻），"发现的艺术"（通过模拟思考）和"艺术的发现"（通过隐喻）。在各自的情形中，他证实了新的洞见通过一种碰撞（collision）行为产生。他将这些发现的时刻命名为"HAHA!——AHA!——AH……"反应（如下图所示）。

他对创造行为的定义极有见地：

> 创造行为是将此前不相关的结构相结合，这样，你才能从新浮现的整体中得到更多东西。

或者：

> 在两个自身一致但相互矛盾的结构中感知一种事态或观念，以之作为参照或联想思考的语境。

数百万年以来，用新的、创造性的方式解决问题已经成为我们这个物种的生物和文化天赋的一部分。但是，由于我们生活的社会更强调一致性的价值，所以我们的创造性回应变得迟钝或被抑制——一种创新的反应常常只是因为反常便被无视。

尽管在人类的历史中，解决问题的能力是一种固有的而且也是人们想要的特性，但是批量化生产、大众广告、媒介控制和自动化这四个当下趋势都强调从众（conformity），这使得创造性这个理想更加难以企及了。在 20 世纪 20 年代，亨利·福特试图通过标准化生产的手段降低其汽车的价格，他曾声称："他们（顾客）要什么颜色都行，但我们只有黑色。"通过限制色彩的选择，个人用的汽车的价格被降低到了95美元，但是必须说服消费者黑色是他们想要的颜色。

这种从众的精神以一种惊人的速度加速发展。让个体从众的需求来自所有方向：民族、国家和地方政府强调这种行为标准倒是可以理解，但不仅如此，甚至在郊区的邻里之间，在学校、工作场所、教堂和玩耍的地方都有这种来自从众倾向的压力。如果在这种气势汹汹追求一致的环境中，我们无所适从会怎么样？我们"发了疯"，并被带到附近的心理医生那里寻求帮助。这个研究人类思想和动机的专家想对我们说的第一句话可能就是："好吧，我们现在必须对你做一下**调整**（adjust）。"什么是调整，不就是从众的另一种说法吗？在这里，我并不是要呼吁一个完全不一致的世界。事实上，从众是一个有价值的人类特性，它帮助整个社会集体凝聚到了一起。但是，我们犯了一个严重的错误，我们混淆了**"行为上的从众"**和**"思想上的从众"**。

大量的心理学测试表明，一种叫作"创造性想象"的神秘特性似乎在所有人身上都存在，但当一个人长到6岁时，这种特性就急剧消失。学校的环境（"你不能做这个！""你不能做那个！""你说这画的是你妈妈？这怎么可能，你妈只有两条腿！""好女孩不会那样做！"）在儿童的头脑中建立了一个完整的屏障，这将在日后制约其想象力的发挥。当然，有些禁令具有社会价值：道德家告诉我们，它们帮助儿童建立了良心；心理学家更愿意称之为超我的形成；宗教领袖们则称之为非感或灵魂。

然而，社会的影响可以达到惊人的深度，它创造更广泛的一致性，并保护自身免于主流价值习称的"变态"。1970 年，阿诺德·胡奇内克尔（Arnold Hutschnecker）医生在一份备忘录里曾建议尼克松总统，所有 6—8 岁的儿童都应该进行心理测试，以确定他们是否具有日后可能变成罪犯的某种倾向。这个建议的潜台词是，某些孩子要长期大量使用镇静剂，就像几百万养老院的退休老人得用镇静剂，以减轻看护的工作量。

过多的障碍会有效地阻止问题的解决（这些障碍在下文中会做详细讨论）。错误的问题陈述也会阻碍问题的有效解决。俗话说"做一个更好的捕鼠器，世界就会争先恐后地来找你"就是个例子。在这里，什么是真正的问题呢，是"逮住老鼠"还是"除去它们"？假定我们的城市老鼠横行，我的确需要发明一个更好的捕鼠器。结果，我可能逮住了 1 000 万只老鼠。我的解决方式可能是很有创意的，但这就是原先问题陈述的谬误所在。真正的问题是要除掉老鼠。更好的办法可能是在所有的收音机和电视机上播送几个小时的超声波或次音速的无线电波束，这种无线电波对别的物种无害，但却会灭绝所有的鼠类。几周之后，这些啮齿类动物就没了。（这会引发一个伦理问题，即老鼠是否可以看电视。）这也会引发一个环境问题，因为从某种意义上讲，老鼠是生态系统中的一个重要环节。

然而，在一些非常新的领域，许多问题都需要立竿见影且彻底的新的解决之道。

查德·奥利弗（Chad Oliver）在其科幻小说《太阳里的阴影》（*Shadows in the Sun*）中写道：

……他必须自己把它搞清楚。对于一个熟悉英语的人来说，这听起来很简单，但是保罗·埃勒里（Paul Ellery）知道事实上并非如此。多数人从生到死都解决不了一个全新的问题。你是不是想知道怎么让自行车立在那儿？爸爸会做给你看。你是不是曾经想过怎么把水管装置接到新房？水管工人会给你做。在访问球员的风流事儿闹得满城风雨后，现在拜访莱恩女士合不合适？你先打电话给那几个女孩，商量商量再说。下次烧烤还有鸡尾酒吗？不可能了，没人那么做。下班回家后，穿上一身光亮的长袍，在后院搞个小祭祀如何？邻居们会怎么想？

不过——怎么处理黄油上的 Whumpf？怎么处理楼梯上的 Grlzeads？新型的 Lttangnuf-fel 要花多少钱？abnakave with a prwaatz 好吗？

为什么，多么无聊啊！我从来没听说过这些事儿。我自己的问题就够多了，别再用这些事情来烦我了。

黄油上面有个 Whumpf！我断言。

一个完全超出了人类经验的情况……

我们生存的这个社会会惩罚那些很有创造性的个体，因为他们不能自觉地和别人保持一致。这使得解决问题的教育也受到了阻碍且变得困难。一个 22 岁的学生来到学校，满脑子条条框框，不接受新的思维方式，这是 16 年错误的教育造成的，是幼年和青春期被"塑造""调整"和"影响"的结果。与此同时，我们的社会又不断地发展出了新的社会模式，这些模式声称会稍微偏离主流，但不会危及构成整个社会的边缘群体的杂处。

首先我们要了解一些关于解决问题的心理学知识。尽管心理学家或精神病学家都不能确切地解释创造性过程的机制，但他们还是有许多真知灼见。我们知道，自由产生新观点是一种无意识的功能，是大脑中的联想官能在起作用。事实上，对于所有的人来说，产生新观点的能力都是与生俱来的，这与人的年龄（老迈衰弱除外）或所谓智商（真正的低能者也除外）无关。然而，为了能自由联想，跨学科的能力是不可或缺的。知识量、记忆和回忆的质量也会丰富这个过程。所有这些都帮助我们用新的方式看待事物。通过理解一种完全不同的语言，可以极大地促进人们用一种新方法看待事物。因为每一种语言结构都会给予我们一些不同的对待和体验真实的方法。

用英语说"I am going to San Francisco"（我要去旧金山了）是完全合理的。同样的陈述可以用德语（"Ich gehe nach San Francisco"）表述，但在语言学上讲不通。在德语中必须加一个限定词，比如：我要坐飞机去旧金山，或是，我要开车去旧金山。在纳瓦霍人和因纽特人的语言中，这个陈述必须更确切才有意义："我（自己，或和两个朋友，或其他情况）正驾车（有时是我驾驶，有时是朋友驾驶；或乘车，或坐雪橇）去旧金山（之后我会返回，我朋友驾驶）。"多几种语言看待一个问题，我们会获得深度理解。

　　如果我们不得不暂时戴一副眼罩，那么我们开车的时候就必须得小心：因为风景只是从一个有利的视点看到的，所以我们对深度的感知没有了。要想把路（或者一个问题）看好，我们就必须从两个不同的观察点同时看。在视觉上，两只眼睛一起工作起的就是这个作用——这也是照相机测距仪的工作原理。理性来讲，两种语言在形态和结构上的不同会为我们提供两个同样有利的参照点，使我们在看待一个问题的时候能够使用三角测量法[1]。无论你学的是德语、芬兰语、斯瓦希里语[2]、音乐、Fortran 语言[3]还是 Basic 语言，都没关系。

　　我们可以列出一些阻碍我们以新的和创新的方式解决工作问题的抑制因素。它们是：

1　三角测量法，一种测量技术，通过将某一地区分成许多三角形，这些三角形是以一条已知长度的线为底，由此可通过使用平面直角三角形计算工具精确地测量距离和方向。文中用作比喻。——译注
2　斯瓦希里语，坦桑尼亚官方语言，在东非或中东非被广泛地用作通用交际语言。——译注
3　Fortran 语言，一种高级程序语言，针对能用代数方式表达的问题，主要用于数学、科学和工程。——译注

左图：图形背景关系中的知觉问题

右图：老巫婆还是年轻女孩？关于知觉的一个经典图像

1. 感性障碍 　2. 情感障碍 　3. 联想障碍 　4. 文化障碍

5. 职业障碍 　6. 智力障碍 　7. 环境障碍

通过一些例子，每一种障碍都很容易理解。

1. 感性障碍： 正如这个名称所暗示的那样，这些限制存在于感性领域。当一个不能分辨音调高低的人想听音乐的时候，他就会遇到感性障碍。这类生理障碍各式各样，比如色盲、散光、斜视、失明，以及歇斯底里失语症。这些障碍显然超出了本书要讨论的范围。但是，我们可以思考一下上面这两幅很相似的图像。

有些人看到黑色背景前面有一个高脚杯。有些人看到的是相对于一块白色区域的两个黑色人物剪影。（有趣的是，在这个有关"图形—背景—关系"的问题上，美国黑人更多的是想看到后一种解释。）不管怎样：所有的人都能看出这两个图像。

第二幅图就难一些。大多数人能看出一个漂亮的年轻女子，穿着1890年前后的时髦衣装，头戴兜风面罩，脸部挑衅性地转了过去。

同时还有一个可恶的老巫婆形象，这并不明显，许多人在辨认出之前都得挣扎一番。这时候，年轻女子喉咙附近的贴颈项链无疑变成了巫婆可恶的嘴巴；年轻女子的左耳朵及其短鼻子变成了丑老太的眼睛。（这似乎说明，人们容易发现他们更想看到的东西。）

两幅图片对于每一个人而言都是显而易见的，不过得逐一辨认。虽然任何人一旦认出了两个图像，他就能够在两者之间随意来回，不过要想同时看出两幅图还是需要些锻炼。

当被问及下页图中有多少个方块时，多数人会说16块。有些人会说17块，他们算上了包围起来的"大方块"。

事实上，这里面有大小不等的方块30个，但只认出17个更容易。

2. 情感障碍：在一个更看重从众思想的社会中，人们很容易记住"枪打出头鸟"或是"别惹是生非"之类的话。有个简单的实验将使读者确信，在群体环境中，情感的压力是很大的。你可以问一群25—30岁的人，他们在业余时间是否有观鸟的爱好。除去那些有观鸟爱好的人，然后问剩下

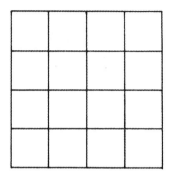

其中有多少个方块?

的那些人:"你们有多少人可以分辨出 30 种鸟?"

举手的人可能没几个。但事实上,多数正常的 6 岁儿童都能认出 30—35 种鸟;多数成年人可以辨认出 60 种甚至更多的鸟,下面所列的就是 60 种鸟。

鸡	火烈鸟	企鹅
猫头鹰	鹅	鹰
鸭	鹦鹉	长尾鹦鹉(虎皮鹦鹉)
啄木鸟	燕子	蜂鸟
野鸡	海鸥	孔雀
科尼什鸡	鹳	翠鸟
渡鸦	鹈鹕	鹬
天鹅	知更鸟	麻雀
北美红雀	几维鸟	鹌鹑

画眉	乌鸦	凤头鹦鹉
渡渡鸟	隼	夜莺
鸠	犀鸟	鹧鸪
秃鹰	鹭	蓝知更鸟
琴鸟	鸸鹋	鸬鹚
燕雀	云雀	信天翁
松鸡	鸽子	海鹦
珍珠鸡	松鸦	椋鸟
白鹭	鹪鹩	美洲雕
麻鸦	鸵鸟	猎鹰
金丝雀	火鸡	红隼

在一群听众中，个体的情感压力很大。他们不会当"出头鸟"，害怕他们可能被问到一些不常见的鸟而答不出。这是一个情感障碍在起作用的很好的例子。

3. **联想障碍**：联想障碍一般在那些在人的心理上有既定障碍的地方起作用，它常常跟你早期的童年经历有关，使你无法自由地思考。有个著名的实验可以说明这个观点。

我们东部有所大学，人们在一个实验室的混凝土地板上安装了一根 5 英尺长、直径 1.5 英寸的钢管，其中 1 英尺在地板下面，还有 4 英尺竖在外面。接着，人们在管子里放了一个乒乓球，这样，乒乓球就到了管子底部，离顶端有 5 英尺。在房间里，他们放置了各种各样的工具、用具和小配件。

1 000个学生被引到这所房间，每次一个人——每个人都被要求找到一种办法把乒乓球从管子里面取出来。同学们为了解决这个问题所做的尝试各式各样：有些人想把管子锯开，事实证明这很困难；有些人把钢锉顺到乒乓球那里，然后想用一块磁铁把它"钓"上来，结果发现磁铁还没下多远就吸到了管子壁上。还有人在线上卷了口香糖，不过这样做球是肯定上不来的。还有些人把一些吸管粘到了一起，想把球"吸"出来，事实证明也不行。不过或早或晚，几乎所有的学生，1 000个人里面有917个（事实上是一种很可观的状况）都在墙角发现了一个地板擦和一桶水，把水注入管中，球浮了出来。不过，这只是控制组[1]的情况。

后来，他们又找了1 000个学生解决同样的问题；除了一个条件之外，其他都和之前一样。那桶水被挪走了，心理学家们换上了一张古董红木桌，上面摆放了一个晶莹剔透、雕饰精美的大水罐，边上放了两个玻璃杯和一个银盘子。在第二组学生中，只有188个人成功了。为什么？因为这群人里面，80%的人没"看见"水。事实上，红木桌子上的水晶大水罐比墙角的水桶要显眼得多。然而，第二群人没能在水和浮力之间做出联想。尽管我们一般并不从水桶里面倒水将乒乓球浮起，但比起水桶，将漂亮的水罐与乒乓球联想起来

1　心理学实验一般分为实验组和控制组。实验组是对其进行实验处理的组。控制组是对照实验组的，不进行条件处理。如果实验组和控制组最后的结果不同，那么可以在一定程度上说明实验的效果。——译注

还是困难多了。

第三组实验把水桶和水罐都拿走了。但结果令人惊讶，成功率几乎达到了 50%，很多（男性）大学生甚至冲准管子撒尿成功地解决了这个问题。

第二次世界大战结束后不久，雷蒙德·洛伊的事务所设计了一种小型的家用风扇，而且成功地使风扇旋转的时候没有噪音。令他们错愕的是，消费者的反馈却迫使他们在风扇里面装了一个新的齿轮，从而能发出一种轻轻的响声：一般的美国人把噪音和凉爽联系在一起，他们觉得一点噪音都没有的风扇不能给他们提供足够的凉风。

4. 文化障碍：正如名称所暗示的那样，这是人的文化背景所施加到他身上的东西。在每一个社会都会有一些禁忌危及独立思考。因纽特人有一个很经典的 9 个点问题，这个问题能让一般的西方人在几个小时之内犯迷糊，但是因纽特人几分钟就能解决这个问题，因为因纽特人的空间观念和我们很不相同。爱德华·卡彭特（Edward Carpenter）教授曾经讲过阿拉斯加的阿克拉维克（Aklavik）部落里的人是怎么画一些小岛的可靠地图的，他们只要在附近待一晚上，倾听海浪在黑暗中拍击海岛的声音，就能画出这幅地图。换句话说，岛屿的形状是由一种听觉的雷达分辨出来的。我们之所以常常在因纽特人的艺术面前感到迷惑不解，就是因为我们失去了因纽特人那种同时全方位看待一幅图画的能力。

几年前，我住在一个因纽特人的部落里面时，从邮局收

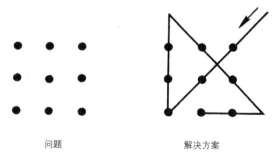

问题　　　　　　　　　　解决方案

因纽特人的"9个点"问题

到了几本杂志。我发现，当我在看图或阅读的时候，我的那些因纽特朋友们会在我周围围一个圈。他们无论是在圆顶冰屋[1]里还是在棚屋里都不会因为争座位而产生任何碰撞。我的这些朋友们无论是倒着看还是从一边看，都能轻易、快速地阅读（或看图），似乎对于"正确的"位置，因纽特人没有标准。我注意到，这些在小木屋里生活的因纽特人常常是倒着或从一侧拿图片。（他们最喜欢诺曼·洛克威尔（Norman Rockwell）[2]给《周六晚报》（Saturday Evening Post）画的封面，因为那是讲故事的插图。）

1　圆顶冰屋，一种爱斯基摩人的住宅，主要是用冰砖砌成的圆顶的冬季住宅。——译注

2　诺曼·洛克威尔（Norman Rockwell，1894—1978），美国20世纪早期的著名画家及插画家，他一生中的绘画作品大都经由《周六晚报》刊出。——译注

因纽特人的版画"精灵（*Tornags*）吞吃狐狸"。作者收藏

　　非线性的、听觉的空间感，使得因纽特人的世界观较少受到垂直和水平的局限。卡彭特认为，这也许可以解释因纽特人在用电器的时候为什么很快就能驾轻就熟。

　　在我看来，这是一个人种之所以能在北部边远地区存活下来的重要特征之一。我曾跟随过因纽特人的狩猎队，在打完猎之后，他们得穿过 50 多英里没有任何记号的地域回到他们的圆顶冰屋群落。漫天风雪里，白茫茫的大地和天空几乎难以分辨。即便只是错过那些圆顶冰屋 200 英尺，也会导致人在冰天雪地里冻死。但是，根据水分和风向的细微变化，我的朋友和他们的雪橇狗总能找到他们回营地的路。（因纽特人对于我们在多伦多穿过布罗尔大街或在纽约穿越时代广场的能力同样惊奇。）

　　关于设计的文化障碍问题，我的一个客户（一个抽水马桶制造商）曾经讲过这样一席话：尽管一般美国人每 2.5 年换一次车，每 9 个月买一套新衣服，每 10 年买一台电冰箱，甚至差不多 5 年就换个住处，但是他从来不买新的抽水马桶。如果谁能设计一种马桶，能让人们换掉旧的，那么这个产业就会受益。乍一看，这似乎是个骗子的工作，他想人为地制造产品废弃。在"样式家"的脑海里会立刻浮现出两种办法。其一是"底特律方式"：很可能在马桶后面装个尾鳍以及很大的铬合金装饰。另一个，就是让"马桶有趣"的办法：比如在马桶身上印上些小花、小鸟。但是，如果用智力研究一下，人们很快就会发现**所有的抽水马桶都太高了**（从医学的角度讲），事实上，人们应该在上厕所的时候设想一种更矮的蹲便位置。在进行了大量研究之后，我设计、制造出一种新型的矮马桶。尽管这种马桶在医学和卫生方面有明显的优势，尽管人们现在有一个真正的理由去买一种新型马桶，但这个设计稿还是被退了回来，因为制造商觉得公众心中的文化障碍太过强大，对于制造商来说，推销一种新的、更好的产品是不可能的。事实证明，这真是一种美国的**文化**障碍：后来，一个名不见经传的公司把我的设计付诸生产，并在北欧国家的报纸上做广告推销，这种马桶在那里销路很好，而且还为另外一家制造商提供了一个原型产品。1982 年，我注意到北欧多数抽水马桶都追随了这个设计。[对此，路易吉·贝亚尔佐蒂（Luigi Bearzotti）在他的文章《厕所》中描述得很详细，图文并茂，参见《八角形》(Ottagono)，第 73 期，1984 年 6 月，米兰，意大利]

排泄过程的文化禁忌也给其他的研发设置了障碍：厕纸是由纸制造的，在生产过程中使用了大量的水。由于一些不能言明的原因，卫生卷纸的使用日益广泛。无须砍掉这种棉纸的功能，只要人们每天少用一英寸，生产过程中就能节省数以百万加仑的水。但这也是一个从生态学的角度讲很有道理，却得通过努力解释才能让人们接受的理论。

无论什么时候，让身体排泄物循环起来的观点被提出来（比如关于太空舱和空间站的讨论），人们都会焦虑不适。（值得一提的是，在生命之舟——地球上，自从这个星球上有了生命之日起，我们的呼吸以及吃、喝、穿、用的一切，都经历过无数的消化系统。）关于这个问题的文化障碍影响了我们的思考，而思考又影响了行为。我们认为，河流和湖泊被"生活垃圾污染了"；我们使用一些像"污泥"和"固体垃圾"这样的词，而且惊讶地发现我们的水资源被人类的排泄物污染了。我们犹豫不决（就像前文中讲的更好的捕鼠器那样），是处理好这些排泄物呢，还是只要将之和我们的饮用水供给分开？

关于厌氧和需氧消化这个领域，人们已经进行了许多研究、探索和利用。多数科学家忙于甲烷产生的过程这种缜密的工作。在20世纪70年代早期，偶尔只会有几个孤独的英国怪人会在《地球总目》（*The Whole Earth Catalog*）上发表些文字，他们想用鸡粪发动他们的汽车，告诉公众可以从我们身体的分解、消化和代谢物制造的过程中获取巨大的能源。现在的研究技术已经开发出来一种主要能源交换器，通过使用一种厌氧消化系统，它能使一间房屋不要外部链接就能独立运转。1973年，我读了一些公社和另类社会团体发行的报纸，他们使用的多数装置（变压器、水泵、高保真设备、发光器、放映机）都得找个地方插上电，我觉得这很可悲。现在，使用生物循环获得能量已经使真正的独立成为可能了。

在1969年的时候，上述中的多数已经被实验证实了。小乔治·格罗斯（George W. Groth Jr.）博士在他位于加州圣地亚哥附近的农场里圈养了1 000头猪。猪粪能够开动战争遗留下来的一台10千瓦的发电机，它满足所有照明和动力的电力需求。液态粪肥坑被罩住，而坑道中的气体则连接到一台内燃机上。从内燃机冷却系统中流出来的热水，会流经一个300英尺的盘在坑中的铜管道。坑内要保持90—100华氏度，这是处理它们的最佳温度。小泵借皮带和滑轮带动风扇，以促进水循环。一个完整的猪粪循环周期大概需要20天，但是，一旦开动，它会连续不断地进行下去。这个系统能够提供电能，但却几乎没有异味，也不招引苍蝇。之后，这些粪肥首先会被分解成一些简单的有机化合物，比如酸类和酒精。最终，因为没有空气，它又被分解成了水、二氧化碳和沼气。欧洲、亚洲、非洲和拉美也都曾进行过这类实验。

到1983年的时候，全世界的许多社区和农庄都使用了沼气助溶器。显然，通过将人、畜的排泄物转化为能源并将剩余残留物进行循环利用，这个设计策略给我们提供了一种应用排泄物的途径。（但奇怪的是，迄今为止相关论述仍旧很少，且大都出现在那些文化障碍约束更少的科技期刊、地下出版物和另类生活方式的报纸上。）

5. **职业障碍**：有时候，专门的职业训练也会竖立起真正的临界障碍。当你把一个物体（如图所示）的正视图和右视图拿给人看，并让他们画一个准确的平面图或透视图的时候，建筑师、工程师和手艺人常常还比不过那些没在这些领域中训练过的人。找到这个问题的正确解决办法也能教会我们**如何**解决问题。两个回答都是正确的。判断出如何找到解决之道是可能的：要么通过一系列创造性的分析，要么通过

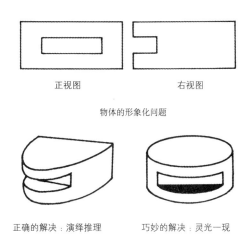

正视图　　　　　　　　　右视图

物体的形象化问题

正确的解决：演绎推理　　　　巧妙的解决：灵光一现

物体的形象化问题解决方法

灵光一现（这取决于给定的问题是什么）。第一个回答后面的推理可能是这样的："右视图是错误的；这应该是中间部分。因而我必须得找到一个图形，让理论上的中间部分与右视图一致。在选择一个等边三角作为解答之后，我发现前面那个角在正面图中会变成一条线。把这个完成后，线就消失了，问题就回答正确了。"第二个回答同样是正确的，但是从数学的角度说，它更讲究。这是通过灵光一现和直觉发现的。

不用说，特殊的职业障碍阻碍了人们正确解答这个问题（用两种方法），因为他们假定这是一个90度直角的物体，而且把这个形状看成矩形或方形。于是，"长方形"或"正方形"成了解题人自己带到问题中的基本障碍。

下面这则轶事也可说明职业障碍的问题：麻省理工两个学工程的学生毕业了。有天晚上，约翰到迈克尔的房间去玩，惊奇地发现整面墙覆盖着一张巨大的"属性表"图。这幅图表左边罗列了许多年轻女孩的姓名，如琼、谢丽尔、玛丽、珍妮弗等等。图表的最上面一排是各种属性："有钱""会做饭""漂亮""聪明""学工程""床上功夫好"。对于约翰的疑问，迈克尔回答道："我要去斯坦福教书了，我觉得这正是个结婚的好时候。所以我就把所有我认识的年轻女孩和她们的属性列出——的确是工程学的传统——并对她们与这些属性之间的关联性做了标记。"这给约翰留下了深刻的印象，他注意到有个女孩很特别，几乎具备所有这些属性，于是就说："我猜你会和玛丽结婚？""根本不可能，"迈克尔挑剔地回应道，

"你知道，我**不喜欢她**！"看来，迈克尔克服了他的职业障碍。

6. **智力障碍**：超越我们智力水平之外的东西常常会使我们找不出问题的症结所在，而要想找出一个最优的解决办法就更困难。

阿瑟·库斯勒曾经引述过这样一件令人困惑之事：

> 某日清晨太阳升起之时，有位和尚开始攀爬一座圣山。那里只有一条小道蜿蜒崎岖地通向山顶一处禅修之所。和尚在攀爬的路途中常常停下来休息，参禅、祈祷。由于他年事已高，需要一整天的时间才能达到山顶。在那里，他停留多日，禅修禁食。又一天太阳升起的时候，他开始下山，这次，他走得非常轻快，休息次数不多，时间也很短暂。
>
> 请问，在两次行程中，路上是否有一个点是在同一个时间经过的？答是或否。

回答这样一个简单的谜题，常常要么"是"，要么"否"。正确答案是"是"。有意思的是那些答"否"，并固执地坚持己见的人。在这个案例中，从理智的角度看，有趣的是这个问题该**如何**解决。目前为止，智力上讲最简单的办法就是再加一个和尚，并让他们在同一天出发。试想，两个和尚——一个在山下，一个在山顶——同时（太阳升起时）开始他们的行程。显然，不管他们的速度如何，他们在同一条路的某

一个时间，某一个地点会相遇。这个地点就是路上的那个
"点"，相遇的时间就是那个时间。答案是肯定的。

你也可以选择一幅视觉图像作为你的思考方法。在这种
情况下，你也能解决这个问题。可以设想，你在每一个和尚
的位置图上画线，用以表示时间。这两条线必然会在某个时
间和地点重合。

如果你选择用言辞来描述，你很可能会失败。即使在你
知道了"视觉的解决方式"之后，如果你还是用一种修辞的
方式思考这个问题，那么这个问题会变得更为复杂难辨。

这里还有一个关于智力障碍的例子：

　　　假设一大张纸，有一页打印纸那么厚。如果你把它
对叠，这样你就有了2页。现在你再把它对叠(有了4页)，
然后连续对叠50次。试问，50次对叠之后，纸有多厚？

事实上，任何一张纸都不可能对叠50次（无论其尺寸
和厚度如何）。但为了这个问题的缘故，假定你可以做到。

多数人会猜说"2—3英寸"。

正确的答案是大概50 000 000英里，或者说超过地球
和太阳之间距离的一半。第一次折叠是两个原初的厚度。第
二次折叠是两个两个原初的厚度；而第三次折叠，则是两个
两个两个原初的厚度。如果你愿意用数学算的话，你会发现
这个问题的答案是打印纸厚度的2的50次方倍，而2的50

次方倍大概是 1 100 000 000 000 000。

就像前述圣山上的和尚那个问题一样，如果你用**视觉**的办法解决这个问题，你可能会失败。因为正确地设想 50 次折叠是不可能的。**言辞冗长**（verbalization）也会导致许多困难。如果你很熟悉"倍数问题"，你知道答案会很大，但仍旧很难正确地估量它。在这种情况下，最好的办法就是数学。

7. 环境障碍：从普鲁斯特的软木贴面房间 [1] 到《华盛顿邮报》喧闹的编辑室，差别很大。环境障碍，即指环境在多大程度上能从正面或反面影响你解决问题的行为，这因人而异。我有一个 12 岁大的女儿，她听着交响乐还能缜密地解数学题。可是我的大女儿尼科莱特，她编写和修改培训手册的环境必须绝对安静。我发现自己在电话铃响的时候也能照常工作，总是被人打断，或者有许多视觉娱乐也没关系。（这可能是因为我写作生涯的开端是当一个繁忙的晨报记者。）

你最好根据你的自身情况决定你在解决问题的时候需要一个什么样的理想环境。

我想用下面几点概括一下前面的讨论：

1. 压力持续增大，个人主义越来越微弱，而且大众

1　法国著名作家马塞尔·普鲁斯特（Marcel Proust）1906 年迁居奥斯曼路 102 号后，失眠日益严重，为隔绝一切噪音，他于 1910 年请人将他卧室墙壁全部加上软木贴面。——译注

广告、大众传媒、批量化生产和自动化也强迫我们的社会愈加一致，这使得用新的、意想不到的途径解决问题的能力变得越来越稀有。

2. 在一个加快提速，而且越变越复杂的社会中，面对层出不穷的问题，设计师只有具备一些新的、基本的洞察力才能解决这些问题。

3. 当学设计的学生从学校毕业的时候，他们知道一些做事的办法，也学会了许多技巧，同时也有一定的审美感受力，但是他们没有掌握一种能够获得基本洞察力的方法。

4. 由于知觉、情感、联想、文化、职业、智力和环境方面的障碍，他们发现自己不适合解决新问题。这些障碍是人类朝着一致性以及所谓"调整"不断加速的直接结果。

5. 这些障碍不仅对所有真正的设计创意抱有敌意，而且在一个更广泛的意义上，它破坏了许多人类真正的生存特征。

6. 这些障碍不仅部分来自性格遗传，它同样来自后天的习得和限制等因素。

我们接下来的工作就是建立一些方法，消除这些障碍。尽管明确地列一张表是很难的，因为不同的方法之间有许多重叠，我想列下面八条：

1. 头脑风暴   2. 共同研讨   3. 形态分析

4. 滑动对照   5. 双关联想   6. 三项联想

7. 仿生学和生物力学   8. 强制性新思维模式

1. **头脑风暴**：这可能是最为人熟知的一种解决问题的办法。头脑风暴小组重视**数量**的观念，不重质量。在实际工作期间，小组成员会被要求先将**其判断力放在一边**。这个小组由6—8人任意组成，在说明问题之后，他们便围坐在一起，力求尽可能多地生发出一些想法，并且把这些想法列出来，不管有没有价值。这个概念的理论依据是很简单的。它假定，如果该问题只有**一个**解决办法，其发明者就总会想保护它。而当这个解决办法最后被证明不起作用的时候，他或她就没法贡献新想法了，因为人们无意中总是试图只围绕原先的想法转。

因为这些想法不会被提前宣判，所以人们会产出大量的新想法。像是"我们如何能提高个人电脑的销量？"这样的问题，一个小组常常需要贡献300—400个未经评估的点子。接着，这些想法会通过一系列的标准（小组也会对此头脑风暴一番）筛选，直到最终执行。需要指出的是，头脑风暴是亚历山大·奥斯本（Alexander Osborne）发明的，而他所供职的天联广告公司（BBD&O）是一家广告代理公司。由于其广告背景，所以这个系统更有助于解决一些"软"的问题，比如说，行为、市场或动机方面的问题。技术问题一般来说受到的各种局限更多，而相关的考虑往往会形成某种预判。关于头脑风暴，读者可以在西德尼·帕尼斯（Sidney Parnes）的《创意行为指南》（*Creative Behavior Guide Book*, New York: Charles Scribner's Sons, 1967）中找到详尽的解释。

2. 共同研讨：这第二种团队解决问题的方法是威廉·高登（William J. J. Gordon）在为阿瑟·利特尔（Authur D. Little）领导一个创意研究小组时发展出来的。和头脑风暴不一样，一个共同研讨小组需要一个强有力的团队领导者；而且，团队成员是永久性的，他们都是经过仔细挑选的，而且每个人至少能够代表两个不同的领域。共同研讨的方法在解决技术和科学问题时非常有效，比起头脑风暴小组来，其组织结构更加严格。我曾在马萨诸塞州剑桥市参与过这种共同研讨类型的团队，由于这个系统与生物学紧密相关，所以我在后面的章节中举了一些例子。对这个方法感兴趣的读者可以参考比尔·高登（Bill Gordon）的《共同研讨法》（*Synectics*, New York: Harper & Bros, 1961），如果想找一个更客观的分析，亦可参考乔治·普林斯（George Princes）的《创新实践》（*The Practice of Creativity*, New York: Macmillan/Collier Paperback, 1978）。

3. 形态分析：和头脑风暴、共同研讨不同，这个系统是一种个人解决问题的方法。掌握形态分析比较简单，不像它的名字那样读起来那么夸张。这种方法是西海岸的一个广

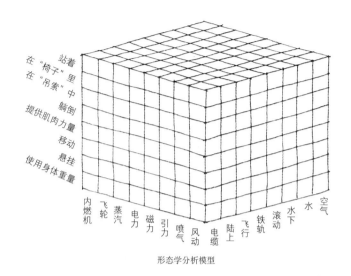

形态学分析模型

告专家研究出来的,它由一个立方体那样的三维图表组成(如图所示)。

由于每条边都由8个小方块组成,这样就形成了一个由64个小方块组成的大方块,整个结构最后就变成了一个由512个小方盒组成的超级立方体。最近,约翰·阿诺德(John Arnold)教授提供了一个例子,他用这个图表对人员运输问题提出了一个新概念。在我们的插图中,我选择了所有交通工具所赖以工作的能源和运动的所有方式。

如果我们现在来看由三个变量连接成的这512个盒子,我们会发现一系列的"解决办法"。有的不可避免是已有系统的重复:比如一个蒸汽发动装置,载着坐着的乘客行驶在

铁轨上——换句话说，就是铁路。在另外一个盒子中，则是
一个在水下运行的喷气推进装置，人可以在里面躺着。这
使我们产生了一种水下高速交通的想法。另外一个方盒给
出的建议则是一种人可以站在里面的飞轮动力车，它可以
在崎岖不平的地面上行进。这似乎也能给我们提供另外一
种新思路。近来的研究表明，这个系统用在了瑞典的汽车
上——不过，这可能会使美国的交通设计师用新鲜、奇特
的方式思考这个问题。

从上面的例子，我们不难看出，这只不过是一种记忆辅
助的外化，一种"纸上电脑"。但是它也有一个好处：我们
现在还根本设计不出一种使用**随机搜索电路**的电脑。目前来
看，这还是个达不到的愿景，除非我们能做出来；否则，我
们还是得用大脑的联想功能，从这个超级立方体的512种可
能性中选出那些有用的答案。

4. **滑动对照**：形态分析法提供的可能性太少了，我很
不满意，于是研究出了这种个人解决问题的办法。这是另一
种"纸上电脑"，尽管最早是用木头做的。如图所示，它由
12根木条组成，它们在槽子里面相对移动，有点像老式的计
算尺。使用可剥离的标签，可以在每一根木条上放入关于该
建筑或设计问题的20个左右限定因素，而所有这些限定性因
素都应该从属于同一个更大的范畴。可以是材料、步骤，诸如
此类。当上下移动单个木条的时候，我们就能横着一行一行
地读了。12种连接会产生240种并列的可能性（如图所示）。

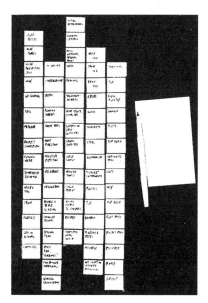

滑动对照，要解决一个建筑问题。约翰·查尔顿
（John Charlton）摄

　　但要注意。这个组合只是 18 个类似组合中的一种（每
个都由 12 根木条组成——每根木条都会写上 20 个左右的变
量），另外 17 个装置，每个都代表一种重要的设计思考，比
如经济、社会后果、美学评价和安全因素。这 18 组木板，
每组都有 240 种并列，在立式档案柜中逐一挂上。在用这 18
组木板工作时，你所看到的不光是每组木板上横列的解决办
法，而是三维**立体地读取所有**的 18 组数据，大概 4400 种具
有可能性的关联。

　　滑动对照法所提供的选择远远多于形态分析。尽管它在寻找解决办法的时候是有用的，但仍旧是一个很笨的办法。这两个系统基本上都是"纸上电脑"清单，它要依靠一个定向的、目标引导、有选择力的大脑去做决定。不幸的是，纯粹的机巧，因为琐碎，总是碍事。

　　由于我发现所有这些系统都有诸多不便，于是我花了许多时间，试图研究出一种简单而又巧妙的办法，使大脑在不受这些机械性困扰的状态下去发现解决之道（以及发现问题）。而且我觉得，我们所获得的想法的数量应该是无限的——因为这一般是集中思考，而非武断地仅限于512种或4 400种可能性。

　　在阿瑟·库斯勒出版了《洞见与远见》之后，多年来，我们都在研究他的双关联想论（bi-association，即把两种矛盾的想法巧妙地放在一起产生碰撞）。在几次会面以及一番书信往来之后，我们把这个词简化成了 bisociation。在过去的10年中，我一边实践一边教授我的双关联想法，这个办法似乎满足了我最初的要求，就是一个巧妙的系统，但没有机巧让人分心。

　　5. 双关联想：关于这种个人解决问题的方法，我们最好通过一个实际案例来说明。这里有一个简单的图表，我们要设计的对象列在左列。右面有6或7个"对应词"，这些名词都是从字典上随意选取或者找个同事提供的，然后写下来。**重要的是，这些名词不能与设计师心中对于这个设计问**

题的思考产生连接。为了便于整理那些我们发现的解决办法，我们要在这张纸最右端列一些名目以便安排。我一般使用的分类是：

现在 （可以立即着手做的产品或系统）

2—5 年 （不能立刻实施的想法）

5—10 年 （这种方案导向长期的产品或系统策划）

研发 （一种听起来合理，但是否可行需要研发部门来决定的解决办法）

花招 （有些想法对产品本身没有影响，而是开发一种新的商品推销花招）

其他 （有些想法常常解决不了特定的设计问题，但对于其他问题可能是创造性的答案，可用于其他客户）

现在让我们看看，这种方法在实践中是怎么工作的。下面是典型的双关联想模式的例证。右边是问题的起点，左边是完成的情况：

我们选择要设计的物品是一把椅子。我们提出的对应词是口技表演者、性、鹰、兰花、自行车、夕阳和冰激凌。

我现在要做的工作是，把这把椅子的设计概念和每个对应词逐一进行人为地、有力地碰撞。这里所运用的技巧是一种自由的意识流呈现。

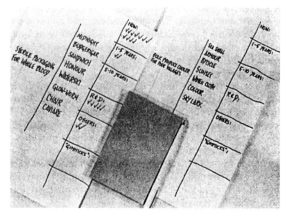

双关联想图表。约翰·查尔顿摄

　　椅子／口技表演者：口技表演者使用傀儡……橱窗中展示的傀儡……蜡像馆里的人物……回到橱窗傀儡……他们以前是用纸糊的材料做的……小孩在托儿所里用纸糊的材料玩耍……在椅子的设计中，只有通过批量化生产的塑料板才能得到复合曲线，但有难度……有一个想法：我们可以为正常人，也可以为一些特殊的人群，比如某些残障人士，设计一种非常舒服且方便的椅子……我们可以用细铁丝骨架做一个我们想要的复合曲线形，这样湿报纸和胶水（纸糊材料）就能用到骨架上了……这样，我们很容易地就做出了一把个性化椅子，这是第一次（可以按照习惯的方式在钢丝架和纸型壳上覆盖海绵和纺织品）。记到"现在"下面。

椅子／性：赏心乐事……弗洛伊德的"原初限定"
（prime determinate）……快乐……怀孕……孕妇……孕
妇肚子膨胀……分娩之后回归"正常"……有一个想法：
由于坐得是否舒服依靠位置的变化，我们可以设计一种
可以不断且任意张开，且后背可以收缩的椅子。这种椅子
可以是液压的，也可以是机械的。把椅子记在"现在"下面；
把牙医用椅记在"研发"下面；把汽车、公共汽车、火
车和飞机上用的这种椅子记在"其他"下面。

椅子／鹰：鹰是一个国家的象征……它也是一种捕
食的鸟……捕食（prey）……祈祷（pray）……教堂里
面的椅子从来没有重新设计过，其中包括牧师席位。记
在"现在"下面。……但我还想继续……回到鸟……当
鸟蹲在电话线上的时候，睡着了不会掉下来，为什么？
……因为睡觉时，鸟儿们的肌肉放松了，但它们的骨骼
和爪子却是紧闭的……当它们醒来时，肌肉组织在骨骼
松开之前开始活动……这个原理可以成为椅子旋转座架
开、合的功能基础。记在"现在"下面。

椅子／兰花：兰花是花……花是美丽的……今天早
上我看到一盆非常漂亮的盆景……剪花……花被拔出来
……为了让礼堂和教室里面的椅子可以堆叠起来，人们
在财力和研究上都已经投入很多……有一个解决办法：
为什么不让靠背末端只有一条腿呢？教室或礼堂的地板
上可以做一些直径1—1.5英寸的孔洞；椅子可以从地板

上拔出来……插进去……视需要而定，什么组合都行，可以再次拔出来。为椅子腿准备插座，直径 1—1.5 英寸，相互间隔 36 英寸，不用的时候用塞子塞住。因为这需要建筑设计在前，所以记在"2—5 年"下面。

椅子 / 自行车：自行车车座显然仍旧很不舒服……可能要使用人体工程学的数据再设计……记在"其他"下面……这儿又有了一个想法：自行车车座像"高座"（perch），很适合流水线上的工人靠着暂时休息一下。记在"现在"下面。

椅子 / 夕阳：非常美……色彩在变……有些夕阳的美感来自污染……尤其是空气里特定的问题……斑点……美洲豹不会改变其斑点……但是变色龙会……怎么改变的？……外皮层中的黑色素沉淀升到了表皮，这取决于背景的色泽……在塑料中，通过内置压缩颜料可以做到这一点……如果光线照射，一把色彩斑斓或者会变色的椅子就诞生了。记在"研发"底下。

椅子 / 冰激凌：冰激凌是凉的……冷……热……温……电热毯的技术很容易就能形成用在椅子的表面上……花不了几个钱就能坐上暖意融融的椅子和沙发，同时减少客厅对于热量的需要。暖和的椅子会使居住者觉得很舒服。一个很及时的想法：记在"现在"和"研发"底下。

这张"资产平衡表"说明，不到 6 分钟的时间，我已经研究出了将近一打新的、原创性的想法，而且其中多数是能拿专利的。每 30 分钟，你就可以完成这样一次意识流，这当然好过一个新想法！

双关联想法最好的地方在于，你读完了相关介绍之后，就知道该怎么做了。原因也很简单：**无论**什么时候，当人们琢磨问题的时候，**所有**的大脑都是以这种方式工作的。双关联想法所做的一切就是通过一张列表，把这个过程**具体化**。没了这张表，大脑就会游移不定，它会想象出更多消遣性的图像，而不是一把新椅子。

如果你想试一下，如果这个方法第一次对你不起作用，只要替换 7 个不同的对应词就行了。

最后一点：你可以通过再次使用这个表去丰富你的设计观念。我们第一个解决办法是椅子／口技表演者，其结果是一把具有复合曲线的纸型椅子设计。我们现在可以用这整个观念从前面再开始一次：

复合曲线椅子／口技表演者：口技表演者……傀儡……坐在口技表演者的大腿上……小的……儿童的尺寸……残疾儿童……有一个想法：为智障儿童设计一种临床用的、可调节的椅子。它由许多构件组成（每个部分都是舒适的曲线形）。这些构件可以以无数种方式组合、交叉在一起，以适应不同的孩子残障情况和身材大小的差异。批量化生产大量个性化的临床座椅。记在"现在"
下面。

如此这般。

这是一个很好的系统，十多年来，我不管设计什么，无
一例外地都用这个办法。

6. **三项联想**：这种方法就是用我的二十面体所进行的
滑动对照法和双关联想法的变调。（所谓二十面体，即一个
有二十个面的等边体，每个面都是等边三角形。）用这种办
法又可以建立起一系列的变量；通过形态分析或滑动对照，
把这些想法分配到这个面体上不同色面，用从 0 到 9 的数
字将其标出（每个体块可标两组）。三个二十面体滚动一次
可产生 8 000 种联想，四个二十面体滚动一次可提供 16 万
种可能。

7. **仿生学和生物力学**：前面曾经说过，在共同研讨中，
许多想法和办法都来自生物学领域。读者们也会注意到，在
前文案例中，我的一些双关联想的"触动"来自自然界。在
我看来，设计中应用生物学原型是非常合理的。后面整个一
章都在讨论这个概念。

8. **强制性新思维模式**：我经常要面对一些学生和年轻
的设计师，他们要解决的问题往往远离日常生活经验，这就
迫使他们进入一种全新的思维模式（新的大脑皮层联想）。
我认为，通过不断给他们指出各种障碍的本质，帮助他们认

识到自身所具备的创造性设计潜力是可能的。通过强制他们解决一些以前从来没有解决过的、出离正常人类经验的问题，他们就会慢慢建立一种思维习惯，一种不受各种障碍干扰的思维习惯（因为由于这些问题远离日常生活经验，所以这些障碍就不起作用），他们日后解决所有问题的时候都会把这种惯性模式带入其中，无论这些问题与先前的训练相似与否。

是什么在所有先前的人类经验之外构成了一个全新的问题？如果让我们设计一种传说中的动物，跟任何我们熟悉的动物都不一样，我们在思考一番过后可能会把马的身体、大象的腿、狮子的尾巴、长颈鹿的脖子、牡鹿的头、蝙蝠的翅膀、蜜蜂的蜇刺组合在一起。换句话说，我们其实用一种无聊、无效、邪门的方式把一些熟悉的事物组合到了一起。这**不是**在解决问题。但是，如果要我们为一名有三条腿却没有胳膊的男士设计一辆自行车，那么我们就要解决一个特定的功能性问题了，这和我们以前的经验很不一样，设计在这种情况下会变得有价值。

我在麻省理工读书时曾有幸师从已故的约翰·阿诺德教授，并给他做过助教。在工程学和产品设计领域，阿诺德和他的学生做了一些具有开拓性的工作。他最有名的问题可能就是大角星[1]IV项目：他给班上发了大量报告，内容是关于

1　大角星，牧夫座第四亮的星星，是牧夫星座最亮的星，距地球约36光年。——译注

大角星系统中的四颗行星以及对上面居民的想象。这是一种身材特别高大、行动迟缓的生物，他们从鸟类进化而来，这些神秘的居民有很多有意思的体格特征。他们是卵生的，有喙，有鸟一样中空的骨骼，每个手掌上长三根手指，有三只眼睛，中间那只眼是个 X 射线眼。他们的反应速度是人类的 1/10，他们呼吸的空气是纯甲烷。如果要求一个班级为这些人设计比如一辆像汽车一样的交通工具，那么对于设计者来说，完全陌生的、新的限制就会立刻出现。

　　显然，汽油表是不需要的，因为大角星人的 X 射线眼睛能看穿汽油桶。那么里程表呢？由于他们反应迟缓，最高时速将定在每小时 8 英里左右。不过，很可能，这种人对速度渐变的体验（提到时速 8 英里）要远比我们在自己的汽车里所感受到的强烈。对这个问题的解答似乎是很容易的：把里程表再细分。但是，一掌三指，三只眼睛的人，他们用的数字系统会是什么样的：十进制，十二进制，二进制还是六十进制？由于这些车辆将在地球上生产，并出口到大角星 IV 上去，在一个甲烷大气中用标准的汽油发动机护罩能行吗？或许需要为他们设计一种最适合在甲烷中工作的新型发动机？外观是蛋形（不考虑空气动力学，这是一种简单而又结实的形体）如何，或者，基于车的安全性考虑，蛋形是最差的形，因为大角星人从心理上会觉得，他们又回到了开始的地方，哄骗他们进入到一种虚假的安全感中？我们可能决定，设计出来的东西要尽可能地不像个蛋——这真是个难以完成的任务啊！

大角星 IV 只是阿诺德教授发展出来的众多问题中的一个，上面只是非常简单地分析了几种可能性，只是通过这些，我们就会发现，当幻想和科幻联系到一起的时候（尤其是在苏联的人造卫星上天三年之前），这是探讨创造性解决问题的一种严肃的方法。

从前文的叙述中，人们会发现，不管"怎么"教设计创新，都必须下大力气构建一个环境，有了这个环境，各种新方法才能茁壮成长。但学校却通过传播大量目前被认为是"真理"的知识而倾向于保持文化**现状**。教育自身其实很少关注**个人**的大脑；它之所以还会关心人类心灵的丰富性，只是因为有时人会疲惫，这时候时髦的专门的课程或理论就能毫不费劲地被"推销"出去。我们总是认识不到发现、发明和原创性的思考都是重创文化的行为（还记得 $E=mc^2$ 吗），而所谓教育却是一种文化保护的机制。本质上，任何重大的、新的颠覆性之举都不会得到现有教育的资助，无论在文化的哪一个方面都是这样。教育只是**看上去在做一些事**，目的是为了使这个过程的幻象持久地存在下去。

主要问题之一是，"新"常常意味着试验，而试验就会有失败。在我们这个以成功为导向的文化中，失败的可能总是令人难以接受，尽管失败总是不可避免地伴随着试验。在进步的历史中遍布试验性的失败。然而，这种"失败的权力"，并没有把设计师从职责中解脱出来。也许，这个问题的症结

在于：在灌输给设计师要积极主动试验的同时，又告诉他们
要对其失败负责。不幸的是，责任感和对失败的宽容氛围事
实上都是稀有之物。

更理想的创意设计环境是一些彼此投合的设计师和学生
在一起工作，在这里，许多障碍和习性都不起作用，这也意
味着人们要高度包容试验性的失败。进而言之，这必然意味
着要依据他们的本性教授和探讨一些基本的原理，不用立刻
付诸应用。它要求悬置对现成答案的执着，摒弃许多学校和
设计事务所里的那些油滑、庸俗的设计之作。

我们不需要跑到大角星 IV 上去，让设计师和同学们面
对完全超乎其普通经验之外的问题。我们所要做的一切就是
为穷人、病人、老人和残障人士设计。因为当设计师们忙于
迎合中产和上层资产阶级一时的风尚时，我们却忽视了这样
一个事实，即相当多的一部分人受到了设计的歧视。

的确，我是在怀疑当今设计的整体流行趋势。在一个基
本设计需求仍旧十分真实的世界中，搞一些"性感的"物件（设
计师们的行话，说的是使东西更吸引虚构的消费者）毫无意
义。在一个热衷于穷尽形式的方方面面的时代，对内容的回
归却迟迟不来。

通过这一章，在一些设计师所攻击的替代性领域，我所提
出的许多建议都具有实用性，它对于设计师和学生们来说也是
崭新的。如果（在这本书的意义上）我们做看起来正确的事情，
我们也将发展出用新的方式看待事物与处理新事物的能力。

第八章

知识之树

设计中的生物学原型

> 鸟是一种根据数学法则运动的器械，人的能力可以重现
> 其所有的运动。
>
> ——莱奥纳多·达·芬奇

有一个似乎从来未曾过时的源泉，这就是自然的指南。在这里，通过生物学和生物化学的系统，人类碰到的许多相同的问题已经遇到过并被解决了。通过模仿自然，人类的许多问题可以找到最理想的解决方式。

对于任何设计问题而言，理想的方式就是达到"以最少求解最多"（the most with the least），或者，用乔治·K.齐普夫（George K. Zipf）的俏皮话，即是用"最少努力的原则"。

仿生学意味着在人工系统的设计中使用生物学的原型。说得更简单些就是：研究大自然的基本原则，并把这些原则和程序运用到人类的需要中去。

在《隐秘的纬度》（*The Hidden Dimension*）一书中，

爱德华·霍尔（Edward T. Hall）博士说："人类与环境彼此参与，相互塑造。现在，人类所处的位置事实上是在创造整个他所生存的世界，或即动物行为学家所指的生物同型（biotype）[1]。在创造这个世界的过程中，他事实上决定了**他将成为一种什么样的有机体**。"

有个很简单的例子可以说明，一个设计师只是品位比较好是远远不够的：若干年前，有人设计并制造了一种新型的廉价耕犁，并分发到了东南非的一些地区，那里一般是用一块石头重压一根叉形的木棍耕地。过了一些年后却发现，那里的人并没有使用那些犁，它们锈迹斑斑。因为在当地人的宗教信仰中，金属会使土壤"生病"并会触犯大地母亲。我建议在这些犁上面镀一层类似于尼龙60的塑料化合物。因为人和大地母亲都不会被塑料技术冒犯，所以这些犁最终被接受和使用了。

这则趣闻说明了什么呢？一个包括了人类学家、工程师、生物学家和心理学家的跨学科设计团队，本来可以阻止原先那个错误的设计。再说一个更为复杂的技术层面的问题，如果音乐学者和经常听音乐会的人也加入到设计团队，林肯音乐中心就不会因为建筑空间的缩小而致使其声音干涩、尖刻，并且减少座位数量了。（参见威廉·斯奈思的《音乐厅综合征》）

---

1 生物同型，指同一物种，或同一物种中的一群有机体具有相同的基因模式。——译注

音响工程师和建筑师也应该了解分贝水准和每平方英尺的花费，这样才能够倾听并设想听众的反应。

如今，在任何一个设计团队中，工业设计师和环境设计师都是主力。在一个设计情境中，他们作为一个关键的统合者的身份，并不是因为他们知道得更多或更有创造性；而是因为他们通过默认所有其他学科的意义，从而假定了一个全面统合的角色。因为其他所有领域的教育都致力于增强纵深的专业化。只有工业和环境设计教育仍然在横面上进行学科交叉发展。

在一个特定的设计团队中，设计师可能远不如心理学家懂心理学，不如经济学家懂经济学，而且对于电气工程学之类也所知甚少，但是比起配电工程师来，他会始终如一地把更多对于心理学的理解灌注到设计过程中。而且他也一定会比经济学家更熟悉电气工程学知识。他将成为各学科之间的桥梁。

本章基于以下基本原则展开：

1. 任何与其周围的社会学、心理学和生态学环境没有关联的产品设计都是行不通或是不能被接受的。

2. 产品和环境的设计必须通过跨学科的团队去完成。

3. 这样的一个跨学科团队必须也包括最终终端（消费者），以及那些完成设计生产的工人。

4. 生物学、仿生学和相关的领域为设计师提供了有益的新洞见。设计师必须找到类似的情况，将从

诸如动物行为学（ethology）、人类学和形态生物学
（morphology）这样的领域中抽取出的生物学类型和系
统为设计方法所用。

人类总是从自然的运作中推导出观念，但是在过去，这
只是达到了一个相当基本的水准。设计问题随着全球技术的
迅猛激增而变得越来越复杂，人类也越来越疏于直接接触生
态环境。

设计师和艺术家尤其需要去观察自然，但是他们常常因
为幻想能够重建某种原始的伊甸园，期望回到"原点"，逃
离机器的非人压迫，或者因为一种"亲近大地"的感伤的神
秘气氛，而阻碍了他们的观点。

不过，仿生学领域的著作很少。海因里希·赫特尔
（Heinrich Hertel）的《结构、形式和运动》（*Structure, Form
and Movement*），卢西恩·杰拉丁（Lucien Gerardin）的《仿
生学》（*Bionics*）和 E.E. 伯纳德（E.E.Bernard）的《生物
学类型和人工系统》（*Biological Prototypes and Man-Made
Systems*）都是在 20 世纪 60 年代写的。许多关于仿生学的报
告都是军队作的，他们只关注他们自身的人机控制关系——
处理控制论（cybernetics）[1] 和神经生理学（neurophysiology）[2]

---

1 控制论，在生物、机械和电子系统方面联系和控制过程的理论研究，特别
   是在生物和人造系统这些过程的对比方面。——译注
2 神经生理学，生理学的分支，研究神经系统功能的生理学。——译注

之间交界的部分。在 20 世纪 60 年代和 70 年代早期，《周六晚报》、《机械画报》（*Mechanix Illustrated*）和《工业设计》（*Industrial Design*）上曾经有过一些文章，但这些文章大都过于简单通俗。奇怪的是，本书第一版出版之后，这个领域的出版物还是很少。卡尔·冯·弗里希（Karl von Frisch）的《动物建筑》（*Animal Architecture*）、卡尔·甘斯（Carl Gans）的《生物力学》（*Biomechanics*）和费里克斯·帕图里（Felix Parturi）的《自然，发明之母》（*Nature, Mother of Invention*）是为数不多的几本能让外行了解这个领域的新书。他们用生动的例子说明了设计和建筑中的发明是如何与生物学发生关联的。

历史上自始至终都有一些非凡的设计师。"鸟是一种根据数学法则运动的器械，人的能力可以重现其所有的运动。"这是莱奥纳多·达·芬奇在 1511 年说的话。火、杠杆和支点，早期的工具和武器——所有这些都是人类观察自然的进程从而发明出来的，车轮可能是这一法则唯一的例外。即使关于这个问题，托马西亚斯（Thomasias）博士也提出了一个很有道理的说法，他认为这来自人们对一根圆木从斜面上滚下来的观察。

在过去的 100 年间，尤其是二战后，科学家们已经开始到生物科学中去寻求答案，并且已经做出了许多重要突破。早期人类的设计与今天的设计之间是有深刻差别的，这一点必须提及：尽管我们可以把第一把锤子看作是拳头的延伸，把第一个耙子看作某种爪形的器具，也可以对伊卡洛斯[1]在自己身上插上翅膀飞向太阳的企图付之一笑，今天的仿生学并不太关注各局部的形式或者事物的造型，而是关心可能发生的事，研究自然是如何让这些事物发生的，各局部之间的相互关系是什么，以及各种系统的存在。

因而，当一位盲人能通过扫描字母形式认出并说出一张仪器操作原理的图标时，心理学家立即意识到，这是大脑中一种所谓视觉皮层的第四层负责了心理视觉完形（Gestalt）的工作。

早在产生了最早的计算器的时候，科学家们就意识到了机器的功能和人的神经系统之间的相似。随着电的出现，这种相似就愈加令人吃惊了。正是出于这个原因，计算机设计领域才有了许多对仿生学的应用。在这里，从计算机到人脑以及从人脑到计算机，敏锐的洞察迭出。麻省理工的诺伯特·维纳（Norbert Wiener）教授与心理学家、生理学家以及神经生理学者一起工作，力图通过电脑的构造更多地了解大脑，而与伊利诺伊大学的 W. 罗斯·阿什比（W. Ross Ashby）教授和格雷（W. Grey）博士一起工作的海因茨·冯·福斯特（Heinz von Foerster）博士则敏锐地觉察到，计算机应该通过对人脑设计的研究才能被构造出来。在 20 世纪 80

---

1 伊卡洛斯，希腊神话人物、艺术家代达罗斯的儿子，他乘着他父亲做的人工翅膀逃离克里特岛时，由于离太阳太近以致粘翅膀用的蜡融化，而掉进了爱琴海。——译注

年代，神经生理学和微电子学在这两个领域都被平行使用。

英国生理学家 W. 格雷·沃尔特（W.Grey Walter）研发了一些简单的电子机械，能够准确地对光线刺激做出反应。这些机械会向着最近的光源前进：该发明很大程度上得益于对普通蛾子喜光行为的研究。

生物学家们都知道，响尾蛇是一种有凹窝的毒蛇，因为在它们的两个鼻孔和眼睛中间有两个凹窝。这些凹窝里有感知气温的器官，它是那样的精密，可以探测到 0.001 摄氏度气温的变化。比如，太阳烘烤的一块石头和一只不动的野兔就不一样。同样的原理被飞歌（Philco）和通用电气（General Electric）在设计响尾蛇导弹时所使用，这是一种早期的追热（heat-seeking）型空对空导弹，其导向目标追踪喷气式飞机的排气装置。

这种有凹窝毒蛇的感官比我们拙劣的设备精密复杂多了。在多年研究之后，空对空导弹仍旧不怎么准确：因为实测一个价值 200 万美元的跟踪是不可能的（ABC 晚间新闻，1983 年 3 月 9 日）。当然，感谢上帝，好在我们还达不到一只有凹窝毒蛇的精确度。

1983 年，科罗拉多大学航天工程科学系开始研究蜻蜓的上升和前冲动作。他们希望能够通过这些研究获得的数据开发出更为机动和省油的直升机来。马文·吕特格斯（Marvin Luttges）领导了一个生物工程学家和设计师的团队，他们给蜻蜓的身体系上绳子，允许其在一个充满了无毒烟雾的风

洞内活动。记录这些昆虫移动的照片和录像被用以研究蜻蜓
的空气动力学。测试完毕之后，蜻蜓被平安放生。这个仿生
学的研究领域被称为"不规则的空气动力学设计"，其发现
除了应用于直升机的设计，在预报天气、潮汐运动，甚至于
预测气流会将破坏性的昆虫送至何方也可更为准确（*Geo*，
1983 年 11 月）。

蝙蝠通过回声定位的办法在黑暗中找到路径：蝙蝠飞行
时发出一种声调高的声音，这种声音碰到物体就会反弹回来，
然后被它那灵敏的耳朵捕获，这样就能给它们建立一条没有
障碍的飞行路径。相同的原理被大量应用到了雷达和声呐中。
声呐使用能听得见的声波，雷达则使用极高频率的声波。

一种直升机用的高级精密速度指示器是仿生学设计的杰
出研究成果之一。有的甲壳虫在着陆前通过观察地面上移动
的物体，来计算它们的空中速度。科学家通过对这类甲壳虫
的研究，设计出了一种直升机的速度指示器，它通过计算飞
越已知两点所需的时间，将之转化为飞行速度。

在 20 世纪 70 年代早期，为加州圣巴巴拉的自动伺服系
统（Servomechanism）有限公司工作的仿生学专家拉尔夫·雷
德摩斯克（Ralph Redemske）博士把一种稀薄的铝涂层镀在
了一只普通蜜蜂身上。通过一种标准的黑背景，他可以用照
片（这要比蜜蜂清晰）把蜜蜂所有的结构细节都拍下来。工
程师们模仿这些蜜蜂的眼睛制造了机械眼，它现在被用于电
脑的扫描设备，以"阅读"形体。

长臂天牛，雄性标本，有一对很长的前腿。作者收藏

　　最有趣的动物之一是有着瓶子一样鼻子的海豚（宽吻海豚）[1]，它具有许多不同的设计解决办法。海豚不靠听力，它用的是一种类似雷达和声呐一样的探测系统。和鲸鱼一样，其表皮层呈起伏状，这种效果适于航海并能增加游泳的速度。

　　一架飞行在固定位置上的直升机，离地面不到 50 英尺高，它对地面的影响这个问题已经困扰了航空工程师十几年。通过对蜻蜓的研究，个中缘由已经开始被揭开，而且还为直升机找到了运用喷雾和除冰的方法。

　　能量的摄入和输出也引出了一些有趣的问题：有两个例子，一个是南美的果蝠，或者叫作狐蝠（flying fox），另一个是一种雄性的南美甲虫，名曰长臂天牛（Acroncinus

────────────

1　宽吻海豚，又叫尖嘴海豚、胆鼻海豚。主要分布在温带和热带的各大海洋中。宽吻海豚常在靠近陆地的浅海地带活动，较少游向深海。——译注

Longimanus）。果蝠有一个巨大且有力的翼展，然而它使用的却是相对很小的一点能量摄入。南美甲虫所具有的那双令人难以置信的长长的前腿使摄入的能量更少，却仍具有很大的气力。

我发现这些甲虫摄入—输出的不等是一个具有挑战性的问题。最后，解剖开几只昆虫之后，我发现了一种液体能量放大系统。能获得这一结果是我的生物学兴趣使然，我欣然假定我已经做出了一个重大的理论突破。当然，如果我在50年前解剖这种虫子（时年5岁，正值天真烂漫），今天我可能就是应用流体学之父了。但是在这个逸闻背后隐藏着一个严肃的问题：尽管我不知道，但应用流体学一直就存在。通过这个例子，我们似乎有把握假设，大自然中有着无数的像应用流体学一样的生物学原理在那里默默无闻，等待被人们发现。

在工业和环境设计中，主要的重点当然是把行为学和生态学的方法纳入系统、程序和环境中去。当工业设计师谈到"总体设计"（total design）的时候，他们指的是两个不同的概念。首先是说，蒸汽熨斗的设计应该合理地影响标志、制造商的笺头、熨斗的卖点展示和包装的设计，甚至还涉及该商品的销售流程。另些时候，"总体设计"又意味着工厂里的工作：为工厂内制造蒸汽熨斗、安全设备和运输模式而设计操作系统。

但在将来，由于"免烫整理"（perma-press）和"耐久整理"

（stay-press）织物的大量引进，以及服装自身价值的彻底重估，"总体设计"将只是意味着把蒸汽熨斗（及其工厂或促销的伎俩）看作是从加热的石头、吊炉熨斗一直到"蒸汽熨斗"这个门类的消失这个长长的形态系统发生链上的一环。

如果工业革命给了我们一个机器时代（技术的变动相对静止），如果过去的100年又赋予了我们一个技术时代（技术的变动更为动态），那么我们现在将进入一个生物形态的时代（一种进化的技术允许循序渐进的变革）。

我们已经被教导，机器是人手的延伸。但因为延伸的尺度越来越大，即使这种说法也不再适用了。在5 000年的时间里，一个制砖工人每天能够制造500块砖。有了优质机器的帮助，技术可以使每个人每天制作50万块砖。但是生物形态的变革把人和砖都淘汰了：我们现在要构建建筑物的皮肤，也就是说，要用其中包括了供暖、照明、制冷和其他的服务性电子零件的夹层镶板。

设计的整个链条可以用这个例子完美地解释。设想一下这个事实，10 000磅的放射虫养活了1 000磅浮游生物，1 000磅浮游生物又养活了100磅的小型海洋动物，这些小动物又养活了10磅鱼，而用10磅鱼又造出了人身上1磅的肌肉组织。在这个系统中的损耗简单却惊人。在北美有16.8万种虫子，仅在一块40英亩的土地上生活的昆虫所含的蛋白质，就是上面放养的牛身上牛肉蛋白质的6—8倍。事实上，我们的确是在吃昆虫；只不过我们是通过草、牛奶这个程序，当然首先是牛奶。

有人可能会说，由于一般的工业设计师或设计工程师缺乏足够的生物科学背景，所以他们所关注的研究和开发很难把生物学作为一种有意义的设计资源去使用。如果我们想从狭义上定义仿生学这个词，在一种控制论或神经生理学的层面上去定义，那么这种说法可能是对的。但是，在我们周围到处都是大自然和原始结构的表现形式，它们在以前从来没有真正被设计师研究、开发、利用过，生物学的模式值得研究，而且，只要在星期六下午散散步，任何人都能免费地接近它。

让我以种子为例。单独一个槭树种子（Aceraceae saccharum），当只是从离地几英尺的高度播撒时，就能以一种螺旋的模式降落。这种空对地的发送从来没有以任何重要的方式应用过。乔治·菲利波斯基（George Filipowski）发现了一个对槭树种子飞行特征的有意思的应用，这产生了一种新的办法，让人可以将灭火材料丢进无法靠近的区域来灭火。用廉价的、超轻型的塑料制成的八又三分之二英寸长的人造槭树种子，种子的部分装载灭火的粉末。实验和研究显示，当槭树种子（人造的或真的）在火灾上空播撒时，它们会自然而然地被火焰上空上升的热气流逮到。另一方面，如果这些种子受压到了热气流区域的底下，进到了半真空层，其飞行模式将自动重新设置，而且它们将朝着火灾中最热的区域飞去。回到塑料槭树种子。成千上万的这种种子可以装在计时麻袋（time-sacks）里，从飞机上撒播。当它们冲到了上升气流区域底下的时候，这些麻袋开口一次。成千上万的塑料槭树种子就会环绕着飞向火灾最热的部位，其包裹被火焰燃烧，灭火剂便撒落出来。这无疑是一种扑灭森林火灾的方式。但这种办法只适用于峡谷和其他那些一般地面或者空降灭火员也到不了的地方。在英属哥伦比亚，它已经测试成功了。

要想使阿拉斯加、加拿大、拉普兰[1]和苏联最北边的冻土地带重新长出森林来，以及在这些地域再造鱼群，可以通过水溶性的携带着种孢（seed spore）或鱼卵的槭树种子。当然，这些人造的槭树种子还可以包含营养液，作为能量的存储器，或者携带肥料。加拿大的野生物和自然资源部已经成功试验这种系统了。

几乎任何一种植物的无目的传播都可以通过人造的槭树种子达到；其使用的限度是可靠的、宽泛的：我曾经做了一些槭树种子，实验说明最好是在46英寸的高度撒播。而在另一个尺度的限制，只有1/8英寸的槭树种子才能被使用。

白蜡树（Fraxinus americana）种子的特征与这些槭树种子的特征很相似。在静止的空气中，这种种子几乎是垂直降落的，它们旋转着落在近处地面上。有强风吹过的时候，因为轻，这种种子将水平行进，或者会飞速旋转着上升一段

---

1 拉普兰，包括挪威北部、瑞典和芬兰以及苏联西北部的科拉半岛。该地区大部分在北极圈内，是欧洲最北部的一个地区。

时间。如果种子的小块被集结成了一个小的固体球，它就会降落得更快，因为表面积缩小了，这将降低摩擦对其自身产生的阻力。然而，同样的小块，如果这种子是一种中空的球体，表面有着同样的摩擦力，但不旋转，那么它会降落得更快。因而，我们看到，旋转事实上帮助减缓了种子的降落。这是因为，在旋转的过程中，种子耗用了会有助于其下降速度的能量。

椴木种子（Tilia americanus）因其与众不同的飞行模式而容易辨别。当种子缓慢下降时，其"翅膀"形成螺旋运动，它们随风飘荡，尽管从翅膀分叉延伸出的成双的种子分量不轻（相对来说）。

所有这些螺旋形种子的飞行特征都还没有被充分地研究。这些种子的螺旋行为，通过人工的操作，其活动不仅限于空气（水、油、汽油）这种媒介，也可以在接近真空或不同的重力条件下完成，这可能也证明它是一种丰富的设计概念来源。

降落的臭椿种子（Ailanthus altissima）围绕着其经度轴转得飞快，当降到其长度的1/4时就已经完成了一次旋转。这种种子的几何形状近似扭成一束的纸。在第一项模拟中，这些螺旋状物两端的扭曲程度是相等的，这在自然状态下极其罕见。在这种情况下，在静止的空气中，种子直线降落，以45度角落在地面上。然而，如果螺旋状物两端的扭曲程度不同，就像在第二项模拟中所做的那样，那么其下降的路

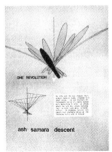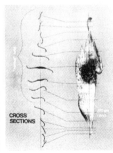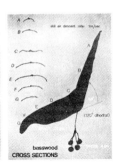

三个种子空气动力学行为研究案例。作者指导的研究生团队研究，其中包括罗伯特·托里宁、约翰·米勒（John K. Miller）和乔兰·特鲁安（Jolan Truan），时为普渡大学学生

径就会在螺旋运动中夹杂着轴向旋转（axial spin）。螺旋末端把空气从种子顶端附近拉进种子的中心。这就会在种子的周围和底部产生一个高压地带，它减缓了其下降的速度。当螺旋两端相等的时候，它们朝着中心推进了同样多的空气，在末端附近就产生了一个较低的压力。所以，种子是在按照不平等的力运动。种子倾向于轴向滑向低压区域，因而，它并不是直线降落，而是螺旋降落。轴线旋转、滑动和旋转降落的结合给予每一个种子一种非常缓慢，而且几乎是任意的飞行模式。在人造的"种子"中，所有这些特征——拖拽、旋转、下降速率、摇摆、滑动——都可以得到控制。

野生洋葱（Allium Cernuum）与婆罗门参[1]的种子降落时的飞行模式有着根本性的区别。野洋葱种子的形体精巧别

---

1 波罗门参，一种欧洲植物，具有草状叶、紫花头，主根可食。——译注

致，有辐射状、像花边一样的伞形结构。许多这样的种子在植物的中轴周围形成了一个蜘蛛网一样的球。这样的球状物就成了一个连续的、有张力的、不连贯的、浓缩的球体。那些伞状的种子紧密地相互连接且轻微倒转。当散播的时候，这些精致的花丝就全速离开，并失去了它们那凸起的形状。每一个从连续的、有张力的、不连贯的、浓缩的球体中散播出来的单独的"降落伞"都在表演优雅的翻筋斗，以免使它自己的"吊伞索线"（Shroud-line）和其他种子的缠在一起。它们就像微小的降落伞一样落下，只是速度很慢。与降落伞不同的是，它们具有一个平的、圆盘状的顶，这个顶由许多细小的、相互交织的毛发组成，它们降落的速度、方向性等等，与一般的降落伞的功能大不一样。它们的花边斗篷还可以为躲避雷达观测做伪装。

抛锚、抓钩和钩扣是种子所具有的其他特征。在第六章中，我们看到在苏丹，人工刺果用于控制侵蚀或作为"沙锚"使用。一般的苍耳属植物（Xanthium canadense）能够附着在动物的皮毛上，因而在秋天，当一个人走过一块草地时，它们也能钩在他的裤子上。这种特殊的钩抓行为被维可牢尼龙搭扣[1]用在了衣服扣带上。由细小的环组成的一个凹面和由一些细小的钩子组成的凸面被两个轴固定（biaxially

---

[1] 维可牢，一种尼龙刺粘搭链的商标，该搭链由一条表面有细小钩子的尼龙条与表面有毛圈的对应的尼龙条粘合面构成，尤指用于布制品上，如外套、箱包以及田径鞋等。

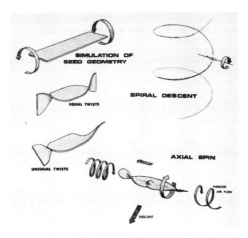

一个种子在飞行时的空气动力学特征研究案例。这个案例是臭椿的种子。约翰·米勒和乔兰·特鲁安的研究生团队研究，普渡大学

oriented）。当压在一起时，它们只能朝一个方向撕开，朝别的方向都不行。这个原理已经被量血压用的挂臂绑带汲取了。同样地，美国宇航员穿的鞋底部就是带小钩子的那一部分，他们在由带细小环套的部分所组成的罩单上行走，这些罩单被绑在太空舱的外面，他们就能够在失重的状态下行走了。

有爆破力的种子——由于种子壳的内部结构，这些种子能够被投掷出 20 英尺甚至更远的距离——提供了另外一个新的、有用的研究领域。尤其是一种叫作北悬钩子（Hubus arcticus）的小浆果的种子，它只生长在芬兰的拉普兰地区，很值得研究。离我们较近的例子是：一种喷瓜（Ecbellium elaterium）喷射出来的种子能够达到每秒钟 10 码的速

度，飞行速度接近时速 20 英里。喷射雀瓜（Cyclanthera
explodens），南瓜科的一员，其种子在 16 个大气压下保存，
其种子喷射出来的时速达 65 英里。

几乎任何一种植物的生长特征都能够给创新性的设计问
题提供解决方法。因此，我们可以从一种普通豌豆的生长中
受益。如果这些豌豆"花谢结子"，在豆荚背面的细线就会
停止生长。由于豆荚的其他部分继续长大，不久，它就会慢
慢张开，而豆种也会慢慢冒出来。我们说服了一家儿童栓剂
制造商将这一点用于包装方法。一直以来，他们每一个栓剂
都分别包裹在银箔中，每盒装 8 个。父母将之拆开之后，会
在他的手指甲底下发现 3/4 的甘油以及已经开了缝的栓剂。
我们特意用聚乙烯包装去解决这个问题。包装是注塑的，
所以塑料"存储器"是张开的状态。消毒后的栓剂仍需被
包起来，现在被插了进去，然后滑上一个高度冲压的苯乙
烯盖子。这种小小的聚乙烯包装现在处于一种拉紧的状态
中。有意的错配就像豌豆荚背面的细线一样，当苯乙烯的
盖子被轻轻滑开的时候，包装会逐渐张开，栓剂会慢慢地
被托出来。包装只要轻轻地捏一下就合上了，然后再把苯
乙烯的固定盖子滑上。

种子所具有的绝缘、耐热、防冻以及其他一些特征，我
们还丝毫没有触及。

在 20 世纪 70 年代末和 80 年代初，我一直在研究种子
的保护性容积。一些树和灌木种子的荚壳在夏末会爆开，种

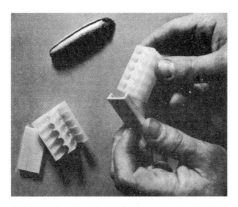

受仿生学启发，这个包装的创意来自一个豌豆荚。作者设计

子出现了，粘在一个毛茸茸的棉花、羊毛一样的物质上，风可以裹挟种子散播到很远的地方。有意思的是这些裹得紧紧的茸毛若完全伸展开，其体积是它在荚壳里的 40 倍。这类研究使得一种用于运送精密设备的邮包得以改良，也促进了聚焦于实际提高相机镜头、器械和电子设备周围绝缘性的研究的发展。

　　在结束关于种子的讨论之前，我也想提一下我们研究仿生学的一些绝对有趣和冒险的经历。刚开始，我们给欧洲和北美一些重要大学的植物学系写信，详细地解释了我们对种子的兴趣，如存储工具、爆破机制、空对地的散播系统、滑翔、降落伞和飞行。我们所收到的 70 封回信都持不支持的态度：每一个大学的植物系都说，比起植物的基因研究来，这种明显的结构特征是不重要的。有些同行说，"100 年前德国大学里的一些形态学者"可能会对我们想搞清楚的东西感兴趣——但现在没人感兴趣。虽然这样，我们仍旧继续根据种子的飞行和传播特征对其进行分类。现在，15年过去了，似乎我们已经成专家了！还是那些大学，起初认为我们的工作无关紧要，现在，我以前的两个研究生助手和我却经常接到他们的科学咨询。

对于仿生学设计研究来说，仿生学建筑是同样庞大的领域，比如生长的模式、蜂房、竹子发芽的生长速度、一枝玫瑰的构造、各种植物茎干的构造，以及蘑菇、海藻、真菌和苔藓的特征。关于最后这一条，让我们来讨论一个例子（在此要感谢和威廉·J. J. 高登的共同研讨）。

当我们重新粉刷建筑物内部时，粉刷成本、劳动力以及最后的折损都得考虑在内。粉刷的实质是，当它一开始被涂在墙上时看起来很好，但随着时间的推移，就会慢慢变得糟糕。让我们试着（仍旧和比尔·高登一起）分析一下这个问题：有没有可能找到一种替代性办法，当刷到墙面上的时候，可能一开始看起来不怎么样，但它却能自我改善并自我保持？答案并不遥远。地衣（藻类和真菌之间的一种共生关系）天生就有一系列"美轮美奂的装饰色彩"（明亮的橙色、紫色、热烈的红色、精致的灰色、青翠的绿色——其色表由118种色彩组成）。理论上讲，我们可以按照自己的颜色偏好选择地衣，把它们喷洒到墙上（和营养液一起），然后只要耐心等待即可。显然，一开始，墙面上看上去到处都脏乎乎的，但是，随着地衣的生长，斑斓的色彩也就出现了。不过，设计师得揣摩人们是否会对这些毛糙糙的墙面动心。但慎重的运用是可能的。几乎所有的地衣都能长到1.5英寸高，也不会受极端温度的影响——低到华氏30度，高到酷热的华氏146度（石穴生地衣甚至能在158华氏度生长）。一个直接的应用就是在纽约高速公路的中线位置，用种地衣取代种草。因为纽约高速公路管理局每年割草就要花大概250万美元，如果用地衣取代草就会大大节省花销。再说，色彩识别也能用得上：比如说，波克夏路段可以种蓝色的，而俄亥俄路段则可以种红色的。

这种毛糙的墙面涂层最后也找到了一个用处：地衣涂料对于艺术画廊来说是非常好的墙面覆盖物。一般来说，画廊的墙面经常要粉刷以掩盖众多钉眼，而现在它可以"自我修复"了。在西柏林、阿姆斯特丹、南斯拉夫和其他一些地方，许多画廊都用了这个办法。

褪色柳[1]的生长模式使一个学生发展出了一种播种工具，它可以用在世界上那些土壤稀少且坚硬的地方。这种简便的手动工具，运用了一个最基本的仿生学原理，它尤其在印度中部、中国山西和新疆，尼日尔、尼日利亚、乍得和蒙古国很有用处。而且，这种工具简单且不用维护，即使文化水平相对较低的人都能使用。

---

1 褪色柳，一种北美洲的每年落叶的灌木或小树。——译注

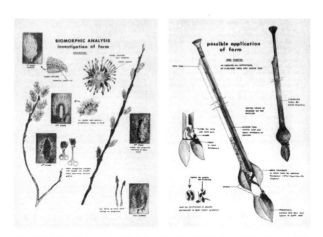

新生的仿生学研究项目。左图说明的是关于褪色柳柔荑花序的结构研究。右图说明的是对这些基本原理的应用，人们设计了一种播种工具，适用于发展中国家异常坚硬的土壤。普渡大学

在一个完全不同的领域，让我们看看从晶体学[1]能发展出什么来。如果让我们只用相同类型和尺寸的多边形填充二维空间，要想完成这项工作只有三个办法：在坐标网格中画等边三角形、正方形或六边形。即使多边形的数目是无穷的，我们用别的多边形也得不到完全"充满的空间"。比如，八边形就需要小的方形填充；而用五边形，这个工作则是不可能完成的。

如果我们想在三维空间里完成同样的任务，可能的解决方案同样非常有限。我们可以使用砖体，但这毕竟是以方形

---

1 晶体学，一门研究晶体结构和现象的学科。——译注

作为边缘的棱柱。同样，我们也可以使用等边三角棱锥或六棱柱。无论用这三个系统中的哪一个，我们也只是在空间中构造了一个二维的结构：所有这三种网格模式都能建造一种墙，其高度和长度任由你定。然而，它只有一块砖那么厚。真正的整合状态在三维空间中并没有发生。

如果我们想从晶体学领域和半正则的多面体中得到我们想要的形状，那么我们会发现，有一个形状，而且只有一个形状，能实现一个稳定的、完全三维的整合空间：十四面体（tetrakaidecahedron）。

十四面体：一个有 14 条边的多面体，它由 8 个六边形和 6 个正方形的面组成。一些这样的多面体在空间中是很容易拢在一起的，因为其角的出现率高并容易对接。如果我们检视其中的一个形体，我们就会发现，它比一个立方体要圆，但比一个球体要方。它比立方体的抗压性能好（无论是从内部还是外部），但跟球体没法比。不过，尽管单个的十四面体和球体不能比：如果我们想把一些尺寸相同的球体像一簇葡萄一样聚在一起（比如气球），通过将其浸泡在水中让它们接受均等、稳定的压力，我们会发现在我们构造起来的这些气球之间有些小的挤压区域（凸圆体、圆球、三角锥之类的形状）。如果将压力增加，这些气球就会紧凑地挤压成他们最稳定的形状：一群十四面体。事实上，十四面体是人类的脂肪细胞以及其他一些基本的细胞结构的理想形状。

我把一些十四面体发给学生，让他们做一些设计延展。

十四面体：在三维空间中可以密集排布的阿基米德立体[1]

结果一些新的设计解决方式产生了。如果建造一个直径达38英尺的巨大的十四面体单间，它就可能构成一个供人使用或存放工具设备的海底掩体，可用于海底采矿或石油钻探。每个单间都有三层，这样的单间30—90个一组，可以成为一个能够容纳200—300个科学家和工人的海底工作站。

如果把这个单间的直径缩小为1/8英寸，一种新型的汽车散热器就出现了，它有更大的表层区域，而且装的水也更多。

如果将其做成一幢可折叠的、半永久性的度假屋，能睡

1　阿基米德立体，即"半正多面体"，是使用2种或以上的正多边形为面的凸多面体。半正多面体的每个顶点的情况相同，共有13种。因传说阿基米德曾研究半正多面体，故有人将半正多面体唤作"阿基米德立体"。——译注

20 个人，而且它易于拆卸，大众野营挂车[1]或宿营车就可以运走。

用直径 38 英尺的十四面体，可以竖起一座 11 层、418 英尺高的中央塔。以此为中心，28 个相同尺寸的单体可以绕中央塔形成一个螺旋的形状。每一个单体都有 3 层，构成一个豪华的公寓建筑。中央塔部分可以走楼梯、空调管道，电梯和水、电、暖管道。除此之外，指定的中心单体（也是 3 层的）还可以容纳浴室、厨房以及其他的服务空间，每层都有为悬臂延伸出来的螺旋单体配的房屋。外面的 3 层螺旋单体可用作起居、娱乐或卧室，每个六边形的屋顶都可兼用作直升机坪和花园。不管什么情况，单体都可以全方位地被"插入"或"抽出"，外部螺旋中的每一个十四面体都容易被飞机调走或插入其他的中心单体中，无论在哪儿都是如此。相同的结构还可用作一种既可收缩亦可扩展的粮仓。

当这种结构的第一个视觉模型从其基座上移开时，我在上面系了根绳并在水里拖拽。它在水里面移动得非常好。这说明有可能建造巨大的冰壳（用海藻加固）十四面体，用泵在其中注满原油，然后再用潜艇拖引一串这种螺旋的组合体穿越大西洋，这样就消除了对油轮的依赖。

不过，最好的技术应用还是在空间站领域。假设将以

1　野营挂车，一种带有空间和装备动力的交通工具，一般装在后部的空室或是装在相连的拖挂车内，可用于休息或做简单的家务，用于野营和消闲的旅行。——译注。

48 个单体为基础的一簇十四面体（每个都是 3 层、直径 38 英尺 [1]）放置在一个离地面 200 英里的固定轨道上。这个组合装置就能容纳 300 个人。如果我们继续在轨道上放置十四面体，我们会发现（如前所述，有许多角度便于安装和拼接）300 个工人能在 24 小时内连接上另外 50 个单体。这时候，空间站（因应地心引力，会附带提供足够的离心旋转）就能容纳 600 人了。2 天后，它能容纳 1 200 人，5 天后能容纳 9 600 人，10 天后能容纳 307 200 人，15 天后则能容纳 9 830 400 人。换句话说，2 周之后它就能容纳数量庞大的人口，**而所有这些人都在 3 层的结构中**。现在，给整个结构一个推力，当它到达比如火星、南门二（Alpha Centauri II）[2]、伍尔夫 359 星 [3]，它就有可能轻轻地卸下这些人和**他们的房屋**，人们登陆后就可以以相同的速度建造一个城市。

　　我现在正在从事一个关于十四面体的研究项目。其任务是用这种形体做一种能够减少粮食粉尘爆炸 [4] 事故的谷仓结

1　直径 38 英尺的模型已经被作为一种"最省原则"（"principle of least effort"）的结构建造出来了。也就是说，它要探讨三明治一样的皮肤面板的极限效能。当然，更大的结构也是可行的，但是花销会急剧抬高。——原注

2　南门二，或译"半人马座阿尔法星"，是三合星系统，是距离太阳最近的恒星系统。该星被认为最有可能拥有一个适合外星生命存在的行星。——译注

3　伍尔夫 359 星，一颗小且昏暗的 M 型红矮星，位于狮子座内，邻近黄道，与地球的距离只有大约 7.8 光年，是目前已知离太阳系第五近的恒星。——译注

4　粮食粉尘爆炸，粮食加工与储运过程产生的粉尘（粮食表皮和泥土粉尘的混合物）在爆炸极限范围内，遇到热源所引发的爆炸，对农业生产有很大危害。——译注

构。在农业区，这种爆炸每年导致许多人死亡，并毁坏了价值数百万美元的谷物。通过把谷物区分放到一些小的十四面体单元里，用这些新的容器盛放谷物，人们就可以用卡车、火车或驳船运输了。到了目的地之后，这些小单元放在一起就能形成仓塔，它们还可以被搬来挪去，倾倒谷物的时候也没有危险。

多数关于十四面体的早期研究是在1954—1959年之间完成的。其他关于晶体形式的研究也在做。纽约的威廉·卡塔沃洛斯（William Katavolos）认为城市是可以"生长"的。由于1970年以来俄国的结晶学有了突破性的进展，我们制造巨型中空晶体的能力也在增强，不久的将来，当其充分生长之时，"种植"一整座城市并迁居其中也是可能的。

鲜为人知的小斜方截半二十面体（rhombicosidod-ecahedron）[1]，由80个等边三角形和2个五边形组成，这使它天然适合建立穹顶结构。尽管这种穹顶在几何上接近于巴克敏斯特·富勒的几何模数，但事实上它们更容易被建立起来，因为所有的边都是直的且相等，而且所有的角都是一样的。

甚至我们随意设想一下贝壳的结构和海螺、器官、外骨骼结构，鱼类的各种推进系统，蛇的游泳，飞鱼的"自由"滑翔，哪怕刚刚摸到这些领域一点点门径，都会对仿生学设计的发展有所裨益。

---

1 小斜方截半二十面体，半正多面体之一，由20个等边三角形、30个正方形和12个正五边形组成，有60个顶点和120条棱。原文说法不准确。——译注

蛇的骨骼关节在为柯菲—埃塞公司（Keuffel and Esser Co.）设计的曲线规（curve ruler）中找到了一个用武之地。另外，值得指出的一点是，仿生学设计**绝不是通过建立一种形象的模拟物进行拷贝复制**。恰恰相反，它意味着探究基本的、潜在的有机组织原则，然后寻求应用。

整个甲虫族群：Propomacrus bimucronatus, Euchirus longimanus, Chalcosoma atlas, Forma colossus, Dynastes hyyllus, centaurus, Dynastes hercules, Granti horn, Neptuńus quensel, the Megasomae（elephans, anubis, mars, gyas），以及 Goliathi［尤其是 Goliathus Goliathus drury, atlas, regius klug, cacius, albosignatus, meleagris, 以及 Fornasinius fornasinii 和 russus, 还有 Meoynorrhinse 和 Melagorrhinae, Macrodontiae, 尤其是 Acrocinus longimanus L.（仅雄性）］[1]，它们都有"前端操作机制"，在各种复杂的条件下，它们都能惊人地应变自如。它们中没有一个被我们认真探究过。

直接的仿生学设计是可以通过动物行为学[2]实现的。20世纪70年代阿拉斯加大学的人类生态学教授约翰·蒂尔（John Teal）研究了麝牛[3]的交配行为和驯养。他通过对48

1　原文列出了大量的甲虫名称，因许多都没有合适的汉译名称，所以均保留原文。——译注

2　动物行为学，是对动物行为，尤指在自然环境下发生的行为的一种科学研究。——译注

3　麝牛，又名麝香牛，通常指一种产于加拿大和格陵兰岛北部沿岸地区的大型牛科动物，麝牛长有宽阔扁平且尖端弯曲的角，呈褐色或黑色的皮毛粗糙长厚，雄性在交配季节散发出强烈的气味。——译注

条染色体的研究发现，麝牛的命名是错误的：这不是一种牛，而是一种与山羊和羚羊亲缘关系更近的动物，其身体里也没有麝香。麝牛身上的毛隔潮保温的效果比羊毛还要好。对于麝牛的驯化，约翰·蒂尔的工作显然是很不寻常的，后来他把他的研究成果提供给了生活在地球北部冻土带上的因纽特部落和拉普兰人。在纺纱和纺织贸易的基础上，这些北方人中出现了一种全新的人类生态和社会模式。麝牛正常的繁殖比率是一头公牛配三头母牛，通过注射大量催生荷尔蒙，这个问题已经被解决了。约翰·蒂尔的工作之所以如此非同寻常，原因之一是，在过去 6 000 多年的时间里，麝牛都没有被驯化过。

对未来微生物驯养前景的思考探索，可能会从仿生学的角度为医学应用、环境控制、垃圾处理、污染管理等问题的设计筹划打开一个全新的视野。

在有些设计领域，把自然现象直接转换就能应用。1940年，在杜塞尔多夫，有个巨型立式车床就是通过先建里面的"精子"机器，然后再围着它安装剩下的机器这种方式建立起来的。

1981 年，Gossamer Albatross[1] 的交叉航道飞行说明，把两三个不相干的生物学原则混在一起——阿瑟·库斯勒所谓"碰撞"——就能满足一个人类最古老的梦想：用人力飞行。

1　Gossamer Albatross，或译"薄纱信天翁"，是英国发明家保罗·麦克格雷迪（Paul MacCready）发明的一种人工动力飞机。——译注

　　大伦敦区，人口和纽约市差不多，有一个令人难以置信的原始而又脆弱的供水系统，然而其用水量却只相当于纽约的1/4。究其原因也是生态学的。达西·温特沃斯·汤普森（D'Arcy Wentworth Thompson）[1] 在阐述其经验原则时援引了鲁（Roux）[2] 对动脉分支和叶脉的论述：

　　1．如果动脉支叉分成两个相等的分支，这些分支与主干之间会形成等角关系。

　　2．如果其中一个分支比另一个小，那么那个主要的分支或者说是原始动脉的延伸，它与原始动脉所构成的角度就比小的分支与原始动脉所构成的角度小。

　　3．所有极细几乎没有减弱主干的分支都是以70—90度的大角度从主干上分出。

　　伦敦供水正是根据上述原则展开的，虽说也有少量的损耗，但它是一个符合生物学原则的牢固系统。相反，纽约的供水系统却是一个直角网格。这种设计在纸上看起来很有诱惑力（尤其是对工程师而言），但用起来效率很低，容易导

1　达西·温特沃斯·汤普森（D'Arcy Wentworth Thompson，1860—1948），苏格兰生物学家、数学家、古典学者，著有《生长与形式》（On Growth and Form）。——译注

2　威廉·鲁（W. Wilhelm Roux，1850—1924），德国胚胎学家，发育机制学的创建人。——译注

致湍流和"摩擦损耗"。

在有些领域，开始出现对"回避"特性的运用。"声音麻醉"（Sonic Thesia）是近来在牙科工作中所使用的一种系统，它给病人戴上立体声耳机，病人可以聆听事先已经录好的音乐。1/3 的时间是播放持续不断的尖叫或哀嚎的声音，这样病人就不得不用疼痛控制对抗它。慢慢地，病人就会被这个任务所牵引，而疼痛就会变得轻微或者感受不到了，因为神经末梢和疼痛受体被回避了。

当你在一个投币电话亭里打电话时，一个电话接线员突然打断你说话，这在 20 世纪 30 年代是好生意。随着自动化设备和通信卫星的广泛应用，接线员越来越少，很快，长途电话也花不了多少钱了。1970 年，贝尔电话系统提倡使用每月标准话费，这使得大陆上任何一个地方点对点的直拨电话都没了限制。

现在人们开始重新思考这个想法。由于贝尔电话系统被拆解得没了中心，成了一些单独的实体，美国电话电报公司（AT&T）提出了一些建议。这些建议的主旨是让他或她交比实际用的更多的话费：它们一再建议，直拨长途电话应以一个象征性的人计费，然而任何一个由接线员帮助的电话，其花费会增加 200%。

电话和其他通信设备构筑了一个看不见的环境，即马歇尔·麦克卢汉所谓"地球村"的概念。但在真实环境的设计中，设计团队仍旧按照传统的方式运作，其中包括建筑师、城市规划师、景观设计师、地域规划专家，有时还包括社会学家。

恰恰是在环境设计领域，我们从生态学和动物行为学最近的研究中所搜集来的仿生学方法和生物学洞见将会是最有价值的。因为我们企图在从堪萨斯城、圣路易斯到芝加哥、克利夫兰、伊利、布法罗的这条污染带上生存，我们也参与了大批量制造监狱、贫民窟、重建的贫民窟、精神病院和15万美元共有产权公寓房居民的行动。所有这些事情之间微妙的相互作用，以及它们与主流文化之间的相互作用，还没有被研究、阐释和理解。

过去12年间，有些人对动物在重压和极其拥挤的条件下会做出什么反应进行了研究，这些令人恐惧的研究给我们带来了洞见。**心脏和肝脏脂肪变性[1]，脑出血，过度紧张，动脉硬化并引起中风和心脏病，肾上腺衰竭，癌症和其他恶性增生，眼疲劳，青光眼和沙眼，极其冷漠、无精打采、不与社会接触，高堕胎率，母亲不养育她们的幼儿，思春期极度滥交，非正常性行为增加，新出现的性交类型令人印象深刻、丰富多彩，但却是表面文章，尽管展现了男子气，事实上却没有性欲**……这些听起来就像一系列关于城市居民的道德沦丧和心神不宁的思考，但它不是。上述所列症状在不同的一些野生动物身上已经得到了证实，比如明尼苏达长耳野兔、

---

1 脂肪变性，指肝或心脏等身体器官的细胞内脂球的转变，引起组织恶化以及受感染器官的功能减退。——译注

梅花鹿、挪威鼠和几种鸟类。其共同点是由于过度拥挤而导致的压力综合征。相同的行为模式在集中营的同宿和囚徒身上也有体现，这些现象促使国家精神健康研究所的约翰·卡尔霍恩（John Calhoun）博士提出了一个准确而又致命的术语"病态聚居"（pathological togetherness）。由于人群愈发拥挤，这些问题也变得越来越严重。迄今为止，环境规划对于这些问题还是极端漠视。

在工业和环境设计领域，学校理应走在职业前面。职业协会没完没了地开会试图定义工业设计却又徒劳无功，他们可能应该另辟蹊径地看待这门科学。毕竟，电学从来没有被定义过而是被描述为一种功能，其价值被表述为一些关系：比如电压和电流强度之间的关系。人们仍旧把自己看作是电力工程师或电工，似乎也不存在没有认同的问题。工业和环境设计也可以只被表述为一种功能，比如其价值可以被表述为关系：在人的能力和人的需要之间的关系。

第九章

设计的责任

五个迷思和六个方向

> 人的一生不能只有冰箱、政见、信用报告和填字游戏。
> 那样是不可能的。同样，一个人没了诗歌，没了颜色，
> 没了爱情也活不长久。
>
> ——安东尼·德·圣—埃克苏佩里[1]

工业设计与它的姊妹艺术——建筑和工程不一样。一般而言，建筑师和工程师解决真正的问题，而工业设计师却常常被请来制造新的问题。一旦他们在人们的生活中成功地制造出了新的不满，随后他们就会开始寻找临时解决办法。如果已经制造出一个弗兰肯斯坦[2]，他们就会想着设

1　安东尼·德·圣—埃克苏佩里（Antoine de Saint-Exupéry，1900—1944），生于法国里昂市。飞行家，作家。著名童话《小王子》的作者。——译注

2　弗兰肯斯坦，英文 Frankenstein 的音译，1818 年出版的玛丽·沃斯通克拉夫特·雪莱（Mary Wollstonecraft Shelley）所著小说的书名。此词于1838 年第一次用作普通名词，人们把顽固的人称作"弗兰肯斯坦"。后来演变为指"人形怪物"和"脱离创造者的控制，并最终毁灭其创造者的媒介"。——译注

计出他的新娘。

从阿基米德的时代开始，工程之于功能的要求就从来没有真正发生过多大的改变：无论它是汽车的千斤顶还是一个空间站，它必须得发挥作用，以最佳的状态发挥作用。建筑师也许会用新方法、新材料和新的流程，但是，与人类的体格、流动、计划和尺度相关的一些基本的问题，在今天和在建造巴特农神庙的时代都是一样真实的。

随着大批量生产的加速发展，设计已经涉及包括通信、运输、消费品、军火、家具、包装、医疗设备、工具、器皿等等在内的我们生活的所有方面。现在，全世界需要 6.5 亿套具有独特风格的家庭生活单元，保守地估计，在世纪末，哪怕是用手建造起来的个性"住房"也将完全成为一种工业设计的、大量生产的消费品。

巴克敏斯特·富勒很早就开始设计大批量生产的住宅。1946 年的时候，他设计了"最大效能住宅"（Dymaxion House，堪萨斯州威奇托市的 Beech 飞机公司进行了试生产）。后来他又设计了"穹顶屋"（Domes），这掀起了一代人的"穹顶屋奇想"，大家热火朝天地建造这些大地上的痈包，其中不少却因顶部泄漏而令人沮丧。另外一种聪明的想法是对汽车拖动的活动房屋重新设计，将之垂直地叠为三层。20世纪 60 年代中期，这些实验在印第安纳州拉斐特市住宅与城市发展署的准许下都已实现。现在最有希望大批量生产的住宅是由日本三泽住宅株式会社（Misawa Homes）开发的。

这种建筑物用了一种新型混凝土，价格低廉，建造快速，能以几百种不同的配置组合在一起。

即便是现在，当代建筑师常常也不过就是熟练掌握了各种装配元素的大师。《斯威特目录》（Sweet's Catalogue，有 26 卷，列出了建造的元素、镶板、机械装置等等）在建筑师工作书房的架子上占有显要的位置。有了它的帮助，通过往里面添加组件，就能够组合出被称为"住宅""学校"或其他什么迷宫的建筑。那些组件大多数是工业设计师做的，总能在《斯威特目录》那 10 000 个条目里找出来。自然而然，建筑事务所用的电脑，也不过是把所有《斯威特目录》的内容和该项工作的经济和环境要求输进电脑。电脑集合了所有的零散信息，在它们之间建立联系，然后得出解决方案。有些建筑师坦白得让人觉得可爱，他们耐心地解释说"电脑完成了一个出色的工作"。

相较而言，建筑师可能想在肯尼迪国际机场环球航空公司（TWA）航站楼创造一个三维的地标，人们可以从上面看到广告，但是其功能却是给客户创造一个公司形象，而不是给乘客提供舒适和便利。我曾因一场长达 15 个小时的电力故障在环球航空公司航站楼滞留，我能证明，在这个雕刻般的空间里，人员、飞机、汽车、食物、饮水、垃圾和行李的安排是多么不便。

爱德华·达雷尔·斯通（Edward Durell Stone）和山崎实（Yamasaki）设计的雕花的屋顶和哥特式尖塔与 1893 年

芝加哥世博会续建的部分一样大。这些浅薄的东西妄图在我们那已然井井有条、经过深思熟虑并融贯的都市风景中重新注入浪漫主义，但不管怎样，它们也的确透露了一些隐情。若是没有意识到，通过这种拙劣的设计翻版，科学至少被抬到了宗教的位置，谁能明白为什么山崎实那些高耸的哥特式尖拱会出现在西雅图的科学官？有的人总是希望爱德华·泰勒（Edward Teller）[1] 博士某一个星期天会出现，穿着实验室的制服，并庄严地宣讲"E=mc²"。

通过拷贝、折中的手法设计的困难之一是，那些手册、风格指南和软盘不再流行，逐渐过时，并且与手头上的问题毫无关系。进一步说，在通过《斯威特目录》或电脑设计的时候，不只是美感的消失。威廉·斯奈思（William Snaith）在《不负责任的艺术》（Irresponsible Arts）中所说的"音乐厅和奔月综合征"就提供了很好的例子来说明，当设计完全依赖拷贝和电脑生成模式的时候是怎么失败的。

要想满足全世界对 6.5 亿个住宅单元的需求，解决的办法无疑要基于对"住宅意味着什么"——或"可能意味着什么"——这样的问题进行理性思考，并开拓全新的步骤和观念。

---

1 爱德华·泰勒（Edward Teller，1908—2003），出生于匈牙利的美国理论物理学家，被誉为"氢弹之父"。因其在 20 世纪 50 年代向美国国会作证，证明其前同事、负责曼哈顿计划的"原子弹之父"罗伯特·奥本海默（Robert Oppenheimer）在政治倾向上不可靠，使奥本海默倍受打击，成为麦卡锡主义的牺牲者。而泰勒也因其不义之举在道德上备受美国知识界的诟病。作者在此提到此人可能是有意而为。——译注

无论是英雄一样的建筑大师，还是那种把房子建得像巨大而又贫瘠的文件柜，供来来往往的人们居住，从而破坏了美丽舒适的土地的建筑师，他们都一样不合时宜。

1967年，莫什·萨夫迪（Moshe Safdie）为蒙特利尔的世博会设计并建造了一个"栖居地"（Habitat），这是一个全新的庇护所，萨夫迪也是最早试图用一种模数建筑系统解决此类问题的建筑—规划师之一。这个"栖居地"常常受到指责，有人说它太昂贵，有人说它太复杂。事实上，"栖居地"是设计得最便宜同时又最富变化的系统，不过，由于加拿大世博会组委会的缘故，当时建成的还不到整个单元系统的1/3。"栖居地"的力量基于这样一个事实，即一旦大量的钱被投向基础建设和操作设备，那么随着更多的单元被建造起来，这个系统就开始自我补足。要想全面了解居住区系统，参见萨夫迪在波多黎各和以色列两个新的项目。（另见 R. 巴克敏斯特·富勒，《九根链子到月球》，第37页）

就像建筑一样，在服装设计方面，工业设计师已经走后门进入了这个领域，创造了一次性工作手套（一卷2 000个）、滑雪靴、太空服、为处理放射性同位素的人设计的一次性防护服，以及水下呼吸器装置。近来，随着"透气"（breathing）这个概念的引进以及因而对皮革代用品的要求，许多生产靴子、皮带、背包、鞋子和行李箱的厂家也开始转而寻求产品设计师的帮助。真空定型、注塑成型、组合车削等新技术使得一些过去与手工制作紧密相连的大批量生产设计成为可能。

模件住宅，在蒙特尔栖居地的阶梯房屋和花园中首次展出，第一个选址是波多黎各栖居地，在圣胡安市海托雷区的圣帕特里克山。供图：麻省理工学院出版社和蒙特尔苔原（Tundra）出版社。杰里·斯皮尔曼（Jerry Spearman）摄

本书的主旨，即要为人的"需求"（needs）而不是"欲求"（wants）设计，同样适用于服装设计。时装设计很像底特律的汽车样式：往癌症的痛处贴邦迪创可贴[1]。女士们已经被镶有楔形后跟的女式平底鞋、高跟鞋、细跟鞋和细尖高跟鞋搞残疾了。束腰对女性的横膈膜、消化系统和肺部的影响就能写出一本书来。但这里同样也有一些真正的需求：为残疾的儿童和成年人设计衣服，使他们自己穿衣和脱衣成为可能——会令他们产生很强的自豪和自信。大多数的时装都是为 17 岁的人设计的，更糟糕的是，那些人到中年的兄弟姐妹也把自己想象成十几岁的孩子。为老年人、肥胖人士和那些特矮或很高的人设计的服装也很少，或者几乎就没有。

满足人类对于工具、避难所、服装、能呼吸的空气和能用的水的需求不仅是工业设计师的工作和责任，而且也提供了许多新的挑战。

人类与环境的关系是独一无二的，这与动物不同。所有其他的动物都是自我转变（autoplastically）以适应变化的环境（冬天长出更厚的皮毛，或者在 50 万年的进化周期里进化成一个全新的物种）；只有人类是改变地球以适应其自身转变的需求和欲求。这种赋予形式（form-giving）和重塑（reshaping）的工作已经成了设计师的责任。100 年前，如果消费者需要一把新的椅子、一架马车、一只水壶，或者

1　邦迪，一种创可贴的商标，当该商标以印刷体出现时常用于比喻。——译注

一双鞋，他会去找手艺人，说明他想要什么，而这件物品就是为他做的。今天，无数的日用品都是以一种功利主义的和美学的标准大批量生产的，和消费者的需要毫无关系。正因为这样，麦迪逊大街是必需的，就是为了让这些产品看起来诱人。

可以通过例子来说明，设计上小小的改变会招致多大的后果。底特律的汽车设计师可能给他们自己定了这样的目标，即通过系统化设定所有的控制钮，并重新安排烟灰缸、空调和散热器开关，从而使得汽车的仪表板更悦目。结果怎么样呢？每 5 年，在高速公路上就有 20 000 人当场死亡，另有大约 80 000 人受伤致残。这 10 万个伤亡事故是由于司机必须往前挪 11 英寸，这一两秒钟分散了他们看路的注意力。这些数字是康奈尔大学车辆安全研究计划得出来的结果。在 1971 年，一个通用汽车的经营主管说：**如果汽车的行驶速度不超过每小时 2.8 英里，通用的保险杠将为乘客提供百分之百的保护**。同时，丰田汽车的总裁也耗资 44.5 万美元建造了神祠，"以向因车祸死亡的人表示敬意"（《时尚先生》，1971 年 1 月）。在 1982 年，我又看到了一些小的神祠和纪念匾额，是日本本田的总裁为在他们的车里发生事故遇难的人建造的。

1983 年 4 月底，国家高速公路交通安全管理局发表声明，要求通用汽车召回 500 万辆 1978—1980 年制造的中型轿车和卡车。如果这个召回命令被执行，通用汽车将独占历史上

三次最大规模召回的记录：在 1971 年，670 万辆通用轿车
和轻型卡车被召回，接着，在 1981 年又召回了 640 万辆中
型轿车。这意味着由于设计和工程技术上的错误，通用汽车
必须召回总数将近 1 900 万辆汽车，这将近是其全部产量的
一半。

　　再看一下家用设备领域。从美学的角度，甚或从物理的
角度看，冰箱的设计都不是为了和其他的厨房设备协调一致。
相反，它们被设计得卓尔不群，在电器商店里与和它竞争的
品牌争胜，叫嚣着吸引消费者的注意。一旦买回家，依然过
分引人注目——破坏了厨房视觉上的宁静和统一。

　　设计师们把设计才能浪费在这样一些微不足道的东西
上：用貂皮裹起来的马桶盖、为吐司面包准备的镀铬果酱卫
兵、电子指甲油烘干机、巴洛克风格的苍蝇拍，这样就为丰
裕社会创造出了一整套恋物产品（fetish objects）。我曾经看
过一个广告，赞美小鹦鹉用的尿布如何好。这些小玩意儿（有
小号、中号、大号和特大号）卖 1 美元 1 件。我给发行商打
了一个长途电话，他告诉了我一个令人愕然的消息，在 1970
年，每个月都能卖出 20 000 件这种愚蠢的玩意儿。

　　在所有的事物中，好像只有外观是有价值的，形式重
于内容。让我们打开一支刚拿到的钢笔的包装。首先是店里
提供的袋子。里面的东西被巧妙地包在锡纸或绸纹纸里。仿
天鹅绒带子事先在上面系了一个蝴蝶结。包装纸的角落用
胶带加固。我们把外面的包装纸拆了之后，里面还有一个

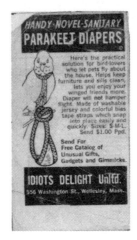

为鹦鹉用的尿布打的广告。作者收藏

简单的灰色硬纸盒。它的唯一功能是保护真正的"礼品盒"
（presentation box）。这个小东西的外面包着一层便宜的人
造革，看起来有点像意大利的大理石。其形状让人想起在那
个漫长的质量低劣的时代，在最后衰落的时期，维也纳细木
家具最过分的那种比德迈风格（Biedermeier style）[1]。它打开
时展现出来的场景足以取悦伊夫林·沃（Evelyn Waugh）[2] 的

1　比德迈风格，19 世纪初在德国发展起来的模仿法国宫廷样式的一种家具风
　　格。——译注
2　伊夫林·沃（Evelyn Waugh，1903—1966），英国作家，其讽刺小说如
　　《衰落与瓦解》（1928）和《邪恶的肉体》（1930）讽刺了上层社会。他
　　的晚期作品，著名的《旧地重游》（1945）反映了他对罗马天主教的兴
　　趣。——译注

《被爱的人》（*The Loved One*）的心，因为他们把里面布置得就像一具好莱坞制作的奢华精致的棺材。在悬垂的（假的）丝线下，钢笔卧在一块（假冒的）天鹅绒垫子上，最终才全部露出了其阳具般的美。但是，等一会儿，我们还没说完。因为这支钢笔自身也是一个更进一层的包装。该类型钢笔（卖150美元）用了专门的制造工艺，用于制作其外壳的并不**仅仅是银**，而且是"熔化古代的'八里亚尔银币'[1] 所得的银"。我们必须设想，这些白银是花了很多钱从三个世纪以前恰巧在派克钢笔厂附近沉没的几只西班牙大帆船里重新获得的。每支钢笔都附带一张（复制的）地图，上面标明了沉船位置，并很雅致地印刷在（假的）羊皮纸上。然而，不管钢笔套的材料是什么，在它里面我们发现了一支连接钢笔尖的聚乙烯的墨水管（包括墨水，制造的费用为3美分）。

在上述的银钢笔案例中，包装里面的银钢笔的零售价是一般书写工具造价的 1 450 倍。当然，我们可以说，便宜的钢笔容易卖，这个例子只能说明"选择的自由"。但是，这种选择的自由是错觉，因为这种选择只对那些花 150 美元还是花 39 美分没有实质区别的人开放。事实上，从基本的使用和需要功能转到联想领域的危险已经发生了，因为在大多数情况下，39 美分的圆珠笔比 150 美元的更好用。另外，在包装中所使用的工具、广告、市场甚至材料，这样一种无效

1　八里亚尔银币，西班牙古银币，因其最初值八个真币而得名。——译注

的废物制造行为，除了那些娇生惯养的精英以外，谁都无法接受。

这并不是要反对以出众的质量获得更高的价格。我自己的钢笔（一支德国的万宝龙）是我10岁生日时父亲所赠，美观大方，我已经用了将近40年——只有过两次小修——而且仍旧很好用。

类似钢笔的例子在几乎任何其他消费品领域都可以很容易地找到：比如香水包装、威士忌玻璃瓶、游戏、玩具、体育用品等等，设计师们很专业地开发出了这些微不足道的东西，同时，他们也因为这种细致劳动而获得的专业奖自豪。企业界用这种"创意包装"（值得一提的是，这也是一个与设计师有关的杂志的名字）所销售的商品，要么是品质劣质、毫无价值，要么是成本很低，却要获得暴利。

根据美国农业部经济研究部门的统计，1981年美国人在食品包装上花的钱第一次超过了农民的净收入。消费者付给食品包装230亿美元，而农场的净收入是196亿美元。这笔钱有望逐年递增。这里有几个例子：

　　一个啤酒罐（或瓶子）是其所盛啤酒价钱的5倍。

　　一个盛薯片的袋子、餐台果汁瓶、口香糖包装或软性饮料瓶是其所盛食物价钱的2倍。

　　一个早餐荞麦食品包装、汤罐、冷冻食品盒、婴儿食品罐或餐后甜点罐是其里面食物价钱的1.5倍。（联合

出版社，1982 年 9 月 20 日；农业部《国家食品评论》，
1981 年 7 月 7 日）

在通信和运输领域，新的挑战在全球范围内出现。在大
约 22 年前，我认识了一些美国军队的代表，他们告诉了我
世界上一些地区（比如印度）所面临的实际问题，在那里，
整个村庄的人都不识字，也不知道他们住在这个国家，是这
个国家的一部分。他们不能阅读，没有电听收音机或者没钱
买电池，他们事实上是和所有的新闻和通信绝缘的。1962 年，
我开始设计并研究一种新型的通信设备。

一个不可多得的天才毕业生，乔治·西格斯（George
Seegers），完成了电路工作并帮助我制作了第一个原型。制
成的单一晶体管收音机不需要电池或电流，由一个用过的罐
头组成，是专门为发展中国家的需要设计的。（本书插图中
显示的是一个用过的果汁罐，但这里绝没有要把美国垃圾倾
倒海外的计划：世界各地都有大量用过的罐子，都可以用来
制作。）这个罐子里盛有石蜡和一根灯芯（就像一根防风的
蜡烛），让它燃烧大约 24 小时，其产生的热量所转化成的能
量（通过热电偶[1]）足以运作一个耳机。当然，这个收音机不
是定向的，能同等接收到任何电台。但在那些新兴国家，这

1　热电偶，用于准确测量温度的热电子元件，尤指一个热电子元件，由两种
连在一起的不同金属组成，这样连接间产生的电压变化就是两点间温度
差异的量度。——译注

个就变得不重要了：因为那里只有一个广播台（通过大约每 50 英里一个的转播塔传输）。假如在各个村庄，一个人每天听 5 分钟的"国家新闻广播"，那么这个装置可以用一年，直到原先那些固体石蜡被用完为止。然后，更多的蜡、木头、纸、干牛粪（作为热源，它在亚洲已经被使用了许多个世纪），或者只要是能燃烧的任何东西，都可以使这个装置继续服务。所有的组件：耳机，手编的铜放射天线，在一根（用过的）钉子上收尾的"地"线、隧道二极管以及热电偶，都被捆扎在罐子上面 1/3 空的部分。制作整个装置的花费不会超过 9 美分（1966 年的美元购买力）。

它比一个小巧的玩意儿强多了，对世界上的那些还没有开化的地区来说，它成了一个基本的通信工具。在北卡罗来纳的山区（只有一个广播电台在该地区容易被收到）测试成功之后，该装置被拿给军队作示范。他们被震惊了。他们问："如果讲话的人是一个共产分子怎么办？"这个问题毫无意义。最重要的干预是人们能够自由得到各种各样的信息。在进一步研发工作之后，我们把这种收音机给了联合国，在印度尼西亚的农村使用。无论是设计师，联合国教科文组织，还是任何一个制造商，没有人从这种装置上得到一点好处，因为它是作为一种"村舍企业"产品生产的。

1967 年，我在德国乌尔姆设计学院演示了这种收音机的彩色幻灯片。大家对它很沮丧，因为它"丑陋"，而且缺乏"外观"设计。当然，这个收音机是丑，但这是有原因的。

为第三世界设计的收音机。它是由一个用过的果汁罐做成的，用石蜡和灯芯作为能量来源。逐渐升高的热能经过转化后为这个无定向接收器供能。一旦石蜡用完了，人们可以代之以更多的蜡、木头、纸、干牛粪或其他只要是能燃烧的任何东西。村舍企业的造价是9美分。维克多·帕帕奈克和乔治·西格斯在北卡罗来纳州立学院设计

把它涂一下本来很简单（乌尔姆的人建议涂成灰色）。但是把它涂了可能是错误的：从道德的角度出发，我认为我没有权利去做审美的或"优良品位"的决定，因为那将影响几百万印尼人，而他们属于一个和我们不同的文化。

通过把有色的毡子或纸张、玻璃片和贝壳裱糊在罐子的外面，并在罐子上部边缘做了一些有小洞的图案，印尼人装饰了他们的锡罐收音机。通过这种方式，它已经绕开了"优良品位"，而且通过"内置"一个机会给他们，使他们经过设计参与把收音机真正变成了自己的，它是直接在为人们的需要而设计。

从锡罐收音机首次被使用到现在，20多年已经过去了。20年后，印尼人使用的是正常的广播频道；在巴厘岛和爪哇岛，跟其他的地方一样，几乎每一个人使用的都是立体声AM-FM（调幅／调频）收音机。在雅加达博物馆，原来的锡罐收音机仍在作为历史展览。但是人们告诉我，这种收音机在西伊里安岛（印尼统治的巴布亚新几内亚西半部）仍在被使用。西伊里安岛现在所处的发展阶段相当于印尼其他地方20年前的水平。

锡罐收音机的故事说明，在一个发展中国家，实践得体并符合伦理的设计干预是可行的——或者，至少当时是可行的。但必须强调的是，这种干预是小规模的，并且是在村庄这个级别展开的。在第三世界，外来人所进行的大规模设计从来没有起过作用。在50年代，一些大的设计事务所，比如费城的乔·卡雷洛（Joe Carreiro）、芝加哥的查普曼与山崎（Chapman and Yamasaki）等，受国务院的邀请，都曾在第三世界国家进行过设计开发。但是他们的工作大都是一种"赢得了乡下人的智力和心情"的操作：他们帮助设计并制造了一些以手工艺为基础的，符合美国消费者诉求的物品。换句话说，他们没有为印度、厄瓜多尔、土耳其或墨西哥人的需求设计，反而是在为美国消费者异想天开的欲求工作。我在前面的章节中已经指出了这种方法的错误。在20世纪70年代和80年代早期，同样大规模的设计又被运送到了发展中国家，这次主要是建筑。当一个发展中国家到处都是由

这个和前页中的收音机是一样的，不过印尼的一个使用者在上面装饰
了有色的毡画和贝壳。使用者可以根据自己的兴趣装饰锡罐收音机。
供图：联合国教科文组织

其他地方所设计的乱糟糟的大型建筑和消费品时，其影响就趋向于灾难了。这个论断在伊朗已经出现了；在菲律宾已经很明显；在大多数拉丁美洲国家，陪审员都要出庭了。

如果我们把目光从发展中国家那些真真假假的需求移到我们自己的城市，我们也能够看到在不断萌生的期望和日益腐朽的现实之间存在着某种相似。

我们的城镇景观忍受着无良设计的践踏。当你快到纽约、芝加哥、底特律、洛杉矶的时候，可以透过火车窗户观察一番。你会发现数英里的无名住宅、肮脏扭曲的街道，里面都是被关禁闭长大的不幸的孩童。选一条路，小心翼翼地穿过我们市区显眼的污秽和垃圾，或者走过郊区那些单调的牧场房子，无数大型的落地窗显露着其空洞的邀请，还有他们在电视上的那些邪恶的承诺。呼吸着工厂和汽车致癌的排气，看着富含锶90[1]的积雪，听着地铁白痴般的怒吼声和长声尖叫的刹车。在霓虹灯可怕的闪耀中，在大头钉似的电视天线底下，可曾记得：这就是我们的习惯所造成的环境。

这个职业又对此做出了什么样的反应呢？设计师有助于掌握变革、更改、消除或发展出全新模式的能力。我们教育过我们的客户、我们的销售人员和公众吗？设计师试图支持过正直和更好的方式吗？我们试过更进一步，不光是考虑市场，也考虑人们的需求吗？

听听我虚构的几句在我们那些设计事务所里会进行的对话：

> "孩子，把另外2英尺的铬合金包在后面的挡泥板上！"

> "不知为什么，查理，第6种红颜色似乎能够更直接地传达烟草气味的清新。"

> "让我们把它称作'征服者'，并给人们一个机会去通过这种具有炫耀感的移动操控获得个人的身份认同。"

> "主啊，哈里，我们只要让他们把速溶咖啡恰到好处地印在纸杯子上，他们所需要的就是热水了！"

> "那么，卷筒干酪怎么样？"

> "挤压瓶式的马提尼？"

----

1 锶90，锶的质量为90的同位素。是一种核电能源核爆炸时释放的放射性物质，其放射性坠尘形成辐射危险。——译注

"自己动手烤羊肉串，工具配以可随意处理的苯酚塑料刀？"

"赊货牌离婚？（Charge-a-plate divorces?）"

"一种铝制的棺材，双色电镀，'跟神近距离'（不限宗教）交流？"

"一排真人大小的聚乙烯洛丽塔，4 种肤色和 6 种发色？"

"记住，比尔，公司的形象应该反映出我们的氢弹也是保护性的！"

这些想象的对话是很可信的：这是在许多事务所和学校里设计师们的谈话方式，新产品也经常以这种方式诞生。之所以说它们可信，证据之一是，在上述这 11 句蠢话中，除了两句之外——"赊货牌离婚"和"保护性的氢弹"——现在都已经实现了。

这是否只是一种指向了这个职业某些虚假方面的歇斯底里的爆发？有没有设计师一直在不停地做一些对社会有建设性的工作？寥寥无几。在专业杂志上，或者在设计会议上发表的论文里，除了那些关注立竿见影的市场需求的讨论之外，很少有文章是关于职业伦理和责任的。那些市场分析、动机研究和潜意识广告的现代巫医，已经使得投身于有意义的解决问题的设计非常稀少，而且困难重重。

大多数工业设计师的哲学都建立在五个迷思的基础上。

通过对它们进行检讨，我们可能才会明白那些隐藏在它们身后真正的问题：

1. **大批量生产的迷思**：在 1980 年，美国生产了 2 200 万把安乐椅。若用 2 000 个椅子制造商把它除开，我们会发现，平均一个制造商只生产 11 000 把椅子。但每一个制造商平均都有 10 种型号的系列产品，这样，一种椅子的产量就被减到了 1 000 把左右。由于家具制造商的系列产品一年更换两次（春、秋两季的市场发布），我们就会发现，平均下来，一种特定的椅子只会被生产 500 件。这意味着，设计师根本不是在为 2.35 亿人工作（他被训练要考虑的那个市场），而是平均在为这些人口的 1% 中的 1/5 000 工作。让我们与世界上不发达地区所存在的现实的需要比较一下吧，那里的学校、医院和住宅需要近 20 亿把廉价的、最基本的座椅。

2. **废弃的迷思**：第二次世界大战结束以来，越来越多的管理层和政府高层的负责人认可这一迷思，即通过设计用坏就扔的物品，我们经济的轮子就能够**一直不停**地转。人们已经不再相信这些胡言乱语了。宝丽来相机，尽管一直在用新的型号换掉旧的型号，但它们已经不再把老的废弃掉了，因为公司继续为老的型号生产胶卷和零配件。通过避免车型与内饰的变化，在满足世界运输需求上，德国大众已经逐渐位居领先的位置。芝宝打火机销售的情况比国内所有其他的打火机厂商都要好，尽管（或者是因为？）它提供终身保修。这种打火机的故事有点反讽。1931 年，一个不抽烟的

美国人乔治·格兰特·布莱斯德尔（George Grant Blaisdell）
留意到他的一些朋友带来了一种防风、可靠的奥地利香烟打
火机，连锁店里卖12美分。他想直接从国外进口这种打火
机，然后卖1美元一个，但由于大萧条，人们不愿意花那么
多钱去买，所以这件事就停了下来。他等到奥地利专利到期，
从1935年开始生产这种打火机，并对其进行终身保修。这
种芝宝打火机，原先买一个二手货都得花260美元，如今
在布鲁克林10美元就能买到一个，而且每年的产量达到了
300万个。因为我们这么多的商品都是被技术淘汰的，**被迫
废弃**的问题就成多余的了，加之原材料缺乏，废弃就成了
一个危险的教条。

3. **大众"需要"的迷思**：所谓大众的需要绝不是最近
才开始被精神病学家、心理学家、动机研究者、社会科学家
和研究团队里其他的专家研究揣摩的，就像那个注定倒霉的
埃德塞尔计划（Edsel）[1]。这个错误花费了3.5亿美元，一个
喜剧演员讥讽这个错误是由"福特基金会掌管的"。

"人们需要铬合金，他们喜欢变化"，但是大众、本田、
雷诺、沃尔沃、萨博、梅赛德斯−奔驰、达特桑、丰田和菲

---

1 埃德塞尔计划，1957年9月推出，是福特公司新年打进中价位市场的车种，
  拥有345匹马力的引擎，如此的马力带来的快速和便捷，被认为符合年轻
  的形象，可作为竞争的要素。据说，车型设计者研究了当时各型汽车各方
  面的形状特征，最后的概念终于在800位车型设计者同意下付诸生产。虽
  然福特公司为此车的研发生产和商业推广都投入巨资，但由于种种原因，
  行销最终以惨败收场，1960年下线。——译注

亚特已经完全打破了那个概念。事实上，在过去20年中，国外的进口车已经开始严重影响美国国产车的销量，底特律不得不开始全面生产小型汽车了。当外国进车的数量开始往下降的时候，小型车便又被广告说成是"它们之中最大、最长、最便宜、最豪华的"。这种关于车型样式的狂妄言行又增加了日本和欧洲所产小型车出口到这个国家的数量。

一些企业和设计师继续利用大众"需要"的迷思。在1973年和1978年的石油危机之后，1984年早期我们可能因为两伊战争而又一次面临着石油供应中断的危险。大众已经通过购买微型车表明了他们的需要——坚持质量很重要，他们买了很多来自日本的这样的小汽车。但是，在一个由众多跨国公司组成的现实世界里，底特律大量的员工遭到解雇，经济又在衰退，其他的一些事实可能更为重要。美国四家最大的汽车制造商中有三家现在已经和欧洲或日本的公司合作生产高质量的微型车了。同时，日本把它对美出口的小汽车限定到了一个较小的数额，但讽刺的是：日本现在向美国出口更大更豪华的汽车，所以尽管他们出口的数量少了些，但利润却在增长。

4. 设计师没有支配权的迷思：设计师们常常通过抱怨"都是前方部门、销售部门、市场调查部门的错"等等为他们自己开脱。但是，1983年，在200多件公众冲动下邮购的以次充好的商品中，有相当大的一部分是由设计人员出谋划策，取得了专利并生产制造的。

1949 年产的几款汽车的比较。美国大众有限公司的广告

在《思考的产品》（*Products That Think*）杂志上（第 12 期，JS&A 集团），法国设计的一种电动加热的冰激凌雕刻工具售价 24 美元。同期杂志刊登的"电子汉堡包"，据其描述是"一种汉堡包状的 AM 收音机，喇叭在面包的底下"。可以想象喇叭已经搁在那儿了，声音肯定几乎听不清。包括前面提到的，大来俱乐部为 1983 年的圣诞市场准备了一款价值 30 000 美元的纯金电话。花 149 美元就可以买到"暖裤"（Hot Pants），一种让裤子一整夜保暖的电暖器。

1983 年的这些商品让我想起了我无比钟爱的东西："貂肥"（Mink-Fer），一管除过臭的貂粪，1970 年的时候卖 1.95 美元，作为一种圣诞肥，施给"什么都不缺的植物"。

5. 质量不再重要的迷思：已经有好多年了，美国人先是买德国产的相机，后来又买日本产的相机，现在欧洲人也在排着队买宝丽来的相机和设备。在全世界范围内，美国产的海德牌（Head）雪橇比斯堪的纳维亚、瑞士、奥地利和德国的雪橇卖得好。施伦博姆设计的咖啡壶（Chemex Coffee Maker）只是因为最近德国人根据它仿制了一款，其销售数量才开始下降。1943 年由威利斯汽车公司（Willys）[1] 设计、美国制造的"通用吉普"（因为是由美国汽车公司修改并销售的），现在仍然是一种令人满意且能够满足多种用途的机动车。直到有了英国的"路虎"和日本丰田的"陆地巡洋舰"，"通用吉普"才遇到了对手，销售数量才开始下降，而那两款车都是"通用吉普"的升级改进版本。

这些和其他的一些依旧在全球居于主导地位的美国产品，它们有着共通之处：超前的思考、卓越的设计与顶级的质量。

我们从这五个迷思里可以学到一些东西。显然，设计师对其工作的支配力要比他所设想的要大得多。质量、新的观念，以及对大批量生产的局限性的理解都意味着，设计师应该为世界上的大多数人设计，而不是为一个相对较小的国内市场设计。要为人的"需求"设计，而不要为人的"欲求"，

1　吉普车最早是由威利斯－奥夫兰多（Willys-Overland）公司制造的。威利斯汽车公司建于 20 世纪初，早期主要生产普通轿车的越野轿车，二战中 1940 年开始为盟军大量生产四轮驱动的吉普车，战时与福特公司一同生产了数十万辆吉普车，在战争中发挥了巨大的作用。——译注

或人为制造出来的欲求设计，这是现在唯一有意义的方向。

既然已经分析了一些问题，那么应该做些什么呢？现在，有一些领域设计做过的工作很少，或者根本没有涉足过。它能够促进社会公益，但做这些工作一开始会有高风险，而且回报低微。它们所需要的全部就是一个明码标价的工作，而这对于工业设计职业来说显然一点也不新奇。

下面是设计已经忽略掉的一些领域。

1. **为第三世界设计**：在过去的 20 年中，随着全球人口的不断增长，有近 30 亿人仍旧缺乏一些最基本的工具和设备。

在 1970 年，我说在全球范围内，现在比以前需要更多的油灯。到了 1984 年，这种短缺更为严峻。**今天，没有电可用的人比电在普及之前的总人口数还要多**。尽管现在有了很多新的技术、材料和生产流程，但是，从爱迪生的时代开始，人们就几乎没有再研发过更先进的油灯或石蜡灯。在巴西的东北部，当地人在 70 年代末开始使用二手的电灯泡燃油照明。诺德斯蒂那人（Nordestinos）[1]很难理解，为什么在他们把电灯泡切割盛油之前，它必须得走一圈电力循环。现在巴西必须为其东北部的州省进口用过的灯泡，这是一个事实，在那里油灯比电灯多。[2]

世界上 84% 的陆地表面是完全没有路的地带。常常是

---

1 诺德斯蒂那（Nordestina），巴西东北部巴伊亚州（Bahia）的一个市镇。——译注

2 见"帕帕奈克 1983"第 148—149 页。——原注（指的是作者 1983 年出版的著作《为人的尺度设计》。——译注）

传染病在一个地区横行，护士、医生和药品可能就在75英里之外，但就是没有路能够到达那里。区域性的灾难、饥荒或水资源短缺是常有的事，可援助到不了那里。直升机能够解决问题，但是很多地方没有那么多钱和技术。从1962年开始，我和一个毕业班开发了一种不在路上走的交通工具，它在这种突发事件中能起到作用。我们提出了下列性能要求：

a. 这种交通工具在冰上、雪地、泥泞地、山林、沟壑、沙地以及各种流沙和沼泽中都能行驶。

b. 这种交通工具能够跨越湖泊、溪流和小河。

c. 这种交通工具能够爬上45度的斜坡，横穿40度的斜坡。

d. 这种交通工具能够装得下1个司机和6个人，或者1个司机和1 000磅的货物，或者1个司机和4名重伤员；最后它还能够让司机跟着它，用另外一个舵控制，从而能够盛更多的东西。

e. 这种交通工具应该能够保持固定的位置，从后面能推动，钻水、钻油、灌溉土地、伐木，或者能够做一些简单的车工、锯或其他动力的工具。

我们试验并发明了一种全新的材料——"纤维草"（fibergrass）。它由常规的化纤催化剂组成，但里面也有干的野草，用手拧成，以取代昂贵的化纤垫子。来自世界许多地区、超过150种野草都被试验过。我们还设计了新的生产物流，以进一步降低成本。我们找到许多技术中心制造这些部件：重金属工作是在埃及、利比亚、中非、班加罗尔（印度）[1]和巴西完成的；电子打火器是在中国台湾、日本、波多黎各和利比里亚生产的；精密金属工艺和传动系统是中国大陆、印度尼西亚、厄瓜多尔和加纳制造的。纤维草体由世界各地村或户一级的用户制作。我们做了几个小车的原型（如下页图所示），它可以以单价不高于150美元（1962年的美元购买力）的价格提供给联合国教科文组织。但此时出现了伦理学的担忧：尽管这种原型车性能很好，联合国的电脑分析一开始就告诉我们大约可以用1 000万辆，我们意识到我们是在纵容生态灾难。这样下去意味着要给那些世界上还没有被污染的地方引进1 000万台内燃机（结果就是污染）。我们决定把这个路外行驶的项目搁在一旁，等到一种低耗能的替代性动力出现再说，但目前还没有出现。

［历史注脚：因为我并不相信那些专利会有益于社会，所以只是把我们研发的这些车辆的一些图片发表在了1964年的一期《工业设计》杂志上。从那时候起，就有不下25种牌子的这种类型的车辆提供给那些富有的运动休闲人士、钓鱼爱好者以及年轻人（像"情趣车"），其价格在5 500—8 000美元。这些车辆在野外污染、破坏环境，并制造了恼

---

1 班加罗尔，印度主要的工业中心和交通枢纽之一。——译注

作者指导下设计并制造的两台车辆的原型和工作模型，斯德哥尔摩艺术与设计学院，瑞典。这些车辆研究的是如何仅用人力就能在崎岖不平的路面运送物品。其中之一〔由詹姆斯·亨尼西和蒂尔曼·富克斯（Tillman Fuchs）设计〕是为一种市内行走和购物车做的提案。它可以装载2个人和200磅的东西。供图：《造型》杂志

人的噪音。第十章详述了雪地机动车对生态的破坏性影响。〕

通用、梅赛德斯—奔驰、沃尔沃以及其他的一些汽车生产厂家正在为许多发展中国家制造一种路外行驶的车辆。尽管这些车辆给这些国家带来了一些好处，但是它们也违反了一些生态标准，那些让我们召回车辆的标准。进一步说，通过直接进口或特许交易，它们把第三世界国家的经济和富国的公司联系在了一起。对此，也有些例外值得注意：大众在墨西哥、巴西和其他发展中国家的生产运转是保证自治的。

作为我们关注污染的结果，我们和斯德哥尔摩艺术与设计学院的一群瑞典学生开始一起研究一种人力车。北越通过

越野车，因生态原因没有继续，作者指导的学生团队设计，北卡罗来纳州
立学院设计学院

"胡志明小道"[1]用自行车可以往这个国家南部运输 1 100 磅物
资。这说明这个系统是有用且有效的。然而，自行车从来不
是被设计用于这种情况的。我们一个学生团队能够用自行车
部件设计一种更好的车辆。这种新型的车辆是专门设计用来

1　"胡志明小道"，是 1959 年初，胡志明下令开辟支持南方游击队作战，秘
密运送兵力和武器装备的"特殊通道"。越战期间，"胡志明小道"是沟通
越南南北交通运输的大动脉。位于越南和老挝东部丛林山岳地区的"胡志
明小道"事实上并不是一条羊肠小道，而是一个有 5 条主路、29 条支路以
及许多条可供自行车通行的小道组成的交通网，总长度达 19 600 公里。当
时，越南北方支援南方的绝大部分物资都是通过各种渠道转运集结到"胡
志明小道"地区，然后再由卡车、自行车和身背 A 字形架的搬运工人沿着
林中小道转往南方。为了切断这条军运输线，阻止北越支援南越军民的斗争，
侵越美军曾出动大批空中力量，对"胡志明小道"进行了长达 7 年的狂轰
滥炸。——译注

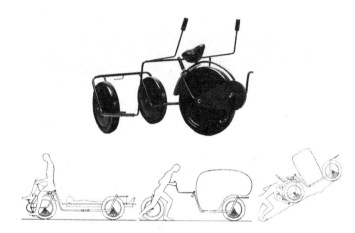

这些插图说明，人力车可以绑在一起形成一列小火车。它也可以分开，传动装置还能逆转，这样承载重物时就可以爬山了。它也可以运担架，没有传动，它还可以像独轮手推车那样用。该车由作者在瑞典指导的一个学生团队设计，在欠发达地区，它可用于推载重物，与"胡志明小道"上那些推载物品的自行车出于一个原理。供图：《造型》杂志

装载重物的；他们还设计了一个方便上坡的"齿轮传动器"（它可以以不同速率倒转，或完全移除）。这种车还可以抬担架，而且因为有自行车座，还可以骑。几辆这样的车可以相互连接成一辆短的列车（见上图）。

　　当同学们建议使用旧自行车或自行车部件的时候，他们被遗憾地告知，旧自行车也能充当好的运输工具，**其部件常被用来修理其他的自行车**。（有一个设计专业的学生用新型的自行车铝部件为第三世界设计了一种能源，从而获得了美国铝业公司设计一等奖，同学们在某种程度上可能受到了一些负面影响。）

最后，我们为世界各地千百万辆旧自行车设计了一种新的行李架。它很简单，在任何一个乡村都能做出来。它可以有效地负荷更多的东西。但是它还可以用30秒的时间向下折叠（如下页图所示），然后就能用于其他的用途，如发电、灌溉、伐木、带动车床、挖井、抽油。之后，自行车就可以再折叠回去，回到它运输设备的基本功能，除了它现在多了个行李架。

一个瑞典的学生制造了一个标准尺寸的车辆模型，它由臂力驱动，还可以爬坡。这后来促使我们在普渡大学设计了一种完全用臂力驱动的车辆，其设计专门用来为那些残疾的儿童和成年人提供治疗练习。

2. 为智障者和残疾人设计教学和训练设备：大脑性麻痹[1]、小儿麻痹症[2]、肌无力[3]、愚侏儒症[4]以及其他的一些伤残疾病影响了1/10的美国公众及其家庭（2 000万人），而在全世界大约有4亿人受其困扰。然而，关于各种修复设施、轮椅以及其他残障服务设施的设计大都处在石器时代的水平。

---

1 大脑性麻痹，一种通常由发生在出生前或出生时的脑损伤引起的功能失调，表现为肌肉运动受损。常伴有身体协调性差的症状，有时会出现讲话和学习困难的症状。——译注

2 小儿麻痹症，又称脊髓灰质炎。一种极具感染性的病毒性疾病，主要影响儿童，而且严重时，可导致脊髓和脑干的运动神经元发炎，从而引起瘫痪、肌肉萎缩，常会造成畸形。——译注

3 肌无力，不正常的肌肉衰弱或者疲劳。——译注

4 愚侏儒症，一种因在胎儿发育期间缺乏甲状腺激素导致的先天性病症，症状为在少儿时期体型矮小、智力迟钝、骨骼营养不良以及基本的新陈代谢能力低下。——译注

由于自行车在第三世界有作为运输工具的需要，所以这个行李架设计为可以翻转的，需要时可用作暂时的动力来源。即使是最普通的乡村技术也能生产这种构造。迈克尔·柯罗迪和吉姆·罗斯罗克（Jim Rothrock）设计，时为普渡大学学生

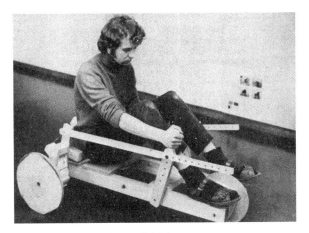

斯德哥尔摩的一个学生设计的另一款臂力车

有电池动力辅助的成人用三轮车，每辆 650 美元。供图：阿贝克隆比与费奇（Abercrombie & Fitch）公司

降低成本，作为工业设计传统上的一个贡献，可以在这里发挥作用。几乎在每一个杂货店里，只要花费 8.98 美元，我们就能买到一个晶体管收音机（包括关税和运输成本）。然而，如前所述，袖珍扩音器型的助听器，其价格却在 300—1 100 美元。包括线路和扩音部件在内，其设计并不比价值 8.98 美元的收音机复杂太多。

液压动力和压力控制的助推器（power-assists）非常需要革新和设计。

罗伯特·森的水疗练习浮具的设计使它不会翻转过来。没有绳带或其他东西让小孩在运动时觉得自己受限。现在的水疗法通常是在小孩身上系一根绳子，绳子系在与地面平行的天花板轨道上。在罗伯特·森的浮具上，没有这些约束措施。然而，他那种冲浪板似的装置却是安全的（它可以缓冲边缘 200 磅的重量），治疗专家可以更为靠近这个小孩。后面，我将进一步阐述我们在这一领域发展出来的一些想法。

3. 为药品、外科、牙科和医院设备设计：直到最近才有了关于手术台的负责任的设计研发。大多数的医疗设备，尤其是神经外科，都是令人难以置信的粗糙，设计得很差，价格非常昂贵，而且其精密度也就相当于一台蒸汽挖土机。用于整骨穿颅手术[1]的钻子价值将近 800 美元，还不如木匠用

---

1 穿颅手术，当胎儿不能正常分娩时做的切割或挤碎胎儿头颅骨以减少其体积并利于移动的手术。——译注

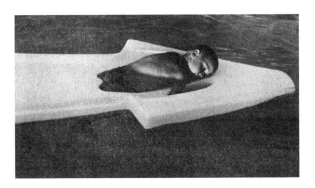

为残疾儿童做水疗设计的一种水车。罗伯特·森设计，时为普渡大学研究生

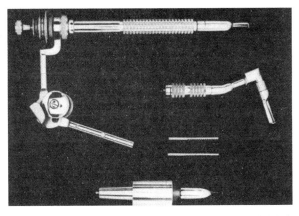

为整骨穿颅手术设计的一套钻和锯。C. 科林斯·皮平设计并享有专利权，北卡罗来纳州立学院

的曲柄[1]和钻头顺手，但这种工具在任何一个五金商店只要
7.98 美元就可以买到。锯头骨用的锯子，其设计自从埃及王
朝统治之前[2]的时代开始就没有变过。用于整骨穿颅手术的
最新型压力钻和锯，人们正在兽医的实验室利用动物做实验。
据说它会使神经外科的方法发生革命性的改变。

在卫生保健上的开销正在如天文数字般地增长。长远来
看，无论是谁承担了这些花销，现实都是不变的，有相当高
的份额都直接投在了低劣的设计上。

一些新型医学设备的插图会不时出现。它们几乎无一例
外的都是"高度现代风格"（hi-style modern）的柜子，九种
甜美的装饰色包围着同一台旧机器。医院的床铺、妇产手术
台以及所有的辅助设备无一例外都贵得惊人，设计糟糕，而
且很笨重。

4. 为实验研究设计：在成千上万的研究实验室里，多
数设备陈旧过时、粗制滥造，或是临时配备的，且价格昂贵。
动物固定装置、立体脑检视仪以及整个立体定位工具系列，
都需要人们开动脑筋对其设计进行重新评估。

公司一般给政府采购代理开的价都很高。有一次，参议
院下属专门委员会在调查制造商对空军采购代理乱要价时，
出示了一个六边形的扳手（一根 4 英寸长，六面的金属丝弯

---

1 曲柄，一种在一端带有可调节的孔以抓住和转动钻头的曲柄状把手。——
   译注
2 尤指公元前 3100 年的古埃及。——译注

成一个正确的角度），这种扳手卖给公众是 12 美分。在切下
1/8 英寸后，一个 1 美分的橡皮把手就出来了，同一个卖主
卖给美国空军每一个却要 9 602 美元。他们还出示了一根约
3 英寸长的细钢丝。这种钢丝卖 1 美分一码，因此 4 英寸这
么长的零售价应该是 1/9 美分。然而，厂家把这种普通的钢
丝卖给美国空军却要 7 417 美元，每一根都以"天线发动机
保险调准针"这种令人生畏的名字称呼。参议院的听证会确
认，类似的天价可以开到正常价格的 2 300 倍——这个行为
使美国消费者每年共耗费约 180 亿美元。（所有的数字都来
自美国参议院国防开支听证会和麦克尼尔-莱勒新闻时段，
1983 年 11 月 2 日）

　　纽约州北部生产的一种简便的电子实验室定时器卖给业
余摄影家 89.5 美元。而购买同样的设备，研究实验室却要花
750 美元。卖给消费者的电动厨房搅拌器，若是白搪瓷的则
为 49.95 美元，不锈钢的 79.95 美元。**同样**的东西，**同样**的
厂家制造，给实验室用却要 485 美元。价值工程学（Value
engineering）是设计的一个分支，它必须得考虑降低成本，
并估算机器里特殊部件的价值。在改变实验室的机器和设备
的花销方面，价值工程学的技术可以起到重要作用。参议院
的调查多了之后，或许制造商会决定以**诚实**的价格出售实验
室设备，而不像以前那样欺骗公众和研究机构。

　　5. 为维持边缘状况下的人类生活而进行系统的设计：
对维持人类和机器的存在状态的整体环境设计已经变得越来

越重要了。因为人类进入了丛林，进入到北极和南极，这就需要新型的环境设计装备。随着海底钻探以及在小行星和其他星球上建造实验站逐渐成为可能，一些更为边缘的生存问题也会出现。为在太空舱里生存而设计已经变得寻常。

水和空气污染，有毒物质和原子能废料的处理等诸多问题，使我们必须重新检视环境的系统设计，这在第十章将作详述。

6. 为打破陈规而设计：许多产品已经到达极限，没法进一步发展了。这就导致了"添加性的"设计：外观特点和附加的小玩意儿越来越多，而不是通过重新分析基本问题找出新的答案。例如，自动洗碗机每年浪费几十亿加仑的水（面对着全世界范围内的水源短缺），即使是这样，其他的系统，比如用于"把脏污从物品上分离出来"的超声波已经非常先进了。把"洗碗"作为一个系统重新思考可能会使洗碗更容易，同时解决了一个基本的生存问题：水的保存。此外还有：工业用水的浪费、盥洗室和淋浴用水的问题。

在住家和医院中，湿度控制是重要的，而且有的时候会变得至关重要。在美国的许多地区，湿度的水平是既需要加湿器又需要除湿器。这些小器具昂贵、丑陋，而且从生态的角度讲，特别浪费水和电。因为要为一个制造商研究这个问题，罗伯特·森和我便研发出了一种理论上的加／除湿器，它不需要移动零部件，也用不着液体、泵和零部件。通过把溶解性的和抗菌的晶体混合在一起，理论上我们就能开发出一种表层材料，每一个结晶颗粒能够储存 12—24 个水颗粒，当湿度异常低的时候，它们就会把这些水颗粒释放出来。这种材料可以被喷到墙上，或者被织进一张壁毯里，这样就消除了当前系统的耗电以及噪音污染，减少花费。实验已经持续进行了几年，现在，这种装置工作良好。市场测试在 1982年也开始进行。

　　问题是没完没了的，而且打破常规的思考远远不够。考虑一下房屋和住宅的供暖问题。随着供暖费用的提高，许多人被迫将住宅里的一些房间关上了房门——尤其是在美国的东北部——并安置了石蜡暖气、电炉和其他的暖气，这些设备都很不安全。除了这些人，那些住在南加州、佛罗里达部分地区、澳大利亚和其他一些地区的人，室内暖气只是偶尔会使用一下。基于我对弗兰克·劳埃德·赖特"重力暖气"（gravity heat）的思考，即一个温暖的地板将减少一个房间临时或永久的供暖需求，我从 1981 年开始研究另外一个突破性的答案。借用电热毯中使用的技术，它使用的电流很小，我研究出了一种组合电地毯系统。每一块电地毯都是防震的，39×39 英寸见方，而且彼此易于插拴。只要使用很少的能量，它们就能把屋子加热到一个舒服的温度。我的一家澳大利亚的客户现在正在对其进行试验。

　　正如本章前面所讨论的那样，打破常规的概念也与人的预期和欲求相关。凯瑟琳·希森格（Catheryn Hiesinger）曾描述过人的意识的改变及其对于制造商的影响："1964 年，参观纽约世界博览会的人看到的是被称为'良好品味住宅'的样板房，而在1982年田纳西州诺克斯维尔举办的世界博览会，展示的则是田纳西河流域管理局的保护技术，节能装置和设备对一栋维多利亚住宅的改造，以及一个工厂建造的有太阳能供暖系统的住宅，其处理方式都是在向维克多·帕帕奈克的《为真实的世界设计》中描绘的乌托邦靠近。"(《1945年以来的设计》，费城：美术馆，1983）

如果设计职业要成为一种有价值的工作的话，有六个可能的方向是它能够而且必须去做的。迄今为止，能够认识到这种挑战并对此做出回应的设计师仍旧很少。如果所有的医生都抛弃了全科和外科手术，而专注于皮肤病、整形手术和美容，后果会怎样呢？设计职业的行为与此可有一比。

第十章

环境的设计

污染、拥挤和生态

自然任凭我们挥霍，上帝似乎已经撒手不管，

而时光却在流逝……

——阿瑟·库斯勒

自然的群落——供给人类以生存环境的生物群落——已然被一些严重的行为破坏了。许多人因污染而畸形、智力迟缓或者致残，这样的例子不胜枚举。我们知道，在越南，因橙色剂 [1] 的使用而引发了遗传灾难。在内华达州和犹他州，居住在原子能试验站下风向的人因患骨癌和白血病而痛苦。由于有毒废物排放不当，在纽约州北部的拉夫运河（Love Canal）、密苏里州的泰晤士沙滩镇（Times Beach）、加利福

1　橙色剂，又称"落叶剂"，是一种含有微量毒药戴奥辛的除草剂，在越南战争中为了对付在丛林中出没的北越的游击队而被用来使森林地区的树木落叶。这给当地早成了严重的生态灾害，而且对当地居民的身体及其后代的成长都造成了极其不良的影响。——译注

桦尺蛾，斯密特·瓦加拉门特绘
a. 污染之前原来的斑纹（1850 年之前）；b. 突变阶段（约 1850—1970 年）；c. 污染减轻之后（大约最近 20 年）

尼亚的斯特林费洛（Stringfellow），以及其他大约 50 000 个地点都导致了严重的健康问题。但是，就目前来看，人们需要几代人等很久才能证实**进化**的改变。

有时候，用来自大自然的诊断工具是可能的。因环境污染扩散而发生的变化（或者，更罕见的退化），可以通过一种蛾子很清晰地表现出来。大约在 150 年前，英国科学家注意到了一个重要的转变。一种浑身上下都是斑点的蛾子（桦尺蛾，Biston betularia）有着银色的翅膀和些许暗纹——由于这些蛾子栖息在青苔覆盖的白桦树上，这样的拟态伪装可以保护它们不被飞鸟所捕食。在曼彻斯特和其他一些工业区，严重的二氧化硫污染导致当地产生了一种新的黑变形态：黑化桦尺蛾（Biston carbonaria）。这种变种有着黑褐色的翅膀，那种颜色是被烟熏过的建筑才会有的（不是银色）。在 50 年的时间里，这种变种在烟尘污染的地区繁殖，而原先那种银色的类型却完全消失了。霍尔丹（J.B.S.Haldane）建立了试验种群，其中他能繁殖两种胡椒面一般的蛾子［还有翅膀上银色和黑色均衡的中间型棕色桦尺蛾（Biston insularia），其数量由当地污染程度而定］。在 40 年前的英国，人们可以通过收集这种胡椒面蛾子实地确定哪些是重污染地区。在美国，同样的测验方式已经用胡椒尺蛾（Biston cognataria）做过了。无污染地区仍然存在着原先的物种形式，而在被污染地区繁育出的的确是褐黑色变种。但还是有希望的：由于城市慢慢地变干净，那种几近纯银色的、真正的斑点蛾子又重新出现了，变种则灭绝了。

这里并不是要以小见大，将人比作蛾子。但是，这种研究可以给诊断二氧化硫的污染提供生物学工具。

工业设计师、企业和政府必须一起来确定我们给我们的社会造成了哪些社会性的和生态性的后果。有人认为，技术本身某些方面就是错的，这过于片面。我们不可能让我们自身脱离技术，因为整个世界都依凭着它。针对技术的新卢德式的破坏将造成世界性的灾难，无论是对于纽约或东京的那些高科技中心，还是对于第三世界的许多地区而言，这种破坏所产生的影响都会同样强烈。我们所有的人都与世界性的健康保健、数据传输、食物和个人运输以及其他的系统紧密相连。

工业的"增长"，如果直接从完全工业化的国家出口到那些尚未工业化的国家，那么必将在社会、生态、行为和环境方面产生严重的后果。有些后果极其恶劣，其主要的消极面就是污染和异化。

在不发达国家，我们为了财富而付出的是自杀率日益升高，恶意破坏的行为，习惯性缺勤，怠工，"盲目的"罢工，酗酒，围绕大众体育运动的那些毫无意义的暴力活动，针对人的犯罪，疏忽或虐待儿童，高离婚率和不正常的性行为，吸毒，失去认同感，而最终就是社会道德的沦丧。

当我们谈到"通过产品污染"的时候，其循环期常常比我们想的要更为复杂。它最少由七部分组成：

1. 自然资源被破坏了；更糟的是，这些资源常常是不可再生的。

2. 通过掠夺性的开矿、深度开采等方式完全破坏这些资源，形成了一个污染阶段。（1 和 2 形成第 I 阶段）

3. 生产过程本身造成了更多污染。（第 II 阶段）

4. 同样的生产程序也带来了工人的异化和反常。

5. 包装。（这本质上附属于第 I 阶段和第 II 阶段）

6. 产品的使用造成了更多污染以及用户的异化和用户反常。（第 III 阶段）

7. 最后，丢弃产品又造成了更为持久的污染源。（第 IV 阶段）

设计师的介入必须是适度的、最小限度的和敏感的。因此，当我们发现在西非，纺织品的靛蓝染料成为舌蝇和疟蚊的主要繁殖场所，因而导致疟疾和睡眠疾病陡增时，答案不是除去染料坑，而是引进生物控制。

在莱索托，如果我们意识到妇女的社会生活是围绕着碾压玉米展开的，那么答案就不是引进电动玉米磨碎机，而是简化其工作，但仍然保持其社会组织。

在肯尼亚，如果我们发现基库尤（Kikuyu）妇女用"穆夸"（Mukwa，即头巾）运载重物，因而在她们的头骨上形成了永久的压痕，那么在引进一些极其愚蠢的"改进"之前，我们必须检查在西非运载重物的整个社会语境。

在工业化更彻底的国家，我们常常能够使工人们觉得他们的工作和生活更有价值、更有意义。在一些斯堪的纳维亚国家，我曾经参与过一些公司，在那儿，光是付给人们更多的钱是不够的。我们发现，和斯堪的纳维亚人还有外籍工人一起工作，我们可以通过抛弃流水线，引进团队协作，轮流工作，在上班时间学习各种技巧和语言等方式来提高工作成绩并减小异化。如果这样的工作技巧可以在大多数技术发达的国家施行，那么也会在那些还没有完全工业化的国家起作用。而别的方式就有些新殖民主义和剥削的味道。

我们可以通过"在操场上设置洗衣机"的特殊例子来说明在设计中如何运用行为科学。在贫民窟建造更好的操场是没有用的，那里的妇女没时间照看他们玩耍的孩子。然而，我们建造了一个操场，其中心有一个玻璃覆盖的观察地带，里面放置着洗衣机和甩干机。结果，妇女们既可以照看她们那些正在玩耍的小孩，又可以在洗衣服的时候彼此交谈。

　　有人可能会问，把洗衣机放在操场上有什么好？而我能否说，那些"好处"遭受到了恶劣的社会计算方式的损害？

　　如果设计对生态是负责任的，那么它也是革命的。所有的系统——私有的资本主义、国家社会主义和混合经济——都建立在我们必须多买、多消费、多浪费、多丢弃的假设之上。如果要为生态负责任，设计必须是独立的，它不必关心国民生产总值（无论这个总额是多少）。我想再三强调的是，在污染的问题上，设计师和任何人一样都深涉其中。垃圾激增，随之而来的有毒物质大量增加，酸雨和被污染的地表水体，已经大大超过了人口的激增。华盛顿州立水体研究中心主任 E. 罗伊·廷尼（E. Roy Tinney）教授曾经说："我们还没有把水用完。我们只是用完并污染了一些新的水体。"

　　自从本书首版以来，污染的例子以惊人的速度增加；与此同时，一些抵抗的方式也出现了。

　　在 1969 年 6 月中旬，一个重 200 磅，装满了德国杀虫剂硫丹的麻袋突然从驳船上掉进了莱茵河里，这能杀死德国、荷兰、瑞士、奥地利、列支敦士登、比利时和法国的 75 000 多吨鱼，而且，这将在一段时间内终止一个新鱼群的形成，据估计可能是 4 年，但实际上持续了接近 12 年。

　　不幸的是，最令人恐惧的污染事故很复杂，不好讲：历史学家们已经做了一个很好的案例，即铅中毒在古罗马尤其是上流社会的流行。1983 年，加拿大国家水体研究所的热罗姆·尼拉古（Jerome Nriagu）博士在《新英格兰医学杂志》

（*New England Journal of Medicine*）上发表了一篇铅引起古罗马疯狂和痛风[1]的文章。铅中毒的典型症状是：胃病、肾衰竭、麻痹、失眠和便秘，这似乎是富人的食物中使用了被污染的香料而引起的。红丹[2]常常被加到胡椒粉中（以增加其重量，赚更多的钱）；所有的葡萄酒都用一种葡萄浓缩汁来加强其酒香和色泽，而这种葡萄的浓缩汁都是在铅容器中煮沸倒出来的。"只要一茶匙这样的糖浆，"尼拉古说，"就足以导致慢性铅中毒。"所有的食物都是在铅、白镴[3]和铅焊的器具中准备的——而镀铅的铜制器皿则被认为能够增加滋味。

　　这样，罗马的贵族每天平均摄取（据尼拉古所言）250微克铅。在1983年，美国城市居民每天大约吸收50微克。换句话说，只要住在纽约、芝加哥或洛杉矶，我们每天吸收的铅就相当于毒害了古罗马统治阶级的铅的1/5的量，而那些铅被认为导致了罗马帝国的道德堕落并且罗马最终因之衰亡，这1/5的量毒害我们已经足够了。（《新闻周刊》，1983年3月28日）

1　痛风，主要发生在男性身上的一种尿酸新陈代谢障碍病，主要特征是关节疼痛发炎，特别是足部和手部的关节，由于血液中尿酸增多和关节周围的尿酸盐沉积而导致了关节的疼痛。这种状况持久了就变成慢性病并能导致残废。——译注

2　红丹，化学名四氧化三铅，是一种有毒的明红色粉末，现用于油彩、玻璃、陶器和管道接口黏合剂。——译注

3　白镴，一种银灰色的锡合金，带有多种数量的锑、铜，而且有时还有铅，常用于优质的厨房器皿和餐具。——译注

　　起先在二十世纪六七十年代认识到污染问题和生态威胁，我们常常用快速的"技术手段"加以解决。十几年过去后，现在，我们已经认识到，许多解决办法只是伪装，并且加剧了这些问题。酸雨就是这样一个例子。当工业污染的问题首次被 20 世纪 70 年代的环境运动所认识到的时候，有一些似是而非的解决办法摆在了公众面前。

　　一个经典的案例就是印第安纳州盖瑞市附近的一家钢铁公司。他们的 2 号主烟囱制造了大量的环境破坏，特别是二氧化硫（SO_2）和氧化氮（NOx）的排放。这家公司顽固地用法律技巧对付公众，官司一直打到了高等法院。最终，公司被要求停止生产，添加净化设施和加力燃烧室[1]，或者每天付 1 000 美元的罚款。他们那个滑头的公司派律师拿了一张36.5 万美元的支票，出现在城市管理者的办公室，说："这是我们明年的罚款！"

　　其他的公司只是增加主烟囱的高度，从而在排放的源头限制污染。主要的污染源位于芝加哥—底特律—布法罗地区，其他污染源则遍布圣路易斯和休斯敦—达拉斯—沃斯堡地区。现在，从这些工厂里排放出的粉尘，其影响所及，从加拿大的最北端到得克萨斯州的加尔维斯顿港，魁北克省、安大略省和新英格兰地区尤甚。污染后果显而易见。在佛蒙特

1　加力燃烧室，通过燃烧热废气中所含的分离氧和附加燃料以增加喷气发动机推力的设备。——译注

州，超过一半的云杉树枯萎或完全被剥蚀。在 9 条新斯科舍省的河流中，鲑鱼不再繁殖。波士顿和蒙特利尔的青铜雕像看上去似乎正在融化。一份新的国会调查表明，在 34 个州，超过 9 000 个湖泊和 60 000 英里的河流受到危害。

并且，酸雨还引起了远距离的污染问题：斯堪的纳维亚国家（瑞典、芬兰、挪威和丹麦）正准备控告德国的鲁尔河谷，以及密歇根、俄亥俄、伊利诺伊和印第安纳州，因为急流[1]导致的极为远程的污染和酸雨在那里沉淀。斯堪的纳维亚的湖泊、河流和森林被美国中部的工场排放物毁坏了。海牙国际法庭将在 1984 年的某个时候审理他们的诉讼，这是这类案件中的第一例。

据估计，酸雨每年在环境破坏上给农作物、农田、渔业和林木业带来的损失高达 50 亿美元。另外，在美国东北部，酸雨对城市建筑物的损害每年估计约 20 亿美元，对加拿大东部城镇的损害每年达 3.6 亿美元。对于这种令人惊骇的损害，其解决办法似乎有三个方向：

　　1. 清除排污源。这将给制造商带来巨大的损失，消费者也一样，而且可以预言，数千个岗位将会消失。

　　2. 一些科学家和（理解环境问题的）企业家认为，

1　急流，一种高速的、弯曲的风流，通常以超过每小时 400 公里的速度从西刮来，高度达 15—25 公里。——译注

酸雨应该在其引发问题的湖泊和森林里解决——而不是在源头上。

3. 前面两点的结合将产生最好的结果。尽管关闭污染源的代价高昂，但是产业辩护者对这个事实常常避而不谈：在那些产生问题的地区，失业的代价更高，因为它影响到了农业、渔业、林木业、建筑业和旅游业。

在阿迪朗达克山脉[1]，通过投放石灰石，一些酸化的湖泊已经被中和了。但这最多也就是一个暂时性的举措，就像往溃烂的伤口上粘创可贴一样。当瑞典中部的霍尔姆舍湖（Holmsjö）被严重酸化的时候，当地居民向省里申请一项补贴，用钙来处理这个问题。但是由于新预算的种种限制，政府无法施以援手。正在这个节骨眼上，当地几个无名英雄想到鸡蛋壳含有大量的钙，而当地一家重要的面包店每个月都要扔掉几吨蛋壳。于是，人们就用鸡蛋壳中和了威胁该湖（一个酸雨的牺牲品）水生物生存的硫磺酸。乌普萨拉大学农学系声称，如果该湖的情况不是太严重的话，这个办法会起作用。（《国外城市改革》，1982 年 8 月）

从这两个小型的事例中浮现出了一幅图景：一个由热心的农民、渔民或生态学家组成的小联盟正在试图用土办法和

1　阿迪朗达克山脉，位于美国纽约州东北部，在过去的几十年间，那里屡屡遭受污染和酸雨的侵害。——译注

由大公司造成的糟糕局面做斗争。但是消费者团体不必保持
很小乃至可有可无的规模。在消费者维权和发挥市民的主动
性方面，我们可以向第三世界学习。

当我在尼日利亚工作时，我惊讶于他们的日报新闻对于
环境和生态问题的大量关注。许多当地的报纸——形制是小
报的开本——在他们的 16 个页面中会用 6—8 页的篇幅提醒
读者注意环境问题。

槟榔屿（马来西亚）消费者协会可能是世界上最强大的
消费者组织，他们在那个国家能够发挥很强的政治影响力，
甚至比德国佩特拉·凯利（Petra Kelley）的绿党[1]还要厉害。
这个组织出版日报和周报，在产品安全、环境保护、消费者
议题和污染等问题上，其作用犹如一家数据交换中心。他们
出版各种专刊小册子，发行了许多优秀的著作，并在过去的
十年中组织了十几场国际研讨会。

本书第一版所引述的多数环境破坏的例子只是当前世界
性威胁的第一波迹象。在美国，光是有毒废物的危机就已经
呈现出了可怕的态势。在这个国家的那些所谓的工业园中，

---

[1] 绿党，德国的一个政党，其前身是 20 世纪 70 年代末期的一个激进环保
主义组织。该团体反对扩军，主张和平与回归自然的生活方式，并作为
当时新社会运动的一部分。1980 年，绿党（Die Grünen）正式在西德
成立。这是当今世界上成立最早同时也是最为成功的绿党组织。其早
期的重要人物包括：鲁迪·多茨克（Rudi Dutschke）、海因里希·波尔
（Heinrich Böll）、佩特拉·凯利（Petra Kelly）以及约瑟夫·博伊斯（Joseph
Beuys）。——译注

有 50 000 多个倾倒处，超过 18.5 万个露天的深坑、池塘和废水洼，每年接收估计 880 亿磅有毒废物。在密歇根州的弗林特附近，专家们甚至都不知道这些垃圾站里到底装了些什么东西。光是他们知道的那一点就足够令人惊慌了：有迹象表明 C-56、C-58、锌、铜、镉、铅、铬和氰化物已经渗透进了周围的水体中，并慢慢转移到了五大湖区。地面监测雷达显示，在这些有害物质的底端放置着不法倾倒的滚筒，其中可能盛着盐酸。如果它和水体中已经存有的氰化物混合就会产生一种致命的氢氰化物气体，到时候留给当地居民疏散的时间可能连 10 分钟都不到。

《新闻周刊》（1983 年 5 月 7 日）描述了一位丹佛的家庭妇女邦妮·埃克斯纳（Bonnie Exner）所遇到的重重阻力。出于对附近洛瑞垃圾站的关注，她组织了一个市民团体。"怪事开始接连发生。她的电话被窃听了，无论她多么迅速地召开团体会议，倾倒垃圾者——化学废品管理公司的代表总是在那里。她的车被跟踪且被高速地追踪，而且在她的车里还发现过一个炸弹。"所有这些听起来都像是卡伦·西尔克伍德（Karen Silkwood）[1] 故事的翻版，但是邦妮·埃克斯纳成功地和报纸联系上了。在检查中，人们发现洛瑞垃圾站含有

1　卡伦·西尔克伍德（Karen Silkwood，1946—1974），是美国工会活动家和克尔-麦吉（Kerr-McGee）公司的化学技师，她的工作是为核反应堆的燃料棒制造钚芯，她在工作中发现克尔-麦吉公司的不当操作会危害工人利益与健康，于是挺身反抗，旋即死于一场极其可疑的车祸。——译注

像苯、丙酮和三氯乙烯这类众所周知的致癌物质。它被科罗拉多高等法院关闭了；然而，一个州议员提出的一项法案又让它重新开张了。

在高科技的加州硅谷，那里有齐整的草坪且永远都有光照，人们总是觉得自己生活在世界上最干净的工业环境中。然而，在1982年，生活在加州洛斯帕塞欧（Los Paseos）的人们发现，化学清洗溶剂已经从电子公司的贮水池渗透到了当地的水井中。在117名儿童的身上出现了数目异常之多的出生缺陷，其中有13例死亡，还有从皮肤病到先天性心脏病的众多医学问题以及其他的出生缺陷。这导致了一起针对仙童（Fairchild）照相器材公司以及废品公司的数百万美元的诉讼。

须知，许多由有毒的化学物质所引起的疾病，比如戴奥辛[1]，会引发癌症或遗传缺陷，在几十年内，甚至几代人身上都不会显露出来。出于姗姗来迟的好心，环保局花了3 670万美元把整个密苏里的泰晤士沙滩镇买下了，可这个镇子已经消失了。调查环保局的腐败不是本书的内容。但**即使是据环保局那些被高度怀疑的人物所言，在每年排放的880亿磅有毒废弃物中，也有90%都是"不当处置"**。（《新闻周刊》，1982年8月22日）

这个问题并非美国独有，缺乏控制决心的国家都一样。

1　戴奥辛，一种会致癌或致畸的杂环族碳氢化合物。——译注

正如环保局的一名前高官丽塔·拉韦尔（Rita Lavelle）在1982年5月所言："创造或改变经济上的动机不是管理部门的责任：我们不能管市场。"相反，在德国，通过使用突变细菌、物理挤压和化学或生物中和剂，85%有危险的废弃物已被解毒。

意大利塞韦索周边地区因为在1976年受到了有毒废弃物的严重毒害而不得不被遗弃。现在八年过去了，生物中和剂已经起到了作用，人们又慢慢被允许搬回去。

自然资源的破坏也可能来自表面上看似良性的环境干预。在60年代早期，我被卷进了阿斯旺大坝的建造项目。这是同类项目中最大的构造之一，其设计目的是明确的，就是为了使社会经济多方受益。建成之后，灌溉的土地最少增加25%，发电量也将翻番。不幸的是，事实的结果并不像想象的那样。纳赛尔湖（阿斯旺开发中的一部分）保持着尼罗河三角洲土壤赖以肥沃的大部分盐分。大坝也截留了许多三角洲的海洋生物生态链所需要的重要自然矿物质。自从1964年阿斯旺第一次调控河水的流量以来，埃及本国的沙丁鱼业已经损失了3 500万美元；1969年春，报告显示，三角洲的捕虾业也在下滑。

加州工学院的塞耶·斯卡德（Thayer Scudder）教授在对南非的赞比西河上建水坝发出警告时也得出了同样的结果。大坝的设计师预言灌溉农田的损失将由日益增长的渔业资源补回来。事实上，大坝建成后渔获立刻变少了，而且湖岸不久就繁衍了大量的舌蝇，它们感染了当地的家畜，而且几乎中断了牛的繁殖。

慢慢地，有些教训被吸取了。有一个幸好未被实现的计划是关于亚马孙流域的。早在1971年，赫尔曼·康（Herman Kahn）的哈德逊学会（Hudson Institute）就提出要在南美洲中部创造一个相当于整个西欧那么大的内海。一项世界观察学会所做的研究明确证实，亚马孙内海若建成将破坏现存的最后一块大型的原始森林，并改变整个南半球的气候。我很高兴地看到，为巴西和哥伦比亚疯狂地做着白日梦的哈德逊学会终于被抛弃了。

但是，尽管这个教训被吸取了，美国军队的工程师们却在佛罗里达的湿地国家野生动物保护区的整个北部边缘地带建造了一系列小型水坝。这项工作贯穿了整个20世纪70年代，其目的是为了灌溉这个地区，并提供一块适合放牛的土地（这是对土地最无效的使用，可谓臭名远扬），以满足养牛者们的游说。结果：湿地被放干了，野生动物被毁灭了，土地盐碱化，佛罗里达南部的某些地方出现了一些沙漠化的特征。而现在，80年代早期，那里又有了机会，一个新的喷气机机场（有着高分贝的噪音和污染）将在湿地的南部边缘建成。

我们总是忽略这一事实，即地球上几乎所有的重要缺陷都是由人类造成的。希腊、西班牙和印度那些贫瘠的岛屿，澳大利亚和新西兰那些人造的沙漠，中国和蒙古那些没有树的平原，北非的荒漠，地中海盆地以及智利都证明了这一事实。**哪儿有沙漠，人类就在哪儿活动过。**里奇·考尔德（Ritchie Calder）的《第七天之后》（*After the Seventh Day*）一书充分证实了这一点。我们可以比较一下从 1596 年至今的美国地图。由西班牙天主教传教士准备的最早的地图是关于西南部的。现在涵盖了 9 个州部分地区的沙漠当时根本就不存在。但是由于树木被任意砍伐，水分流失愈演愈烈，大约 2 亿头水牛消失了，表层土每年春天都被冲走，在 1830 年和 1930 年就刮起了沙尘暴，沙漠也在增长。唯一在改变的东西就是"改变"本身的速度。亚历山大大帝和其他的征服者用了将近 1 500 年把阿拉伯和巴勒斯坦（牛奶和蜂蜜之地）变成了沙漠。若想把美国变成沙漠，300 年足矣。更多的"技术"已经胜利了，通过使用除叶剂、凝固汽油弹，使河流改道，如此这般用 5 年的时间改变越南南部的生态圈，这个国家可能会成为一个永久的半荒漠。

处于北回归线和南回归线之间的热带雨林是对地球生态很重要的绿色带，如今它正在大片大片地消失，其面积相当于整个法国的面积。许多植物学家认为人类未来的衰落与树倒下的速度是同步的。由于森林被破坏了，人类会发现越来越难以生养自身。潮汐可能会改变，而大气也将被有毒的气体污染。主要的能源还没来得及利用就将枯竭，气候循环也将变得越来越坏。

一位科学家曾经写道："如果人类能够发展出一些技术，

把每天储存在热带雨林植物中的巨量太阳能利用起来，那么这些森林以甲醇或其他燃料的形式所产生的能量，就几乎是1970年世界上所有能源能量消费的一半。"（诺曼·迈尔斯，《沉没的方舟》）

世界上还残存的那些热带雨林，每年有1%将遭破坏。繁荣的亚马孙盆地超过25%的地方已遭破坏，而热带亚洲和非洲所受到的损害则更甚于此。

不及时拯救这些森林会留下一个生态定时炸弹。而这些森林不仅是这颗星球的"绿肺"，它们还能够改种水果和坚果树，为世界的粮食供给增加不可计数的食物。

有两个人发展的一个计划，可以作为回转生态灾难之路开始的标志。皇家空军的退伍军人约翰·莫里斯（John Maurice）把大半生的时间花在了应用植物遗传学上，而詹姆斯·阿伦森（James Aronson），另一个富有经验的植物遗传学家，则计划开发一种苗圃网络，用以培养可以方便地运送到遥远的地方并种在那里的速成树苗。在多年的嫁接、移植、再嫁接，并使用了每一种遗传学窍门之后，这两位植物学家已经培育出了几种"理想的"树：澳大利亚坚果树、杧果树、鳄梨树和其他的树种。它们在苗圃里重量不超过2盎司，但是它们充满了活力，用正常时间的一半就能成熟。

阿伦森说，他们的突破意味着，树可以成千上万棵地被运输，每一棵都被装在雪茄大小的试管里，其中盛有一个生命支持系统，能够在数周之内提供足够的养料和湿气。一句话：一头驴子的脊背可以驮起一整片试管森林！

莫里斯的苗圃已经在向埃塞俄比亚、坦桑尼亚和其他的非洲国家出口树苗了，它们到达那里的时候仍旧形状完好，易于种植。现在，他们的工作得到了秘鲁和密苏里州植物园的支持。因为研究的缘故，他们还去了墨西哥、中美洲、南美洲、夏威夷、菲律宾、印度尼西亚和马来西亚。

他们的再造森林工作设计的高明之处在于其可运输性。"以前，你必须把一棵树装在一个锡罐里，"阿伦森和莫里斯说，"并在根的周围装一些土。它可能重20磅，如果你把它放在一辆旅行车后面运回家还行，但是如果你必须把数百万棵树放在一架飞机上，故事就不一样了。"

在1983年，广播和电视新闻节目以及各种报纸和杂志，开始探讨"温室效应"。这个地球气候的危险变化现在正在调整我们未来的一切。空气中日益增加的污染物——由汽车排放和日益广泛使用的矿物燃料所制造，同时使地球表面增温，并阻止了大多数的热量排放到空中。可以预见的结果包括：北半球到2040年温度会平均升高9华氏度，两极冰冠的部分融化将使海平面升高40英尺，大、小气候的变化将影响全球的农业。

尽管在这些变化中，有的现在似乎已经没法改变了，但有些问题可以通过设计的方式解决。

需要立刻引起设计关注的一个世界污染之源就是汽车。

早在 13 年前，洛杉矶就成了世界上第一个道路和停车场的总面积**超过**住宅和公园面积的地方。这可能是一个骇人的趋势的开始。显然，汽车在许多方面效率都非常低，我们所需要的是一种基于**设计**的解决办法。

全面取消汽车的建议将是幼稚且危险的。一个没有汽车的世界可能很适合在象牙塔里生活的企图，但是在居住间隔距离很大的农业区是不可能的。无论是在加拿大的萨斯喀彻温省，美国的得克萨斯、南北达科他或怀俄明州，澳大利亚昆士兰和新南威尔士的农场，还是巴西或波兰东部的农业平原，汽车都是一种重要的工具，而且常常是联系各种服务和其他人的唯一纽带。

但是需要一种什么样的汽车呢？因为经历了三次石油危机，我们已经逐渐习惯于开更小、更省油的汽车。但在北美，我们仍旧戴着一副保护性的眼罩，不关心，甚至也不知道现今世界上其他地方的状况如何，然而，其他那么多地区的人同样也要生存。

我们自己已经适应开本田生产的小车了，还热切地和那些不怎么喜欢冒险的邻居们交换每加仑汽油跑的里数。然而在日本，本田正在销售一款在城市路况下能够达到 70 英里 / 加仑的汽车。这就是本田"城市 1983"（1983 City）——一款在北美买不到的车。由于担心进口配额，日本正在把更大、更昂贵却不省油的汽车出口到美国。（《要闻博览》，1983 年 4 月 22 日）

雷诺的"维斯塔"（Vista,Vehicule econome de systemes et technologie avances）[1]达到了 94 英里 / 加仑，可以坐 4 个人外加他们的行李。这种车在美国也买不到。(《设计》，伦敦，No.409，1983 年 1 月)

一个德国公司正在生产一种"自己动手做"的车，可以达到 60 英里 / 加仑，而且 2 个人在一周内就能组装好。[《购物》，由西柏林汽车顾客（Automobilwerk Shopper）股份有限公司制造]

但是，还有更为不同凡响的实验型车已经被试行和检验了。日本的 Nichilava 股份有限公司开发了一种可用于短途旅行的踏板车。四个轮子的自行车被包在了一个轿车一样的小舱里，它比自行车更具有稳定性，并能够保护骑车的人不受外界干扰。其设计能够承载一个成年人加上行李或小孩，时速可以达到 18 英里，爬 10 度的斜坡比走路还省力。和汽车一样，它上面也配有前灯、喇叭、后视镜和闪光装置——售价 450 美元。

1982 年 9 月，"太阳能崔克"（Solar Trek），一种太阳能车从珀斯开到了悉尼，这段距离相当于从费城到圣迭戈（3500 英里）。这辆试验车用了一台由 2 块普通的汽车电池发动的 1 马力直流电发动机。这 2 块电池由 720 块光电池不断进行充电。除了车胎漏气，整个旅程没有故障。(《设计世

---

1 括号中法文的大意为"技术先进、省油的车"。——译注

"顾客"自造车。西德制造。广告图片来自"顾客"

踏板车。斯密特·瓦加拉门特绘

界》，澳大利亚，No.1，1983年3月）

比起美国车来，大多数进口车不仅更为小巧、安全、经济，在设计和工艺上更有新意，而且做工也更为考究。其质量监控在工厂里就更为严格。而在美国，将近有一半的州准备告通用汽车公司，因为它在更为昂贵的汽车里装了雪佛兰的引擎，却没有告知消费者。（《堪萨斯城星报》，1978年10月16日）

如果我们想象"未来汽车"，我们可以做出相当精确的猜测。我们可以假定未来（1985—2000）典型的汽车就是差不多一辆本田思域（Civic）的大小。它能够舒适地承载4个成年人，巡航速度轻易就能达到55英里/小时，最高速度能够达到90英里/小时。它将有3个门，是一种有仓门式后背的汽车，但其样式可能会稍微有点长（"旅行车"）。在两个模型中，后座都能折向下，并能整体移动。

发电装置将是一种侧置四汽缸气冷铸铝引擎（就像20世纪60年代英国的Mini-Cooper一样），这样能够给行李和乘客腾出更多的地方。其引擎将是清洁型的，不用催化剂（就像本田CVCC和有些沃尔沃汽车一样）。它将由前轮驱动，但也能选择四轮驱动（如同斯巴鲁汽车）。正常驾驶它可以达到75—100英里/加仑（就像本田–城市和雷诺–维斯塔）。为了便于理解，所有的引擎部件都将被清晰地标明（如同斯巴鲁汽车）。为了减轻重量，所有重要的车身部件都是由玻璃纤维制成的。对于一些高级轿车来说，这种玻璃纤维车身的使用是很平常的，在底特律、日本、瑞典和德国，其生产模型已经被检验过了。车顶将是一块能够滑动的太阳能嵌板，它能够提供 30% 所需的能量。（现在，本田、斯巴鲁和加州的拉比特已经掌握了这种嵌板及其转化技术。）读出器设备也将显示各种污染的因素、英里／加仑的比率，以及一种"汽油消费者"的进度指示。（所有这些设备现在可以从德国和瑞典得到。）燃油喷射和电子打火系统将使在冬天立即启动成为可能；它还将通过永久内置一种滑轮加热器（现在多数加拿大省份都能得到，而且是被强制推行的）使之进一步成为现实。3 分钟后，一种电子传感器将关掉空转引擎，以防止空气污染，尤其是在冬天（这个功能在瑞典已经能见到了）。车身将被整体包裹保险杠，其设计用以缓解高强度的碰撞（和斯坎迪亚－萨博的多孔涂胶塑料蜂窝保险杠一样）。座位符合人体工程学，并被整体设计（就像保时捷和梅赛德斯－奔驰）。该车将有 6 速手动传动装置和电动超速挡。司机的门将开在与多数标准车门相反的方向：向后（如雪铁龙 2CV），这样在进出车辆时将提供更大的安全性，还能够帮助老人和残疾人。乘客的门可以滑动（如同大众面包车）。警队利用的遇难信号装置将成为无线电通信系统的一部分。油漆将在 10 年之内不受盐类化合物的损害（如 1983 年的保时捷）。

理想车的方案继续说下去是容易的。但重点也是清楚的：阅读这些描述，敏感的人会发现，这种车现在就能做出来，用现有库存的硬件就能做出来！这指出了一个有关设计的重要事实：在将重要且有用的设计观念综合成一个整体，使每个概念得到最理想的利用之前，它们常常已经存在多年了（有的甚至是几十年）。

解决全世界的各种交通需求必须依靠一种全面的重新思考，就是要把交通作为一个系统，同时还要重新思考这个系统的每一个组成部分。有些可能指导未来的方针已经存在了！

从第一个单轨铁路快速运输系统在德国伍珀塔尔投入日常运营到现在，已经一个世纪了。这个系统已经证明了自身的快速、清洁，而且它对自然和视觉环境只有最低限度的影响。无疑，在许多大城市中，单轨铁路系统可以帮助我们缓解交通堵塞。

据说在西方世界，一般个人都看重他私人的和个体的交通工具，尤其是在美国，家用车周围包着整整一连串的理念——自信、独立和迁徙——这在西方野蛮且粗犷的时代是从周身斑驳的油漆上体现出来的。我们曾经把汽车看作一种上等的好马，对其缺点却丝毫不觉。但一旦我们只是把汽车看作交通系统整体中的一个链条，就很容易找到替代性的解决办法。

一般美国人开车60英尺远拐个角就为了发送一封信，或者一周开一两公里路就为了到超市购物。他或她为了去工作可能会每天都要来回开（很孤单地待在这个巨大的钢铁棺材里）40英里。整个家庭可能会挤进一辆车里（一年两三次）去探望300英里之外的祖母。我们知道，在任何时间，我们

电动车（Electrivan）：到 1968 年，英国道路上跑的电动车有 45 000 多辆，是全世界最多的。若没有这些车及其异常低廉的运营成本，英国人就享受不到诸如送牛奶、倒垃圾、救护车以及道路维护之类的服务了。几年后，邮局也开始使用这种车。康普顿·利兰（Crompton Leyland）电动汽车公司提倡的这种厢式货车既小巧又神气。它长 9 英尺，通常电动车所具有的优点都有：不用离合器、变速箱、散热器，也不用油气，该车养护费用低，配有 20 英尺的转向圆和内置充电器。它可以达到时速 33 英里，能载 500 磅的重量。行驶 10 000 英里或一年内保修。供图：英国工业设计委员会。关于电动车是否可行似乎无须争论，因为几千辆车子已经在路上跑了好几年了！

都能钻进一辆车里，然后长时间驾驶，只要 5 天就能从纽约开到加利福尼亚：不过人们很少这样做，而会选择先坐飞机，然后在加州借一辆车。

　　现在让我们将出行作为一个系统来分析。超过 500 英里的距离最好乘坐飞机。50—500 英里的距离，铁路、汽车、单轨铁路会更有效，而通过由设计团队开发的其他方式，人们还会得到更好的服务。

现在，有许多工具用于穿行 50 英里之内的距离，其中有些还没有得到足够的开发。新的工具将由设计团队来发展。为了理清这个复杂的问题，部分可以从步行开始。比起 20 年甚至 10 年以前，美国人现在步行的时间更多了，因而产生了一件有点可笑的事，数百万美国人每天晚上花 10 分钟在一个价值 2 995 美元的"魔术毯"上认真地慢跑。（《思考的产品》，1983 年，第 12 期）四轮滑冰鞋听起来好笑，穿上去危险；然而它们已经在一些大型的存储设备和工厂里被使用了，在那里，它们不能和汽车混在一起。在哥本哈根郊外的凯什楚普（Kasturp）国际机场，无须动力助推的速可达（scooter）[1] 能够很好地帮助旅行者移动，而其造价只是其他机场使用的所谓载人工具的 1/200。

在芝加哥，一个学工业设计的学生几年前设计并测试了一种电动的铝制速可达，它重 18 磅，折叠起来的时候不会超过一间浴室的大小，巡航里程 15 英里。这种设备，移动性能好，无污染，在市区或大的校区也不会发生交通堵塞，但是从未被投入生产。它可以使人在一个 9—15 英寸的平台上从一个地方移动到另一个地方。在芝加哥，我们的工业设计学生独自一人工作了 7 个月，总共花了 425 美元开发出了他的电动、手提包大小的迷你速可达。假如光通用汽车每年

---

1 速可达，或译"踏板车"，在两个小轮之间有一长踏板的儿童车，由附在前轮上的一垂直操纵把控制。——译注

就要花 60 亿美元用于公司的研究和开发，而设备和设计的才能亦可遇可求，我们就会欣然明白，这样一个异常优秀的速可达绝不是个人交通中最后的绝响。

1983 年 12 月，这种速可达在德国被重新设计之后，现在在美国花 995 美元也可以买到了。我们可以期待价格降下来，因为大量的生产和销售将降低成本。（《思考的产品》，第 12 期，1983 年 12 月）

在丹麦和荷兰，如果确定是在 50 英里范围之内运动的话，人们都骑自行车。其中许多都是可折叠的，携带方便。有微型汽油引擎动力的自行车，而小型的电动辅助系统也设计得很方便。有些车辆是由我的学生设计的，服务于正常的和截瘫儿童的锻炼和运动，它们可能会指向新的交通方式之路。机动脚踏两用车、动力速可达和摩托车就其现有的形式来看不在此讨论之列，因为它们基本上还是污染者。

有些空想的概念，比如移动的人行道，现在必须被拒绝，因为要想实现，估计消耗的能量之高可能是灾难性的。

结合现有的三个系统，我们最少就能发现一个可行的替代方式解决市区的喧闹和交通问题。如果我们结合（1）像 1950 年的西姆卡（Simca）一样的一个电池发动的微型出租车队和（2）一张交通信用卡，用户在每月月底用电脑充值，以及（3）一台单向的手表大小的无线电装置，我们就开始了一个合理的市区交通系统。用户可以用他的无线电装置叫一辆迷你出租车到他要去的特殊地点（这样就消除了那个反对公共交通的最有力的论据：下雨天里得走很长一段路，然后在公共车站等车）。迷你出租能够把他带到一个专门的地点，这样还排除了近似目的地。付费可以通过信用卡或月结的方式。在市区，用数千辆这样的迷你出租车还能将更多的土地（现在用作车库、停车场和服务站）释放出来，也能减少汽车尾气的排放。大街上，更多的地方可用作绿化、公园和步行区。在工作日结束的时候，用户可以被带到单轨铁路终点站，然后回家。

有些追求浪漫的人仍旧更愿意"转动自己的装备"，他们觉得马力大的跑车开动之后发出的那种悦耳的呼呼声，会使他们觉得自己好像骑在了马背上。在大城市外围的一些车库，旅行车、卡车或营业的跑车都可以出借数小时或数天，往乡下开。然而，这些车辆不能被开进高楼林立的区域或城市中去。

上述对城市交通问题的情景设定是经过深思熟虑的，绝不是煞有介事的回答。在许多可能的解决方案中，它只是试图提出的一种，同时也表明，在这个过程中的每一步，设计师和设计团队都得参与其中。

如果我们转向人造的生活环境，问题最起码同样严重。人和家庭单元已经成了"零件"，他们像副本一样被贮藏在那些巨大的文件盒之中，这就是今天的廉价公寓[1]。当"城市

----

1 廉价公寓，一种年久失修、房租较低、其装修配置刚刚达到最低标准的公寓。——译注

改建"[1]之声四起的时候，其结果常常比一开始需要被重新设计的状态更不人道。例如，在芝加哥东南部一个"更新的"少数族裔聚居区，一连串超过30个公寓单元的建筑群（每栋能住进超过50个家庭单元）绵延长达4英里，它们被整整齐齐地安置在12条超级高速公路[2]之间（这正好切断了与城市其他部分的往来），而另一方面，一些大型的制造厂（和它们那些终年喷云吐雾的大烟囱）以及一个巨大的市立垃圾站也在这儿。尽管以前老的聚居区有这样或那样的毛病，但它毕竟有一种社区感，而现在已经被完全破坏了。

　　这里的居民没有公园、没有绿地，在步行区甚至连棵树都没有。每一个家庭和其他的家庭都是隔离的；晚上，人们蜷缩在他们那些蜂房一样的单元房里，而青少年的街头团伙则在夜色下火并。犯罪活动经常发生。这个聚居区齐刷刷地拔地而起，并变成了一排排高楼大厦。这些建筑物视觉上完全一样，一系列水泥板上被凿出了无数个小窗户。这个区域甚至与最基本的购物需求都是完全脱离的。一家超市和加油站坐落在这些建筑物最北端500英尺处，而公共交通是不存在的。一个住在开发区南端的老年妇女要购物得走5英里路（来回）。如果一个带小孩的母亲要去市场，那将近3个小时她就没法照看小孩。但是，这些穷人住的屋子，其设计中的

1　城市改建，通过大规模的修复或重建房屋和市政工程来改善城市贫民窟。——译注

2　超级高速公路，有6个或更多车道的、高速行驶的宽阔公路。——译注

一些毛病同样也会体现在给富人做的设计中。

建成多年之后，为了让当地的居民和设计批评家们高兴，联邦政府和当地以及州里的机构合作，最终决定炸掉这个住宅开发项目中的一些建筑（彼得·布莱克，《形式遵循惨败》，以及维克多·帕帕奈克，《为人的尺度设计》）

大多数的设计师（不光是在住宅和社区规划领域）似乎都戴上了一副马眼罩。**这有效地阻止了他们去思考，在其他的地方或其他的时代，同样的问题可能也没有被明智地加以解决。**

跟任何一个收容所设计师说"弗兰克·劳埃德·赖特"，他立刻就能想到古根海姆美术馆、流水别墅、东京帝国饭店以及一些早期的草原住宅。他甚至能够想起一种空间的样式主义和新巴洛克的相互渗透。但是很少有人能够完全认识到，赖特在个人住宅和单元公寓住宅之间创造的那个重要的"缺少的一环"。

1938 年，弗兰克·劳埃德·赖特为宾夕法尼亚的阿德莫尔（Ardmore）设计了"日顶住宅"（Sun Top Homes）。在四个提案中只有一个被真的建造了起来。这的确是一个由四个个体住宅组成的苜蓿叶似的相互渗透的结构。每一栋都有一个一层和一层半的客厅，并配一间娱乐室、几间卧室和厨房，这样就伸出一个两层的区域。这个由四户组成的结构中，每一户都是这样规定的，且每一户都与其他三户互不相扰。机械和管道中心在中间，但每一户个体单元都有自己的

弗兰克·劳埃德·赖特设计的苜蓿叶形的住宅项目，1942 年于马萨诸塞州匹兹菲尔德市建成。
弗兰克·劳埃德·赖特基金会许可使用。弗兰克·劳埃德·赖特基金会版权所有，1969

空调、管道和照明设备，并有自己的菜园和消遣场地，单元公寓之间以及公寓和道路之间则用树木和植物掩映。整个建筑的造价很低，1941 年得以实际建造（作为原型）。在 1942 年，赖特为住宅保护署（Defense Housing Agency）进一步发展了这个概念。本来，100 栋这种苜蓿叶住宅（可容 400 户）会在马萨诸塞州的匹兹菲尔德市被建造起来，但宾夕法尼亚和马萨诸塞的议会都认为"把这么庞大的工作交给一个威斯康星的建筑师是错误的"，所以这些项目没有上马，现在听起来这真是不可思议。

　　近半个世纪之后，这个最初的"日顶住宅"原型仍旧矗立在宾夕法尼亚的阿德莫尔，默默地诉说着政府的目光短浅。

　　弗兰克·劳埃德·赖特在 1935 年设计的广亩城市（Broadacre City）囊括了多种功能：重工业、轻工业、私人住宅、公寓住宅、诊所、日间托儿所、中学、大学、体育场、休闲设施、自行车道、公交支线、绿地、停车场、购物区以及公共交通和高速路网之间的联动，至今仍具有高度人道的

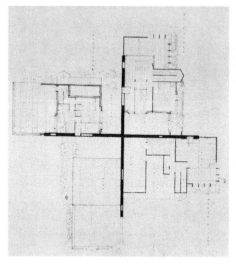

苜蓿叶住宅计划。弗兰克·劳埃德·赖特基金会许可使用。
弗兰克·劳埃德·赖特基金会版权所有，1969

规划特征。它能够随地域差异而做出相应调整，这样，弗兰
克·劳埃德·赖特的广亩城市最终穿越了整个北美大陆。当然，
这也不是说广亩城市或阿德莫尔项目就是理想的答案。

　　设计师们都把赫尔辛基附近的塔皮奥拉（Tapiola）看
作是对这种原型住宅的发展。在广亩城市和阿德莫尔项目的
基础上，他们只是继续发展了部分的解决办法，但是比起那
些为人的居住而建造起来的将近 3 000 万个"兔棚"来，他
们的解决办法显然更加关注生活的质量和人的尊严。

　　在弗兰克·劳埃德·赖特看来，尺度是社会价值最大的
威胁。早在 40 年代他就写道："小的形式，小的工业住宅、

小工厂、小学校、一座小的大学最合乎人的心意……小的实验室……"

　　"人的尺度"的整个概念已经被扭曲了，这不仅表现在住宅上，还体现在了其他的领域。人们期望能有一个只是由自我的兴趣和私人利益激发的系统，至少它能在设想其购物场所时派上用场。这很难，但也有些值得注意的例外。斯特罗里耶（Strøget）就是这样的一个例外，一个坐落在哥本哈根市区的商铺"步行街"，其构造就是为了休闲漫步并激发购买力。它的两个组成部分，腓特烈斯贝街（Frederiksberggade）和新街（Myhgade），一共约400英尺长，囊括了不下180家商铺。1983年，在我的故乡维也纳的克恩顿大道（Kärntnerstrasse），市里几乎所有的地方都成了步行区。

　　在现在美国的一个购物中心，两个商店（比方说超市和药店）的入口之间通常会用400英尺的距离分开。两者之间的空地将由一些空洞的窗户组成，没有展示，单调乏味。常常是既无风景可赏，又不提供防风墙。在夏天，这4亩水泥地要接受烈日无情的暴晒；到了冬天，风卷起来的雪能堆得和车子一般高。有意思的是，人们在超市买完了东西之后会回到车里，再开400英尺到药店。周围的环境里就没有能够促使人们闲逛的东西，只是在为汽车设计。在美国，大多数的购物广场都是把一长溜的店铺安排在一个大广场的三个边上，其中心是一个停车场。巨大的开口的一边朝向一条高速公路。这可能使购物"高效"，但根本没法让人舒心。

一个值得注意的例外是密苏里堪萨斯城的购物区广场。这里的间距是可以行走的，有雕塑、几处喷泉、绿植和为漫不经心的散步者准备的长凳。一种真正的街道生活被保留了下来。这些建筑中的绝大部分都不超过三层，均饰以花砖和雕塑。其尺度何以如此人性呢？因为广场是在1923年规划建造的。

在市郊和远郊，尺度的问题尤其引人注目，那里已经变成了巨大的宿舍区，有各种各样的问题。越来越多的工厂从大城市中搬了出来：便宜的劳动力和税收优惠政策吸引它们搬到了所谓的工业园。由于越来越多的工厂聚集到了这种所谓的工业园里，服务业群、商店和一片片的住宅也拔地而起——没有关于未来发展的任何规划、理由和预期。交通网络很快就把这些制造中心和原来的城市连在了一起，在市郊和卫星工业中心之间的无人地带，一种由小型的装配厂、维修店和贮藏库组成的全新的亚文化发展了起来。没做任何合理的规划，城市就在这个地方繁衍开来。

即使我们愿意接受环境污染从心理、社会和生理上给我们带来的种种危害，还是有更多直接且重要的原因要求停止它。最近，太空中气象卫星通过气象观测站提供给我们的信息和统计数据明确地指出了一个重要的变化：一大块被永久污染的暖气流将会实际引发恶劣天气。尤其是在美国的中西部和东海岸，在过去的20年中，更多严重的风暴、干旱、降雪、大风雪和龙卷风打击了一些大的郊外中心。这一现象（通过在世界上增加目标地区的数目）有时候会对气候产生持久的影响。这就是由于不注意尺度而带来的灾祸。正如朱利安·赫胥黎（Julian Huxley）所言："单是放大一个物体而不改变其形状，而且，哪怕是无意为之，你都已经改变了它所有的性质。"

最基本的系统设计研究表明，由各部分构成的一个系统将随着各个部分的变化而最终改变。通过观察一些子系统，我们可以确定一些导致转变的因素。比起其他的室内空间来，医院和心理机构常常会被更为精心地设计。建筑师、室内设计师和医疗专家一般会共同参与策划。在楼层平面图上，人们会对一家精神病院的休息和恢复部门很好地进行布置，用于群体谈话、娱乐和游戏。但是，一旦这个部门正式运作起来，医院的人员会很快重新布置好所有的座位。这些椅子会被摆得呆板、整洁，且均匀对称。这样做的好处是可以增强医院工作人员的安全感，减少清洗地板的次数，并且更易于食品手推车通过此屋。然而，这种家具的布置在病人之间的互动上制造了障碍，而且有时候可能会促使他们患上孤独症或紧张性神经症。在每个椅子四周放置椅子，它们朝向四个不同的方向，会使毗邻而坐的人都难以交谈，而且会彻底切断他和任何人之间的交谈。

这个例子说明了设计师们常犯的一个重要错误：没法不时回去一下，看看他的工作是怎么被执行的。据我所知，医院或精神病人从来没有组成过"客户代表团"和设计团队一起工作过。考虑一下服刑的犯人、军人起居空间的布置，宿舍里的大学生和其他一些被约束的群体，同样的观察是可以被证明的。

爱德华·霍尔（Edward T. Hall）关于着陆高度计（proximeters）和人的间距（human spacing）的研究已经表明，当今机场航站楼所使用的座位的类型和尺寸强烈地违背了西方的空间观念，因为无论什么时候，都足足有1/3的座位是空的。哪怕建筑物里面人满为患也常常是这样：许多人宁愿站着或走来走去，也不愿意靠近陌生人。大多数游览欧洲或拉美的美国人，当被问及是否愿意和陌生人在餐馆里同桌进餐时，都会表现出些许紧张。几乎没有什么东西能够比那些在电影的宫殿里没有尽头的长廊，从来没人坐过的镀金的、猩红色的椅子，或与之相似的那些公司办公室指定的等候室（在那里，柚木、皮革、钢铁和玻璃已经替代了假的法兰西帝国矫揉造作的饰物）更能够支持托斯丹·凡勃伦（Thorstein Veblen）的"炫耀性消费"（conspicuous consumption）理论了。

显然，在每一个类似的案例中都曾发生过设计的决定，但不幸都是错误的决定。在每一个案例中，设计师都在他的个人趣味、其客户的愿望和无论如何已经在消费者的层面上被认定为优良的品位之间"逐步建立"起了一种联合。通过与设计团队合作，经由我们的六边功能联合体检验其结果，并将用户成员纳入团队，就可以避免这种错误的设计。

我们正在逐渐明白，对于我们的社会来说，主要的挑战已经不再是商品的生产。而是说，我们必须做出选择，处理"多好"而不是"多少"的问题。但是，这些变化以及我们对这些变化的认识也变得越来越快，我们试着明白了，原来变化自身正在成为我们的基本产业。道德的、美学的和伦理的价值将伴随着它们被运用于其中的那些选择演化发展。我们仍旧可以远离技术和设计去考虑宗教、性、道德、家庭结构和医学研究的问题。但它们之间的边界很快就会变窄。有了所有这些变化，设计师（作为多学科解决问题团队的一部分）就能够而且必须使自己融入进去。他可能会出于人道主义的原因**选择**这样做。不管怎样，在不远的将来，为了生存这个简单的愿望，他将**不得不**这样做。在西方，当你试图告诉人们，在很短的时间内，数百万人将死于饥饿，他们根本不会听。他们会神经质地笑笑，然后局促不安地改变话题。但是在发展中国家的许多地区，每天早晨，那些卫生小分队都要运走成千上万的遗体。

就在 20 年前，有一段时间，当时正如威廉·帕多克（William Paddock）所言，"鹳跑到梨前面去了"。现在，人口数量上升的速度比养活他们的办法增长得还要快。比起 50 年前经济大萧条那会儿，一个人在今天的世界上所能得到的食物更少了。

在欧洲和美国，引人注意的是，人口的数字现在处于更新换代的水平之下。但仍有千百万人饿得要死——这必然使我们关注食物。

设计行业一直对食物生产和新的食物来源的开发丝毫不感兴趣。然而，不管设计师们喜不喜欢，它们都属于人类。在北半球的人对世界上贫困人口增长的所有似是而非的关心都是遮掩其极端、逃避情绪的薄薄的面纱。成为一个种族主义者显然已经不是什么好事了。但是，当我们谈论发展中国家、贫民窟和少数族裔聚居区时，我们中的一些人所使用的那些特定的字眼却是恶劣的。我们说，他们的人口"爆炸了"。他们是一个"人口炸弹"。他们"像苍蝇一样繁殖"。我们谈论"失控的人口出生率"以及我们必须如何"教会他们控制人口"，而且我们还说（尤指非洲、亚洲和拉美）"成群成群地繁殖"。这样的字眼反映了我们的想法。而这种想法是我们的种族主义、偏见和殖民主义的遗产。当我们开始派"人口控制分队"去"帮助"一些国家时，在最坏的情况下就是新殖民主义。每一个国家都对其自身的人口负责。

自然，家庭不应该拥有超过其能够体面地养育的数目的小孩。**但是，只有当贫困者的生活水平已经提高之后，生育控制措施才能够证明是有效的。**只有在人们已经安全，可以实现人的尊严和目标，不再被害怕饥饿、贫穷、愚昧和疾病的担忧所困扰之后，人们才会开始对限制其家庭规模感兴趣。对于面临着他的许多孩子必定要死亡的人来说，生许多孩子只不过是遗传和经济上的保证。几百年来，我们乐于假定，在许多发展中国家，懒惰、疲惫、无精打采、智力迟钝、短命和愚笨是其种族特征。今天，我们懂得了他们并不是懒人的种族，他们是一些长期营养不良之人，甚至到了无力也无望的境地。营养不良导致了很高的婴儿死亡率，家庭所以变得这么庞大也是希望从某种程度上有所弥补。但是饥饿和智力迟钝在继续，两者是相互关联的。

> 大脑比身体的其他器官长得都快，其细胞的激增是如此之快，以至于在一个儿童 4 岁的时候，相当于后来 90% 的尺寸的脑袋已经长成了……这种细胞增殖几乎完全依靠蛋白质合成，如果缺乏一些重要的氨基酸，细胞增殖就不会发生，而这些氨基酸必须从食物中摄取。(《生物科学》，1967 年 4 月)

在 1800 年左右，欧洲的居民大约有 1.8 亿。在 1900 年的时候，人口的数量已经增长到了 4.5 亿。但是显著增长的人口具有更高的生活水平，比起他们的先祖来，他们吃得更好，穿得更好，活得更长。马尔萨斯的学说称，食物永远都跟不上人口的增长。但这个简单的公式只有两个要素：土地和人口。科学、设计、规划和研究都完全被刨除在外。马尔萨斯的理论对动物可能是适用的（比如实验室的老鼠），但是有一种能力是只有人类才具有的，即整体的未雨绸缪，并彻底地规划、改变其复杂的状态。就在 100 年前的美国，为

了让 8500 万人口免于饥饿，一个庞大的农业人口（几乎占
到总人口的 75%）还在拼命地斗争。今天，只有 8% 的人口
还在种地，而人口已经超过了 2.3 亿，而最大的农业问题是
如何处理每年过剩的数兆吨食物！农业灌溉、科学种植轮作、
生物病虫害防治、贮藏、重新造林、家畜选种饲养，这些都
是科学的成果，它们改变了机械的马尔萨斯论。

对于企业来说，为世界上的不发达地区制造基本的农
用设备，不如为富裕的社会制造闪闪发光的快消小玩意儿
赚钱多。大多数的设计师并不认为设计农用系统和工具是
"光荣的"或是"有趣的"工作：比起为巴基斯坦改进一种
耕犁来，用玻璃纤维按比例缩小 1931 年的梅赛德斯 SS 不
知能多赚多少！

技术高度发达的国家，尤其是美国，一直存有一种错
误的观念，认为美国是世界上最大的食物生产者并拥有最
为机械化的农业，而这将保证最高的亩产量。事实并非如
此。为了减少进口食物的花费，一些小国达到的亩产量引
人注目，比美国的还高。在英国、奥地利、荷兰、比利时
和日本尤其如此。《联合国粮农组织生产年鉴》(1977) 报
告称，在美国的小麦农场每亩地能打 1 660 磅的粮食，而荷
兰的数字是每亩 5 107 磅。高科技的美国大米平均每亩出产
4 434 磅。在日本，用精耕细作的方法，每亩地能产 5 200
磅；西班牙是 5 607 磅。英国和比利时亩产马铃薯都能超过
10 万磅——这是美国平均数的 3 倍。国外的高产皆有赖于维

持小型农场和精耕细作。因此，那种认为需要更大、更好的农业机械设备的看法并不对。其实更需要的是小尺度的农用机械设备。

在北美，除了五个大型农用机械设备制造商还徘徊在破产的边缘，其他的早已销声匿迹了。那些借了几百万美元投资购买既个头大、保养维修费用又贵的农机具的农民，正在眼睁睁地看着他们的农场被收回。

在20世纪70年代早期，我的设计工作室研发了一系列农用拖拉机和机械化耕犁的概念，其动力在0.5—24马力。我们把这些观念介绍给了最大的七家农用制造商，然后我们被彬彬有礼地请出了他们的办公室，而他们的设计总监则试图制止住他们那怀疑的傻笑。我们解释说，我们的拖拉机可以在三个不同的领域使用：

　　1. 它将是一个针对发展中国家非常有利可图的项目，使公司在全球市场更有竞争力。

　　2. 对于阿巴拉契亚、南方、新墨西哥北部那些勉强维持的农场和其他在中西部以及太平洋西北部[1]的边缘农地而言，这可能是一种拯救当地人的工具，因而可能扭转家庭农场瓦解的趋势。

1　太平洋西北部，美国西南部的一个地区，通常包华盛顿和俄勒冈州。这个词也被用来指加拿大的不列颠哥伦比亚省的西南部分地区。——译注

3. 我们人本尺度的"行走拖拉机"(walking tractor)有时在市郊、远郊或一些比较复杂的地形耕作时可能是有用的。

但是公司的智慧(一个用词上的矛盾?)并没有改变。现在,10年过去了,中国研发了一种很相似的"行走拖拉机"。生产有0.5马力、3马力和12马力几种型号。下页图中所示为该系列最高级的型号,它已经成了世界上销售最好的农用器具。(要知道,世界上将近3/4的耕犁是由一个女人的力来牵引的,这个力远不及0.5马力。)

施肥和杀虫剂及其对于环境的影响已经在别的地方谈过了。但正是在食物的保存和加工领域,设计师可以做出重要的贡献。

在食品缺乏的国家,食物在收获后的损失可能高达收成的80%,这在很大程度上是储存和加工不善所致。微生物、害虫和啮齿类动物是食物收获后损失的主要原因。以身体重量计,老鼠消耗的食物是人的16倍;在印度,老鼠吃掉了30%的仓谷,在有些国家则多达60%。非洲收获的所有粮食,有1/3被啮齿类动物吃掉了。在那些饥饿的国家,贫穷、设备落后和交通不便损耗了他们50%上市的水果和蔬菜,在那里,大多数容易腐烂的食物必须在收获后24小时内吃掉。

"东风"拖拉机。广告供图：《莱城新闻》(*The Lae News*)，
巴布亚新几内亚

在本书1970年版中，我们展示了一台有如冰箱一样贮
藏大量食品的冷却装置。它是由詹姆斯·亨尼西和我设计的，
几年的野外测试说明，在热带环境中，它并不十分奏效。鉴
于此，我又开发了一个太阳能版本，依靠溴化锂工作的冰箱，
它用起来很好，在许多贫穷的国家，它可以使食物贮藏更加
容易。

无论哪一所设计院校，在其所教授的所有设计课程中，
为农业设计甚至都算不上设计教学内容的一小部分，这是罪
恶的！设计院校没有让它们自己正视这样一些环境的需要，
而是正在齐心协力为一些异想天开的场景教授设计。

设计院校让他们的学生参加一些在海底建造房屋和工作
环境的竞赛。而围绕这样一种努力的喧嚣又被另外一个项目

能贮存大量食物的太阳能冰箱。作者与大卫·彭宁顿（David Pennington）设计

的声音压过，该项目是设计一所建造在月球上的娱乐中心。毫无疑问，很快人们就不得不去收获这个蛋白质丰富的领域，这就是世界上的海洋。我们在海底开采矿藏和石油，并在那里喂养海鱼和海藻的日子也不远了。而且，当人们住在暂时的、圆顶的月球定居点上的时候，他理所当然地要看星星。但是，今天的需求不能因为明天一些不确定的目的而被忽视。之所以提及上述两个设计竞赛是因为它们更富有魅力，是"光荣的工作"，比把握真实问题更有趣。这也是出于既得利益集团的利益，他们要为青年人提供科幻的逃避路径，否则青年人会认识到他们的真实面目是何等粗鄙。

当然，正如我们在第七章和第八章中所看到的，这样的设计训练通过把学生暴露在不熟悉的环境中，也激发了他们新的和创造性的回应。但是，对于大多数同学来说，真正存在设计需求的那些领域同样奇特而又陌生。

当人类能够使自己在海底定居，或是在远处围绕着太阳旋转的星球上定居时，也需要设计。但是人类是否能飞越到其他星球或者是否能在海底生活，在很大程度上都要仰仗我们此时此地所创造的环境。当年轻人对阿巴拉契亚南部农场的生活所知寥寥，却对火星上的赌场结构一清二楚时，有些地方肯定出了问题。当他们发现他们自己更适应棉兰老岛[1]的气压，而不适应底特律污染的空气时，他们就会知道自己受骗了。

1　棉兰老岛，菲律宾南部的一座岛屿。——译注

第十一章
霓虹黑板
设计教育与设计团队

> 对青年人说谎是错误的。
>
> 向他们证明谎言更是荒谬。
>
> 青年人知道你的意思是什么。青年人也是人。
>
> 告诉他们困难无法计算，
>
> 不仅要让他们看到将要发生什么，
>
> 而且要把这个时代看清楚。
>
> ——叶夫根尼·叶夫图申科

几乎和所有的教育一样，设计师教育的基础也是对技巧的学习，对才能的培养，理解那些能够使人熟悉这个领域的概念和理论，并最终获得一种哲学。不幸的是，我们的设计学校是从错误的假设开始的。我们所教授的这些技巧常常与一个已经终结了的时代中的程序和工作方法相关。其哲学是一种自我纵容、自我表现、放荡不羁的个人主义，和一种唯利是图、冷酷无情的物质主义的混合物，两者在其中不相上下。早在大半个世纪之前，教授和传播这种偏颇知识的方法就已经过时了。

1929 年，慕尼黑的艾尔伯特·兰根出版社（Albert Langen

Verlag）出版了拉兹洛·莫霍利－纳吉的《材料与建筑》（*Von Material zu Architektur*），作为包豪斯丛书的第 14 卷。莫霍利－纳吉试图找到一种新的方法，能够使青年人潜心于技术和设计、设计和工艺以及设计和艺术之间的连接。可能他最重要的观念就是让学生们直接在工具、机器和材料上进行实验。1938 年，莫霍利－纳吉在芝加哥的新包豪斯（即后来的设计学院）开课了，该书又以《新视觉》（*The New Vision*）之名再版（由诺顿出版社出版）。在他去世后不久，一个内容有所扩充、插图更为丰富的版本以《运动中的视觉》（*Vision in Motion*）之名于 1947 年出版。现在，大约 40 年过去了，这本描述 1919 年开展起来的设计实验，1929 年首次出版，1938 年被翻译，1947 年又再版的书，在几乎所有的建筑和设计院校里仍旧是设计基础课的导论性读物。包豪斯实验变成了传统，愚不可及地迈进了 20 世纪最后这几十年。我们是否能考虑到学生们已经不胜其烦了呢？无疑，一名在 1984 年 9 月份进入设计学院或大学的学生，必须学会在 1989 年的职业圈开始有效地工作，这样，长远来看，他才能够在 2009 年左右在职业能力上达到一定高度。

对于今天的学生而言，还在用带锯或电钻是毫无意义的，在包豪斯已经快过去 70 年的现在，他们已经很熟悉这些工具了。现在，只有全息摄影术、微处理器、激光技术以及其他一些在技术前沿的工具才能够提供这种学习功能。

正如乔治·伦纳德（George B. Leonard）在《教育与狂喜》（*Education and Ecstasy*）中所坚持的那样，学习必须是一种狂热的体验。最好的学习体验就是学开车，这是令人欣喜若狂的（正如一个 16 岁的孩子将告诉你的那样）。开车需要把运动的协调性、生理和心理的技巧奇异地结合在一起。看看每天下午 5 点在洛杉矶的高速路上那几千辆行驶的车辆。人们操控着 2 吨重的钢铁和机械，以每小时不低于 55 英里的速度飞驰，而车间距则以英寸计。这是一种令人印象深刻的表演。它是一种习得的技巧。而且，在这些司机整个一生中，这可能也是最被高度组织化的非本能活动。他们开得极好，他们这种表现基于一开始学习如何驾驶的方法。因为学习就是改变。教育就是一个程序，其中，环境改变了学习者，而学习者也改变着环境。换句话说，它们是互动的。对驾驶、汽车、道路系统和其他车辆的学习了解和老师一样，都被牢系于一种自生的系统，在这种系统中，每一个细小的动作稍微完成就会立刻得到奖赏或积极的肯定。就像乔治·伦纳德所说的那样：

> 任何环境都不能深刻地影响一个人，除非能够产生强烈的互动。要想互动，环境必须是负责任的，也就是说，它必须能够给学习者提供中肯的反馈。要使反馈中肯，它必须能够应合学习者他在何处，然后随着他的改变进行规划（也就是说，在合适的时间采取合适的步骤）。

学习者通过他对环境的响应发生改变（即受教育）。

关于人类作为一个整体如何学会生存，这就构成了一个衡量模式。几百万年以来，人像一个猎人，一个渔夫，一个水手或航海家。当他是一个猎人，作为一列小型狩猎队伍中的一员在大地上漫游时，这个队伍从某种意义上说就是一个跨学科的团队。他发展出了原初的（但却优美实用的）工具：中国周口店的例子说明，北京猿人在智人出现很早之前就制造了石器，并且还会使用火。

作为猎人—渔夫—水手的人不是一个专家，他是一个通才，他的大脑对社会具有理解力，也能控制偶发的冲动，这在一个狩猎群体或社会中是必需的。我们被告知，即使是语言，也可能是在一个狩猎的队伍中因为回答群体的需要而产生的。

作为猎人，人已经很成功了。他们装备着矛、弓箭，和用黑曜岩[1]、牛角或骨头所打磨出来的刀，他们从西伯利亚跑到了西班牙，从阿富汗的冰封峭壁跑到了美索不达米亚。更具有冒险性的是，早先的猎人追着野牛和猛犸象穿越了冰冻的白令海峡到了北美，在将近 15 000 年前，他们在这片大平原上定居了下来。他们是智人，他们也是猎人。**要不是他们，**

1　黑曜岩，一种玻璃质火山岩，一般为黑色，带状，摔碎时色泽光亮，表面变曲，由火山熔岩迅速冷凝而成。——译注

哪儿来的农民？

　　旧石器时代后期的艺术作品证明他们活得相当从容。这些雕刻，比如《威伦道夫的维纳斯》（*Willendorf Venus*）和《莱斯帕格的维纳斯》（*Venus of Lespugue*），它们由 35 000 年前巴伐利亚和法国中部的尼安德特人所制，再如拉斯科和阿尔塔米拉的洞穴壁画，这也是悠闲时代大量作品的明证。无论这些艺术的产生是否受宗教思考的启发，这都不重要，重要的是这些不专业的猎人们有着漫长的修整期，其间他们可以锻炼其创造性的才能。

　　我并不想像卢梭那样把这些猎人当作高贵的野蛮人。比起他那些新石器时代的农民后代，他可能是一个粗野、近乎野蛮的家伙。然而，我们通过研究新石器时代的考古学，通过阅读去了解今天那些实质上仍旧处于旧石器时代的正在消失的部落，或者与这些部落的人生活在一起（如卡拉哈里沙漠的草民，澳大利亚的土著或一些因纽特人），我们会看到很多具有创造性、灵巧和令人钦佩之处。

　　奈杰尔·考尔德（Nigel Calder）在《环境游戏》（*The Enviroment Game*）中写道：

　　　　当你手中只有一块磨尖了的石头时，怎么对付一头愤怒的粗壮大象？你迅速地抓住一边，滑到后面，并把它的脚筋挑断。你怎么引诱一只长颈鹿，它可是大型动物里最胆怯的？要利用它对于明亮物体的好奇心，往它的方向扔一块光亮平滑的石头。据劳伦斯·凡·德·波斯特（Laurens Van der Post）说，草民们会用狮子当"猎犬"，让它们厮杀一番并吃一点之后，用火把它们赶跑。弗朗茨·博厄斯（Franz Boas）告诉我们因纽特人是怎么接近鹿的：两个人一起，其中一个在后面弯下腰去，就像哑剧里一匹马的后背，另一个人把弓扛在肩膀上模仿鹿角，并像鹿一样咕哝着叫。那些被人轻视的澳大利亚土著只用几根木头和石制工具就能够"轻松旅行"，利用他的自然知识，说不定就能在大沙漠里存活下来。一旦让这些史前的回声渗透进我们那精致复杂的大脑，它们就会激起我们的兴奋，如果不是嫉妒的话。

我们传统上习惯把农业看作是文明的先决条件。我们被告知，除非人类从捕鱼和狩猎的日常杂事中解脱出来，否则，一种精致的社会生活就无从发展。然而，从 20 世纪 70 年代开始，这个理论受到了某种观点的挑战，该观点认为，早期文明聚落的基础是高度组织化的食物收集，而不是种植。美洲的印第安人和英属哥伦比亚的食鲑人复杂、高度组织化的社会结构使其能够进行很好的食物供给，这样，大的聚落就被发展了起来：

> 作为猎人的人类，其主要的自然缺点必然是其家庭的拖累。人类的幼儿尤其无助，而且要经过漫长的时间

才能成熟。因此，一个相当安定并能提供良好护卫的家庭生活从一开始就是必需的。当男人外出打猎时，妇女便在家里照顾孩子，这种良好的安排就发展出了如烹调、缝纫和制陶这样的技艺，也尝试了新的食物，并在她们的"花园"中发现了植物再生产的基本规律。雅克塔·霍克斯（Jacquetta Hawkes）曾评论道："新石器时代早期的社会赋予了女人自身从未知晓的崇高地位，此论令人颇为信服。"（《史前》，联合国教科文组织人类史）

正是农业使得更细致的专业化不仅可能，而且必需。人，在此之前还是一个非专业化的、跨学科狩猎队伍中的一员，在大地上游移不定，现在耐心地定居下来，开始了对土地数千年的漫长耕耘。人们不再通过与动物和急剧改变的环境互动去学习，无聊的世代被取代，而传统逐渐被提升为智慧。保守成为农民最大的美德，而且依然如此。新的专门化阶层开始出现。由于在一个永久定居的聚落中，自然灾害已成为对这种社会模式的主要破坏，所以，满腔热情却又复仇心切的诸神就必须通过一个祭司阶层出现，他们规定了献祭和仪式。天气的变化、夏至与冬至的日期以及其他的数据都必须被预报出来，这就产生了天文学、数学和土壤化学。动物的饲养、医学、采矿工程、工具的制造以及建筑也逐步专门化。档案必须被保存，聚落必须被保卫，因此，武士阶层开始出现。人类不再独自和周围的环境做抵抗和斗争，不再自由地穿越全球。取而代之的是，领土愈加受到珍视，而战争成了一种治国之术的延伸。

大多数鸟飞得很好，行走却困难。鱼儿游泳很好，也和它们的环境介质相处融洽，但是它们不能行走，而且（除了极个别例外）也不能在陆地上存活。人类，要想改变环境介质——放弃森林、大草原、渔汛，并围海造田——就必须延伸其能力，以工具的形式制造其手的延伸，并日趋专业化。巴克敏斯特·富勒曾经说过，所有的生物都比人更为专业化。与我们在鱼类、鸟类和昆虫中发现的任何一种高度专业化的生命形式相比，人类的独一无二之处在于他可以在任何环境中生活。

几百万年来，人类那"小小的红色校舍"就是地球自身。人类被教会去应对环境、灾难和掠夺者，并行动起来。在早期的农业社会中，我们试图通过宗教信仰和祭司的技艺去控制大灾难，这后来逐渐成为有条理的却高度专门化的知识领域。而学校和大学则因为把我们带进一个个日趋狭窄的专门化领域而铸成了大错。

现代技术（计算机、自动化、大批量生产、大众传媒、快速旅行）正在赋予人类一种机会，回到互动的学习体验，唤醒早先猎人们的感官。溶液培养耕作、规模养鱼和蛋白质加工也将有所帮助。教育可以再次变得与一个**通才**的社会，或者说，与一个设计师—规划师的社会相关。因为设计师塑造了我们所有人生活的环境以及我们所使用的工具。而对于那些令人不快的劣质设计，设计学生则不可能长久保持麻木。

　　设计学校的主要问题是对设计技巧教得太多，而与设计有关的生态、社会、经济和政治环境的学问又教得太少。在真空中教授任何东西都是不可能的，尤其是像设计这样与人的基本需要密切相关的领域。至于在真实的世界和学校的世界之间区分的问题，会有许多不同的答案，这是可以理解的。

　　在当今西方，设计的位置在哪里呢？跟在贫瘠的包豪斯后面60年，激发出来的是毫无个性和理性的功能主义，设计已经被撕成了许多碎片。学术研究和工程学已经获得了长足的进展，似乎可以把技术进步（尤其是跟消费电子工业有关的时候）等同于优良设计了。日趋小型化以及不断降低的价格，已经给市场带来了高质量的计算机、电视机、便携式盒带播放机、微处理器这样的产品，它们值得信赖，因为其获利的基础是大众。这些产品的外套（或"裹尸布"）样式变化多端，从工业的极少主义（索尼的漫步者-7几乎和一盘磁带一样大）到"第三次世界大战遗留"风格应有尽有，后一种风格的收音机布满了开关、调谐钮和异国风情的背带。从对立的一端又产生了自我放纵的"反设计"，这是在1978年前后开始的一波意大利设计的新浪潮。最能说明其想法的是由层压刨花板、金属、塑料以及其他材料所制成的家具，这些由亚历山德罗·门蒂尼（Alessandro Mendini）、阿齐米亚工作室和埃托·索特萨斯（Ettore Sottsass）1981年成立的孟菲斯集团所设计的产品被卖给了一小撮国际精英。这些几乎不能用的玩具，伪装成了 20 世纪 20 年代的庸俗家具，因其非理性的外观和非功能性的存在而获得了许多传媒的追捧。它们可以被理解为沙龙艺术对从 1919 年到 20 世纪 70 年代末一直摇摆不定的功能主义美学的反动。

在美国，物品以更加多样的风格被设计、制作和购买。一种法国外省式的电视机，巴洛克式的冰箱，或者早期的美国摩天大楼——如菲利普·约翰逊（Phillip Johnson）为纽约的电话公司建造的巨大的邓肯·法伊夫式写字台[1]——作为一种时代的错误或者愚蠢也能打动一些消费者，甚至是设计师。后现代主义已经使 65 年前的一些更为颓废的铺张风格获得了新生。在过去有着明确方向的现代运动，如今已经变得飘忽不定，任其理念分崩离析。

造成这种分裂的原因之一是我们的经济发展。任何一种消费品，包括住宅、公寓建筑、市政中心以及汽车旅馆，必须看起来总是新的。我们只购买或租借那些改变了的东西，甚至是那些**看似**改变了的东西。企业、广告和市场联起手来教会了我们去寻找并认可这些肤浅的改变，去期待它们，并最终需要它们。真正的改变（基本的改变）意味着重组或再造，其成本之高往往令人望而却步。但重新绘制或布置一下表皮（内部或外部）却能让一群被操控的公众兴奋莫名，而

1　邓肯·法伊夫是美国 19 世纪著名的家具设计师，作者在此讽刺的是美国电话电报公司（AT&T）大楼的设计。——译注

且也花费不多。

　　因此，一种机械最重要的有效部件可能几十年都没有改变，而其表面抛光、外部装饰、操控机制和表层色彩却每年一变。哪怕这种机械（比如太多的汽车、摩托艇、空调、冰箱或洗衣机的例子）是有问题的，也都是这样。自动化还趋向于使对基本设计方法的定期评估变得异常昂贵。难怪地域规划师已经变成了一个景观设计师，建筑师变成了装饰艺术家，而设计师也变成了样式艺术家或化妆师。机械和结构常常委托给一些产品工程师，结果往往是缺乏所有目标的统一性或整体性。

　　但即使样式艺术家偶尔也会抓住一些人们所共有的联想的或目标情绪（telesic chord），它们使得消费者希望把这些情绪保持在产品上，而不是卖掉去买最新版（这方面的例子如1961年的野马和1954年的保时捷）。甚至为了消灭部分顾客这点罕有的执念，我们开发出了一些老化得很快的材料，让他们不得不扔掉旧东西。人类历史上大多数的材料，因为是有机的，所以老化得优雅得体。比如茅草屋顶、木制家具、铜壶、皮围裙、瓷碗，它们会有些缺口、划痕，凹进去一块或稍微有些褪色，会因为自然的氧化过程而生出薄薄的锈斑。最终，许多东西都会分解成它们的有机成分。今天，我们被教育说（产品或个人的）老化是错误的。我们只穿戴、使用和喜欢那些看上去似乎是刚刚买来的东西。但是，一旦这些塑料桶变形了（无论是多么轻微的），一旦这些仿胡桃桌面

在香烟烟灰下软化了，铝锅上的电镀层滑落了，我们就会
扔掉这些令人不愉快的物品。

有用的机械（由于工具和定死了的制造成本，它一直没
变）和更为短暂的表皮的脱离，造成了进一步的专业化和一
种只是建立在外观上的美学。"表皮"设计师（底特律的样
式艺术家）轻蔑地疏远"内脏"设计师（工程师和研究人员），
形式和功能被人为地分裂了。但是，当皮肤和内脏分开来的
时候，没有一种生物或产品能够长久地存在。

有一种更为持久的设计思维遗产，它把产品（或工
具，或交通设备，或建筑，或城市）看作是人与环境之间的
一种有意义的连接。我们必须把人，他的工具、环境和思
维方式，以及规划看作一个非线性的（nonlinear）、同步的
（simultaneous）、完整的（integrated）、全面的（comprehensive）
整体。

这种方法就是完整的设计（integrated design）。它处理
的是**专业化**了的人的延伸，这使得他有可能继续成为一个**通
才**。所有的人类功能——呼吸、平衡、行走、感知、消费、
制作符号、社会产生——都是相互联系、相互依存的。如果
我们想把人的环境和人的心理、生理整体地联系起来，那么
我们的目标就将是重新规划并重新设计人类所有的工具、产
品、庇护所和聚落的功能和结构，使之融进一个完整的生存
环境中，这个环境能够根据人类的需要生长、变化、突变、
调适、再生产。

完整的设计将使其自身关注**统一**，自旧石器时代晚期以来，这是第一次。这必须包括本地自主的规划、地域和城市规划、建筑（包括内部和外部）、工业设计（包括对各种系统的分析、运输和仿生学研究）、产品设计（包括服装）、包装，和所有通常可以归在"视觉设计"这个短语下的平面、视频以及电影制作技巧。现在，这些领域之间界限分明，但即使在最基本的层面上，这些划分显然也是极其愚蠢的。举一个例子：什么是建筑？它无疑已经远远超过了建造拱门的技巧。那么考虑一下今天的土木工程、投机建房、契约、内部装饰、享受联邦津贴的大众住宅、景观、地域规划、乡村和城市社会学、雕塑以及工业设计的混合：还落下了什么？

建筑已经很难继续被认作是独属于它自己（它缺乏定义）的一个领域，它是许多不同的领域的重叠。考虑到所有这些，什么是建筑？这是否可以解释，为什么最近十年来那么多建筑师走向自我放纵，他们研究纸面上的梦幻、宏伟却不考虑生态的纪念碑、规划和工业设计？而与此同时，工业设计师们则越来越关注预制安装住房和建筑构件的开发。室内设计师开发出了家具和各种工具，并追上了如超大图形（supergraphics）[1]、怀旧和野兽派之类的时尚潮流，而视觉设计师也研发出了各种产品并制作了电影。

有一种布朗运动正蔓延在所有的设计分支领域，而且我

1　超大图形，似广告招贴板大小、颜色鲜明、设计简朴的平面图形设计风格。——译注

相信，对于一个生机勃勃且不断变化的时代而言，这是一种本能的回应。在设计中，存在着许多不同层面的联合体。他们可能会关注人和一种材料（或一系列材料）的结构因素之间的关系，这些材料提供了庇护所，还有交通设备、道路网络或景观。

如果我们要表现完整的设计，表现设计作为一个整体，表达统一，我们就需要设计师能够全面地处理设计的过程。遗憾的是，还没有一个学校能训练出这样的设计师。他们的教育不应该那么专业化，应该包括许多现在被认为离设计有点远的学科，如果它们在本质上还相互关联的话。

完整的设计不是一套技巧、技术或规则，而是应该被看作一系列同时发生的，而非以线性次序发生的功能。这些同时发生的"事件"可以被认为（用生物学的词汇）是初始受精、发育成长、产出（或拟态）以及评估，后面这一项导致再一次开始或者再生，因而就形成了一种闭合的反馈回路。完整的设计（一种一般而言统一的设计系统）需要我们确定问题属于哪一个层面的复杂性。比如，我们是否正在处理一种必须重新设计的工具，或者，这种工具是否已经在我们所处理的这种生产方法中被使用了，或者，我们是否应该重新思考这种产品本身与其最终目的之间的关系？像这样的问题并不能只靠经验来解决。

第二个研究范围（不可避免地要与前面的交叉）是对该问题进行历史性的观察。我们设计的所有东西都是一

高保真扬声器的一种实验性结构，其基础是十二面体。"理想的"声音球，
声音会沿着十二面体的边沿不断地水平传播开来。这个设计使用了 12 个
93 美分的扬声器；配备 2 个这样的扬声器组形成的立体声系统，市面上
要花 10 倍于此的价钱。作者设计

种人（通常从普遍化到专门化）的延伸。比如，尽管一
种高保真的系统可能被贴满了联想的价值并因而承载了
某种身份，但它在基本的意义上是人的耳朵的延伸。正
如我们已经在我们的六面功能联合体中所看到的那样
（见第一章），所有的设计必须满足人类的一种需要。对于理解
或研发新型的产品或者系统而言，人强调或者不强调某些特殊
需要的历史以及他们如何迎合这些需要，这些是至关重要的。
而且，随着文化的转变，这些需要必须被重新检验并重组。

因此，当一种观念在历史上的同等物被发现时，我们必须确定我们正在处理的是这一观念的哪一个特殊阶段。

另一个考虑必然是关于人和人的因素的问题。如果我们假设所有的设计都是一种人的延伸（不是好的就是坏的），那么人类各种价值的相关性就是明显的。在这个思考的层面上，所有的设计都是一种有机的替代物（很像一个移植心脏，一个人造肾脏，隐形眼镜，或者一个假手）。它不仅应该能够被所谓的五官感觉认知和使用，也应该能被内在的感觉所认识和使用，包括心理上的和肌肉运动直觉上的。而且，我们必须认识到在人的外部感觉和内在回应之间造成的人为的分离，因为这严重危害了任何一种关于统一的人和人的因素的研究。

再者，完整的设计必须把问题放置在它的社会远景中。对于所有的人而言，无论他在何时何地，工厂系统和自动化（如本文所写，都是人的极度的延伸）都会使我们认为我们需要的东西不费力气就能得到。但是，随着我们的生活模式和各种需要的迅速变化，最终的消费价值可能不再是"可用性"（availability）和"简单性"（effortlessness）。从长远的眼光看，我们会发现，正如我们在检验汽车面对我们的局限三角时所看到的那样，企图把所有的活动从手工的变成机械的，接着再不加选择地变成自动的，这可能是非常错误的。长此以往，我们就会分不清手段和目标，我们会把那些本来应该保持手工的变成了机械的工作，而对于那些本来可以更合理的以一种完全不一样的系统替代的事情，我们却会使用自动化。这种浪费能量的一个很好的例子就是自动换挡。在换挡时，一个司机所耗用的能量与花在制造自动挡上的能量比起来实在是太小了，更不用说补给工厂所需要的能量，以及汽车额外所需的原材料和制造它所需要的工时了。正如鲍勃·马隆所言：

> 自动换挡在人类的设计中到底是不是一种真正的进步呢？由于它对于发动机的反应倾向于把人从一种基本且相对简单的使用中挪开，因此我们会看到，自动换挡的有效性是幻觉。当一个被动的人，他的一个真正需求或欲望毫不费力就能被满足的时候，其结果并不是满意，而是一种更为复杂层面上的不满。在一场自然灾难中受困无助的人有理由去思考人类的尊严，并希望他生命中的必需品能够更容易地得到。

最后，完整的设计必须考虑各种社会群体、阶层和风俗文化。多数设计都必须被重新检验一下，看它在现有的阶级系统和社会状态中能延续多久。

一个优秀的例子是木底鞋（tratöfflor），这是在瑞典的恩厄尔霍尔姆地区（Angelholm）用皮革和木头制作的一种拖鞋。这种鞋子可以在家里穿，也可以（和便装配）在街道上走。在瑞典，他们要卖 10 美元一双。上面的部分是用牛皮做的；鞋楦[1]和鞋后跟是用木头成形的。鞋底是橡胶的。这三种材料的使用寿命都很长。这种拖鞋对于足部非常有好处，所以医生和护士会要求在手术室里穿这种鞋子。它们穿起来也很舒服。它们的寿命预计最少四年，可以在任何一种天气中穿，因为几乎都是一样的，所以就超越了社会和收入阶层的区分，不承载任何有关身份地位的观念。（与此相关，有趣的是，近来的木底鞋用各种质地、颜色和人工材料制成。这使它们坏得快了；修起来更困难，而且有时候没法修。）它们**原初的形式**构成了一个本土的、未经改造的极好的例子。有几个牌子的木底鞋在 70 年代的美国开始流行。人们将之称为"瑞典木底鞋"，它们在 1984 年的美国被卖到了 45 美元。

回到教育的问题上，我们会发现，许多设计学校和大学在哲学和道德上之所以破产，正是由于他们一直就倾向于把学生训练成狭隘的、纵向的专家，而真正需要的却是宽泛的、横向的通才或多面手。在今天大学的环境影响下，几乎每一件事情都在反对通用综合的教育。预修课程、兼修课程、必需的"选修课程"以及被院长和教授们根据他们自己既定的兴趣所进行的领域扩张，使得一种更为博识的教育几乎不可能实现。由于学生们越来越关心工作和工作安全，在 80 年代早期专业化也日甚一日。但是，学生们逐渐发觉，

---

1 鞋楦，按人脚的形状制成的用于制造或修理鞋子的木块或模子。——译注

关于传统的、本土的设计，木底鞋是个极好的例子，恩厄尔霍尔姆地区仍在制造，瑞典

很强的专业化尽管有助于他们得到工作，但从长远来看却是错误的。工业和各种职业每天都在告诉我们，他们需要学生有一个宽阔通用的背景。高度专业化的学生往往会很轻松地得到那第一份工作。但是在接下来的 5—10 年中，他或她将在路旁倒下，而那些有综合能力并能够把宽广的经验带到设计和建筑的社会纬度中去的人才能够继续获得提升。当我们想到一种生物为了专业化而付出的代价往往是最终濒临灭绝的时候，这种朝向专业的学术上的链而走险就会令人不安。

　　当然，理想的状态是，团体中所有年龄段的相关人等都聚在一起从事设计。这将意味着学习、研究，彼此教授、试验、讨论，彼此之间相互作用，而且是和不同学科的人在一起，不是一般所考虑的设计。这样的团体将是小型的（30—50 人），其成员可以几周、几个月甚至几年碰一次。个体的团队成员或一些小的团体可以使自己和团队分开工作，可以移动，或者直接与其他团体或制造系统一起工作。计算机辅助的学习程序，以及计算机辅助的数据获取、存储和检索当然会被团队所有的成员得到。

但是，确定现在和不久的将来能做什么可能更有意义。

在 1964 年、1971 年、1972 年、1977 年和 1982 年，我们在为工业和环境设计专业确定五年的大学课程时，每一个同学的学习计划都尽可能地宽泛综合。我们试图打破各种专业设计领域之间的错误区分，例如视觉设计、室内设计和工业设计。20 世纪的通信和表达工具的训练对此也有帮助：计算机科学、摄影、动力学、控制论、电子学和电影制作。除了要探索转换信息的各种语言、视觉和技术手段，我们还鼓励学生深入其他一些关注完整的全面设计的学科。因而，社会学、人类学、心理学（认知、人体工程学因素、工效学）和行为科学得到强调。因为个人和社会团体功能的发挥都是生物学意义上的，所以，所谓生命科学成为对系统、形式、结构和过程的研究的基础。因此，通过引进结构生物学、生态学和动物行为学，对化学、物理学、统计学和动力学的研究被大大地扩充了。这使得一些仿生学和生物力学的理论课和应用课程得以产生（参见第八章）。最后，几乎 1/3 的大学课程都被开成了选修课，这实际上就意味着一个同学可以在某一个和他相关的领域选一个"辅修专业"，比如人类学或政治科学。

　　不幸的是，在美国，几乎所有的设计学校或系科要求本科学位所关注的领域就是同学们希望在研究生阶段所关注的领域。我们选择了一条不同的道路，因为我们热切地相信，这个世界真正的设计需求必定是由跨学科的团队实现的。因此，对于研究生，我们并不需要先前四五年在工业设计、建筑或一些其他的设计领域学习，而是更愿意从行为科学领域选拔我们的年轻人。这将给他们的工作增添内涵。

　　我已经和这种跨学科的组合合作了 20 多年，可谓成果斐然。自从来到堪萨斯大学的建筑和城市设计学院，我已经帮助他们建立了一种新的研究生选择，可获得一个建筑的硕士学位。在"建造的形式与文化"这个题目下，研究针对许多国家的本国建筑和原住民居所展开。来自 11 个国家的同学从事他们的研究和设计，但是**不要任何有建筑本科学位的学生加入**。结果，一些有自然地理、人类学、艺术或法律背景的同学加入了进来，他们有时也和受过传统建筑学训练的同学一起设计。

　　如今的学生（出生于电子时代）在第一堂课还没教之前就给学校带来了许多不同的技能。在某些领域，他掌握的信息可能比教授所掌握的更新、更精确、更具有相关性：一个有 10 名同学和 1 名教授的班级在探索知识方面实际上是一个具有 11 位老师、11 位研究员的互动的团体，他们不同的背景彼此互补。在我所教过的学校，我们鼓励同学们彼此为师。如果我们很荣幸有一个同学很懂电子工业或者画得特别好，他就会被邀请接手相关的教学。因为学校可以从学生们那里学到很多，这已经变得非常明显了。

同学们帮助我们撰写那经常变化的课程表，并经常发起一些他们觉得需要的课程。为了体验不同的工作状态，同学们既从事个体项目，也会参加"兄弟团队"（两个同学一组）。一个更大的团队常常会由许多来自不同学科的同学和教授组成。所要解决的问题也是各种各样的，有简单的两小时练习，也有需要持续一两个月的问题。在有的案例中，一个很大的团队可能需要整整一年的时间才能解决一个难题。每个学生都懂得完整的全面设计的意义，我们鼓励学生从社会和人的角度全面地分析每一个问题，同学们有权拒绝某一个特殊任务的工作，他可以代之以自己选择的、有相同学习内容的问题。同学们也可以对一个问题从根本上是否值得去做提出挑战。这些主题都设置自由公开的讨论，有时候这些问题会改变或不再讨论。

我们鼓励学生在许多工作中宽泛地接触、实习——不限于设计。他们可以在事务所、企业、工厂或农场中实习。这些实习是他们在暑假中必要的学习组成部分；整整一年的实习是非常有帮助的。

工作经验是作为多学科团队成员所必须具备的——尽管这可能是最难教的东西。人们总是向年轻的设计师宣扬一种孤独、奋斗的天才和独自解决问题的概念。但事实却并不支撑这个观点。大多数设计师今天都发现他们自己是一个团队的一部分（无论是否喜欢）。一个典型的市场营销企业是由经理人、市场和动机研究专家、广告人、生产工程师和经常不被包括在内的消费心理学家组成的。其中有些人做决定，有些人可能作为顾问，还有些人可能具有很广泛的咨询权。在很多案例中，设计师发现他自己对于市场—广告这个队伍来说只是一个阑尾。

　　完整的设计团队可能也需要专家——这些专家的定位可能不只是赚钱，还要对人及其环境进行一种人性的和人道的关注。这样一个典型的团队可能是由一位设计师、一位人类学家、一位社会学家和从事某个专门的工程领域的人组成的。一名生物学家（或精通仿生学和生物力学的人）以及若干医生和心理学家可能会完善这个团队。最重要的是，设计团队为之工作的客户在团队中必须有自己的代表。没有最后的终端客户的帮助，任何可以被社会接受的设计研究都无法展开。那些第一次面对这一概念的学生，经常试图逃避与一些客户团体的直接对抗，他们假设会有交流上的困难，或者会认为客户团体的成员太无知，不能充分认识到他们自身的需要。人如果这样缺乏信任就永远都不可能提出正当的理由。

　　我曾经在一些设计团队中工作过，其中包括没有受过正式教育的农村贫民、小孩或者精神上受到打击的病人。尽管交流起来缓慢、困难，但最后我们还是成功地解决了每一个案例，并直接弄明白了一些持有专业观点的人士并不怀疑或者认为不重要的需求。

专门为南部阿巴拉契亚人的村舍企业设计的烛台，
现在仍在生产。作者设计

　　这样一个专注于设计—计划的团队，可能不光是**解决**问题，还要寻找、分离并甄别出那些需要解决的问题。正是在后面这个领域——确定、分离并甄别问题——学校教育非常不够，而且往往不给学生提供任何练习。这说明一种"特殊案例"情境出现了。在一段时间之后，我们会希望同学们把一个"专门练习"的答案返回给老师。他可能被要求制作一把能倒出六杯茶的瓷茶壶，而这（用他自己独特的方式添加细节）正是他将交给老师的东西。除了一把瓷茶壶，我们可能还会随意要求学生设计一把更好的椅子、一个住房建造计划或一本杂志的封面。这种训练事实上并不关心特殊的设计

左图：为一个国际赛事设计的椅子。通过使用脊柱一样的柱状形态并把
多余的东西去掉减轻了椅子的重量。当时还是学生的作者设计。这种椅
子在市场上卖得很成功，但因为设计师觉得它既难看又贵，还是把它从
市场上撤了下来

右图：这是被重新设计之后的椅子，南部阿巴拉契亚人的村舍企业很容
易就能制造。它简单又不贵，而且钱能直接回到做椅子的人手中。作者
设计

问题到底是什么——在每一个案例中，它都是一个特殊案例
的情境，但那**不是**关于事物是怎么工作的。即使**所有的**问题
都与社会相关，同学们所掌握的一般案例的学习经验仍旧等
于零。人类的心智不断地从普遍性走到特殊性，然后再把特
殊性扩大成为普遍性。这是一个在特殊案例和一般案例之间
永远都不会停止的钟摆。

　　一个问题可以被归为两种方式：特殊的或一般的案例。
重要的是这个同学、设计师、团队或班级所提出的概念的功
能程序，他们对于这个程序的理解以及它与类似程序之间的
关联。比如，一个问题可以被指派为一个特殊的案例："设

计一把椅子！"同学们接着就会从这个特殊的案例走向带有
普遍性的"椅子"。他会回顾一些可供选择的设计策略，并
从中做出一些所谓调整。这些调整的方向各异，普遍而且经
常会相互排斥，问题在其中可以被解决。有些调整可能是同
学们在一个具有普遍性的案例中发现的，包括一次性的椅子、
背部受伤的人用的椅子、小学校里的儿童用椅、船中的座位、
为完成某种特殊的技术工作设计的椅子，比如演奏一首弦乐
四重奏或一些特殊的小团体所需要的"玩乐"椅。现在，同
学要从一般性的案例中挑选出特殊的调整，接着去着手解决
他自己的特殊案例。如图 A 所示。

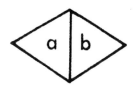

图 A   一个设计"事件"，从特殊案
例到一般案例再到特殊案例

　　相较而言，一个一般案例的陈述可能是："设计对发展
中国家有帮助的东西！"学生现在就必须得从各种各样的
资料和学科中做大量的调查研究。最后他可能缩小到选择
一个特殊案例的概念"类自行车资源"（bicyclelike power
source）。但要想达到这个遥远的目标，他不可避免地就得翻
阅整个研究领域及其派生产品和伴随的结果，因而就又会找

到许多一般性案例的解决办法和应用。(很明显,这种问题几乎从来没有在学校被设置过,因为其过程缓慢,没有强大的引导,会变得步履维艰。)这个过程——看上去有点像一只蝴蝶或一个蝴蝶结——见图 B 所示。

图 B 一个设计"事件",从一般案例到特殊案例再到一般案例

在任何一个团队中,解决设计问题的流程图总是像图 B 中所示。许多不同的学生通过调查研究收集了一般案例的信息,并把它们一起打包带到特殊的案例中共同分享。从这里,他们会又一次找出许多一般案例的解决办法。

值得一提的是,图 A 和图 B 都可以被想成是单独连续的连接,循环往复的链条,就如图 C 所示。

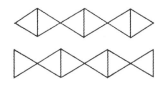

图 C 一系列设计"事件",本质上是周期性的

一系列可能的设计"事件"（图 A 和图 B）将产生一种全方位的、二维的等边三角形之网，它们构成了许多密封压缩的六边形，没有浪费的空间。如图 D 所示。

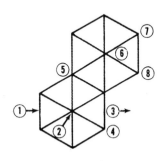

图 D　一个设计"事件"的全方位网络

通过研究图 D 的图解功能，其用处可以被理解。按照惯例，设计师或学生可以从输入到①中的一个一般案例的观念开始，期望能够达到②中的特殊案例，并满怀希望地计划在③中得出一个答案。然而，②这个地方至少有六个不同的学科，而且它可能事实上最后出现在④、⑤、⑥、⑦、⑧……乃至 n 点的一般或特殊案例中。这样，图 D 就变成了一系列相互联系的事件的图解再现，它们其中的每一个都可以被一个流程图再现，而每一个流程图都携带着其自身特殊学科的偏见或规定。

现在，让我们通过示意图检验一下一个真实的设计问题的流程。其图解可以在图 E 中找到：在①中（三角 a），设计师因一个特殊案例问题"设计一把椅子"而进入了这张图。三角 a 代表它正常的数据收集阶段，并把他带到点②，即一般案例点子的收集。作为一名设计师，其行为仍旧是自主的；如果把这个问题留给他自己的才智来解决，最后他将和一种低成本的秘书桌椅在点③（三角 b）出现。如果还是留给他自己解决，他现在可能还在点③，并开始了其他的设计工作（一台收音机、一种工具或其他任何物品）。这将使他通过三角 c 和三角 d。（事实上，今天的一个典型设计师兼专家，其不受干扰的行为可以被理解成循环的轴线：a、b、c、d、e，如此往复。）然而，我们的设计师朋友并不是一个专家，而是一个跨学科团队中的一员。当他到达②这个点时，他已经得到了一般案例的数据，而且还有其他几条思考线索的交集。因为在那里，运动机能学者或医生会提供关于坐姿的信息。（通常，医生自身专门化的循环轴线将不断地走向三角 w 以及 x、y、z——对于工作所致疾病的治疗。）在②这个点，社会学家（三角 p、q、r、s）和一些秘书以及客户群（三角 g、h、i、j）的代表也会交叉进来。通过与其他团队成员的碰撞和工作，我们的设计师可能最后会在⑦这个点出现（三角 m），这可能是为计算机终端做的一个意料之外的系统设计，它允许秘书在他们的家中工作。

　　要想充分理解完整的全面设计的所有枝节，它必须尽可能多地知道与设计过程有关的各种影响。因为涉及这么多的

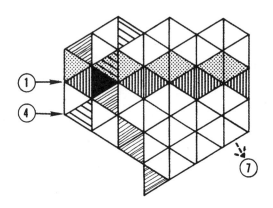

 设计师的周期路径（三角 a、b、c、d、e 等），在不被其他学科所打断的情况下

 医生的周期路径（三角 u、v、w、x、y、z）：面对职业病问题

 社会学家的周期路径（三角 p、q、r、s）：秘书们在办公室中的工作习惯和看法

 客户群体的周期路径（三角 g、h、i、j、k）：在本案例中，秘书在办公室做她们的工作

 各学科路径的交集

 其他组群的周期路径，与这个特殊问题无涉

①：设计师的切入点
④：社会学家路径（靠近他出现的点）和其他学科顾问之间的接合点，比如工程学
⑦：众多可能性中的一种，团队预料不到会出现的一些点
设计问题：为秘书设计座位

图 E 跨学科团队活动示意图。这里所展示的只是六边形网络中的一小部分

因素和变数（比心中能记住的还要多），最简单的解决办法就是通过建立一张流程图使之**具体化**。一张流程图（就像我的学生们和我所使用的）可能是钉在整面墙上的一大卷褐色包装纸，上面列出分析设计所需要的所有方面。

在为一个贫民窟的操场进行的设计的初步阶段，在流程图上所出现的一些因素有：心理和生理上的参与需要，锻炼，以及不同年龄阶段儿童分组的需求。需要什么样的管理人员，而且在当地要可行。可以设计建造什么样的操场设备，以及用什么办法、工具和过程。如果这样做，造价怎样提高。制造这些设备和玩具用什么材料，这些材料在下列情况下会出现什么情况：（a）被严重磨损和过度使用；（b）在严寒、结冰、下雪、风暴和暴雨的情况下；（c）需要长达5—15年的使用期；（d）被一个儿童剪断、碎裂、扭曲或破裂；（e）各种材料和颜色的有毒特征；（f）儿童（各年龄段）对于使用这些颜色的知觉和心理反应；（g）设备相对容易保养、维护、维修和替换。在相邻区域设置操场需要考虑的一些具有决定性的问题有：（a）操场入口的设置与交通主干道之间的关系；（b）儿童希望走过几条街道就能用上操场；（c）操场的夜间照明；（d）住家和附近其他的团体也可以使用，比如托儿所、幼儿园、日间看护中心。还有一些可能的辅助设施,比如厕所、自动饮水器、一个游泳池、一个小孩用的浅水池、电话设施、急救设备、避雨所、老人用的长凳、景观因素（草地、灌木丛、树木和花卉）；一些除运动之外可能会在此地点举办的一些活动也被列了出来，比如露天音乐会、移动图片展示、老年人的街道剧场、小孩的"讲故事时间"和排队唱歌、青年人跳舞和体育运动。天气也应该被考虑到：操场的一部分在冬天能否注水变成溜冰场？有些小山（我们用推土机造出来的）能否用于滑雪？在暴雨和春天冰冻层融化之后，排水的问题如何解决？

　　一个流程图使用起来是很简单的：我们把我们所能想到的所有变量（有的上面已经提到了）都列出来，把每一个都进行看起来最有意义的分类。在活动底下，我们可能会列出攀爬、跳跃、跑步、滑行、唱歌和谈话。接着，我们会建立一些以前似乎从来没有过的**联系**。比如，在"材料"底下，我们列出了帆布或厚帆布。其特点（当它像一块薄膜一样延伸和支撑时）是有弹性，且弹力相对柔软。这一点现在就可以和"跳跃"建立一种直接的联系，并暗示了一种蹦床一样的结构。一张流程图的重要作用之一是，新的联系可以从墙上直接读出来，而解决办法，或者至少是解决的方向，不用有意识地列出就会浮现出来。精确地讲，一张流程图是**永远都不会被完成的**。就是说：新的概念和全新的条目不一定在什么时候就会被加进去；因而新的联系将会不断地涌现。

　　这时候，流程图的一半（或者图 A 中的三角 a）已经被完成了。流程图的另一半（三角 b）将由执行构成。即谁做什么，什么时间，怎么做，以及哪一天做。这里可以再次不断地添加和变更一些条目。直到设计工作被完成为止，设计团队会一直维持流程图的运转。

现在，无论何种设计工作，我们都可以为其建立工作流程了：

1.聚集一个设计团队，包括所有的相关学科，以及客户团体的成员。

2.建立一张初步的流程图（只有三角的一部分）。

3.研究和实际调查阶段。

4.完成流程图的前半部分（三角a）。

5.建立流程图的后半部分（三角b）：做什么。

6.个人行动，伙伴团队，或团队设计，开拓观念。

7.按照流程图上建立的目标检查这些设计，并根据这些经验纠正这些设计和流程图。

8.建立模型、原型、检验模型或工作模型。

9.通过相关的用户群进行检验。

10.检查结果反馈到流程图上。

11.再设计,再检验,完成设计工作,同时,撰写报告、平面交流、统计支持数据或绘制设计图也是必要的。

12.流程图仍旧保持，在检查设计物品在实际应用中的表现特征时，作为一种后续的指南使用。在这一步完成后，流程图归档；它将作为一个指南在未来的设计工作中被使用。

Random thoughts + all that jazz like:

We are all handicapped:

BABIES

SMALL CHILDREN

PRE-NAPPER HANDICAPPED / PRE-LANGUAGE CHILDREN

ADOLESCENTS, STUDENTS, YOUNG WORKERS, YOUNG FARMERS, "TEENS", "YUPPIES"

PEOPLE IN HOSPITALS

PRISONERS

SOLDIERS

PEOPLE WITH EYE GLASSES, FALSE TEETH, CRUTCHES, HEARING AIDS, WHEEL CHAIRS

PREGNANT WOMEN IN THEIR 6th-9th MONTHS

ALL CONSUMERS & USERS

ALL PEOPLE IN DEVELOPING COUNTRIES

FOREIGNERS, "ALIENS", RACIAL MINORITIES

THE ELDERLY, THE OLD

"THE BLIND" #2

PHYSICALLY HANDICAPPED

PSYCHOLOGICAL HANDICAPS, MENTALLY HANDICAPPED

EMOTIONALLY HANDICAPPED

SOCIAL & SOCIETAL HANDICAP

CULTURAL BLOCKS

ECONOMIC HANDICAP

EDUCATIONALLY DEPRIVED

POLITICAL IMPOTENCE

RACIAL DISCRIMINATION

ALL CHILDREN

ALL YOUNG PEOPLE

ALL GROWING UPS

ETC

EYE EYE EYE ETC

What the People really NEED?

PEACE

CLEAN AIR, CLEAN WATER

FREEDOM, EQUALITY

DIGNITY

A CLEAN LANDSCAPE

HOUSING

FOOD

CLOTHING

HEAT

LIGHT

COOKING FUELS

FOOD STORAGE

TRANSPORT

ETC

EDUCATION

WORK/ACTIVITY WITH MEANING

IDENTIFICATION IN MAKING GOALS FOR SOCIETY & ONE SELF

CHILDREN

THE KNOWLEDGE THAT THE CHILDREN HAVE A CHANCE TO GROW UP & TO BE EDUCATED & TO HAVE CHILDREN OF THEIR OWN

HEALTH [MENTAL & PHYSICAL]

"IF EVENTUALLY, WHY NOT NOW?"

流程图

流程图

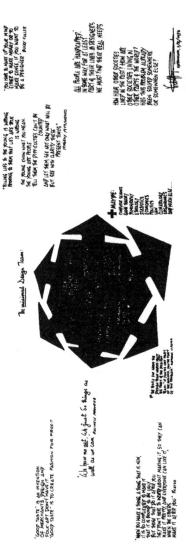

"BIG CHARACTER" POSTER NO. 1: WORK CHART FOR DESIGNERS.

流程图

在实际工作中，设计程序从来都不会像说的这样是直路一条，要持续跟进。（首先，新的研究数据不断涌现。）

1969年，我参加了一个由斯堪的纳维亚学生设计组织（SDO）举办的设计会议，我的工作是建立一张流程图的普通案例部分，关注设计师的社会和道德责任及其在一个以利润为导向的社会中的位置。这是一个如此庞大的工作，这整本书就是试图把这个问题说得更清楚。虽然如此，这张流程图的一个修订版在此还是被复制了。研究它，尤其注意一下它的非线性特征。我们鼓励读者参与到这个流程图中，给它添加内容，并发现与他自己的联系。可以说这张特殊图表的主题是十分宽泛的。但是流程图在本质上是一般案例的陈述。简单地解释一个非常有限的主题会显得过于技术化。

然而，所有这一切只是一个宽泛的哲学上的背景。特殊情况下是什么样子呢？同学们在何种真实世界的情境中才能学得最好呢？

在1968年夏天，一个由设计学生组成的多学科团队〔在于约尔·索塔马（Yrjö Sotamaa），佐尔坦·波波维奇（Zoltan Popovic），巴尔布鲁·库尔维克－希尔塔沃里和约尔马·文诺拉的指导下〕和我一起在芬兰的一个小岛上工作。我们为脑瘫儿童发明、设计并建造了一个可折叠、可移动的环境。这个环境中包括玩具、锻炼设施和其他一些设备。在团队成员已经和孩子们玩过并交谈过之后，我们在赫尔辛基碰面。我们也和家长们聊过，拜访了一些诊所、操场和住家，发现

在芬兰的索梅林那岛上建成的一个学习和玩耍的环境。由一个跨学科学生团队设计并建造，佐尔坦·波波维奇、于约尔·索塔马和维克多·帕帕奈克指导

专门为脑瘫儿童发明或提供的设备很少，或根本就没有，而用于训练儿童特殊运动技巧的一些玩具却是不人道的、粗鄙的。（必须训练脑瘫儿童在抓东西的时候会使用他们的拇指和食指。他们天生倾向于使用另外三个手指。已有的训练办法是，把这三个手指绑住，从而迫使他们只使用拇指和食指。我们设计制作了一些玩具，当孩子们使用拇指和食指时，会提供让他们快乐的小奖励。用这种方式，强行控制的粗暴做法就可以废除了。）同学们还发现，大多数诊所和医院都是单调乏味的。

我们制作了一张流程图并和来自瑞典的两名儿童心理学和神经生理学专家组成了一个团队。作为一个团队，我们整整花了12个小时开发一种2米见方的方形小空间，它可以被拆卸为两部分，每一部分的尺寸是6.5英尺×6.5英尺×3英尺。这个模数可以使这个立方体的两部分很容易地从一个诊所挪到另一个诊所，穿过各道门并能装进一个小卡车运输。一旦这个立方体在诊所（室内或室外）里竖立起来，它就会展开成为一个游戏的环境，这个环境6.5英尺高，其设备布满了一个大约66平方英尺的区域。它很明亮且五颜六色，包括了滑行和攀爬器械，一块可以爬行的表面，以及许多个人活动区域和玩具。它建造容易且成本低廉。我们的团队建造并完成第一个立方体原型（包括玩具）用了30个小时，接下来就让孩子们检验。我们把它称之为CP-1，意味着它只是同类小空间中的第一代，其中的每一个在孩子们检验和体验过之后都将被修改。我们假定其他的立方体（适用于水疗法，为患有孤独症和智力发展迟缓的儿童设计）将最终被建造起来。在接下来的 14 年中，一些父母建造了 CP-2，它们为脑瘫儿童提供了自己动手的锻炼环境。 这发表在 1969年的一本美国自助杂志《脑瘫斗士》上。在芬兰，于约尔·索塔马建造了更好的环境（CP-3 和 CP-4）。1981 年，在我的指导下，堪萨斯城市艺术学院的同学建造了 XCP-5：这是为堪萨斯市一家诊所的几名智力发展迟缓的儿童设计的一个叠加式的环境。

在普渡大学，我们关注截瘫、四肢瘫痪、痉挛和中风的儿童。我们设计并制造了一系列具有内置激励因素（motivational factors）的车辆，它们为这些孩子提供了健康锻炼和训练。一项研究表明，他们身心障碍的性质和程度差别很大（有的只能使用他们的胳膊，有的只能使用他们的腿；有的左边或右边的一半是完全不能用的；有的只有一个肢体有用）。在许多这样的案例中，锻炼那些似乎不能用的肢体是有益于健康的。所有这些孩子都有一个共同点，就是对速度极其享受。如下页图所示，我们设计了这些车子，这样他们就可以用上一只或更多的肢体；其他的肢体在此过程中也会得到锻炼。一个孩子锻炼得越卖力，他就跑得越快。这样，享受和锻炼就很好地结合在一起了。这些车子通过残疾儿童检验过之后便转交给了当地的诊所。

在这个简短的讨论中，我们自己也应该关注我们的学生

为残疾或智障儿童设计的一种锻炼车。罗伯特·沃雷尔（Robert Worrell）设计，时为普渡大学学生

为脑瘫儿童设计的最小用力车。用脚踏板和臂力就能驱动这辆车。无论用四肢中的哪部分推动了，其他部位都能得到锻炼。查尔斯·拉尼厄斯（Charles Lanius）设计，时为普渡大学学生

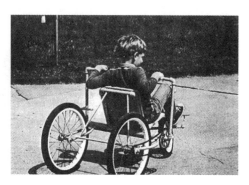

为臂膀虚弱需要锻炼的儿童设计的车辆。查尔斯·施赖纳
（Charles Schreiner）设计，时为普渡大学学生

在这个过程中到底得到了什么。显然，他或她已经参加了研究，和一个团队一起工作，满足了人们的需要，使用了一个流程表，并得到了新的技巧和新的洞见。但是，从这些问题中实际学到的内容远为重要，它从当前走向了持久。一系列的教学步骤和学习经验已经发生了，这一切都是在相互作用的层面上展开的：

1. 同学们已经确定、甄别并分离出了一个问题。在这么做的时候，他或她已经和一个跨学科团队的其他成员形成了互动，并和一些客户一起直接参与了一个有意义的工作体验，而这些客户的真实存在和需要，他以前是不知道的。

2. 通过他的工作，他已经使客户认识到了这个承诺，即设计（智慧的应用）可以为他们提供支持。他至少部分地满足了他们的需要。

3. 通过和这个群体在一起工作并帮助这个群体，他已经揭示了：

A. 这个群体对社会的需要。

B. 社会对于这个群体的需要或真实存在缺乏了解。

C. 许多政府和个人权力结构对于人的真实需要毫不关心。

D. 当要应付真实的社会问题时，传统的设计无能为力。

E. 在为这些需求智慧地工作时，各种方法和规律的存在。

F. 学校里缺乏应用设计伦理学的训练和讨论。

4. 他已经完成了更有深度的令人满意的工作，再也不可能参与**只会**导向"好品位"的设计。在参与过真正的设计工作后，他将会对设计一只优雅而性感的烤面包机感到些许羞愧。

他将会对设计一个优雅而性感的烤面包机感到些许羞愧……

第十二章

为生存而设计并通过设计生存

结论

> 有些人看到的事物正如那些事物本身并问，
> 为什么？
> 我梦想着那些从来未曾出现过的事物并问，
> 为什么不？
>
> ——罗伯特·F. 肯尼迪

　　我想再一次重申：设计对于所有的人类活动来说都是基本的。任何一种朝着渴望的、可以预见的目标行进的计划和设想都是设计过程。任何想要孤立设计，使之成为一种自为之物的企图都是与设计作为基本的、潜在的生命母体所固有的价值相违背的。

　　完整的设计是全面的：它力图把所有的要素和必不可少的调节因素都考虑到决策制定的过程中。综合的、全面的设计是可以预想的。它力图着眼于现有的数据和趋势并继续做出推断，也用它所构造的一些未来构想为它自身添加新的内容。

　　综合的、全面的、预期的设计是一种需要通过多学科筹划、调整的行为,它会在各学科交叉的界面上持续不断地展开。

在冶金学中,正是在边界层(金属结晶之间的界点)上,冶炼才会在力的作用下发生。由于这种结合并不理想,这才使我们用机械的手段塑造或改变金属的形状成为可能。地质学家告诉我们,地球上最大的变化都发生在那些力沿着边界线相遇的地方。在这些地方,浪花与海岸相接,断层向不同的方向移动。金刚钻沿着裂纹裁切,雕塑家的凿子循着纹理深入,自然学家则研究森林和牧场相接的地带。建筑师关心的主要是建筑物和地面之间的结合状态,而工业设计师关注的则主要是从劳动的边缘状态到工具操控的圆熟状态,以及一个二级界面:工具与手的"相衬"。乘客在过了飞机最终离开地面的那一刻会明显地放松,而每一幅航海地图都会显示上千个暗礁和海岸线。我们在这些地图上绘制的象征性的边界上进行战争,在穿越生与死的界线时,我们会找到毁灭性的痛苦经验。崇圣(apotheosis)是一种性行为:界面之间终极的相遇。

人类正是在不同的技术和学科的交界处获得了许多新发现,开始了很多新行动。就像我们在前面一章中看到的仿生学,正是当两个不同领域的知识彼此被强有力地联系在一起时,一门新科学可能才会出现。历史学家弗里德里克·梯加特(Frederick J. Teggart)说:"人类所取得的伟大进步不仅来自各种完全不同的观念的聚集、集合和获得,还得益于某种类型的智力活动的出现,这些智力活动来自不同的观念体系之间的对立斗争。"社会生物学[1]、生物力学[2]、太空医药学（extraterrestrial medicine）、人种音乐学都是一些可以信手拈来的例子。

加速、变化或者变化的加速都起因于结构或系统之间在其边界上的相遇。年轻人在 20 世纪 70 年代早期从直觉上感受到了这一点；他们再三使用对峙（confrontation）的方式就是对这一事实的一种象征性的、具体的说明。

从本质上讲，设计团队会因不同观念之间的对峙而茁壮成长，因为它自身就诞生于这种相互作用之中。设计团队的构成就是要把许多不同的学科组织起来，瞄准那些需要加以解决的问题，而且它还要寻找那些需要重新思考的问题。设计团队的任务是研究我们的真正需要，重新塑造环境和工具，以及我们思考这些问题的方式。

尽管计算机已经跟我们在一起待了近 40 年了，但微处理器引进办公室尤其是家庭还是最近的事。许多人都关心计算机和微处理器的到来会带来什么样的变化。遗憾的是，有些人仍旧对此持有一种敌视和消极的态度。有些人把计算机看作是对有组织劳动的威胁，对一周工作 40 小时这个标准以及清教徒的工作伦理的威胁，他们还找出了很多惧怕的理由。另外一些人，尽管认识到微处理器和计算机帮助淘汰了

1　社会生物学，研究社会行为的生物决定性要素的学科，基础理论认为这种行为是通过基因传递并且受到进化过程影响。——译注
2　生物力学，应用力学原理对生物中的力学问题定量研究的学科。——译注

一些单调乏味的、常规性的智力工作，但对未来仍旧持有一种消极的态度：他们害怕他们脑海中浮现出来的那种悠闲。皮耶特·蒙德里安画画的时候，他自己似乎就是一台计算机，但是他工作起来兴趣盎然，就像在历险。然而，当有些艺术家面对着数字程序的机器时却感受到一种特别的疑惧。当然，我们还有许多人把微处理器和计算机看作是一种巨大的解放力量，它使我们摆脱了大量纷繁复杂的工作，使我们有时间从美学、哲学和概念上加强我们所做之事的基础。

　　在1976年到1983年间，一些为《星球大战》（*Star Wars*）、《帝国反击战》（*The Empire Strikes Back*）、《第三类接触》（*Close Encounters of the Third Kind*）等电影做图像和背景设计的人想在英国找一些愿意使用计算机图形建模来工作的画家和水彩画家。1983年8月，我有幸在都柏林第20届世界平面艺术家和设计师大会（ICOGRADA）上作论坛发言。和我一起发言的人说，**所有**被雇用的艺术家一开始都不喜欢他们所要做的事情。几周之后，当他们渐渐熟悉了"颜色盒"这个制图工具之后，他们改变了他们的看法，艺术的和人的好奇心被唤醒了。现在，两年过去了，这些艺术家中的很多人专门跟图像电脑和"颜色盒"一起工作，而且都是他们自己的选择。

　　由于电脑和其他的数字程序设备的日渐普及，一种关于设计师事务的新的但带有消遣性的区分和再定义出现了。相当一部分我们一直认为是属于智力范围的事务——它们实际上完全是单调乏味的，现在让电脑去做了，这就使我们有可能去重新确定智力在大脑中的**真正作用**。设计团队的意义恰恰就在这儿，就在电脑的工作、人的工作和闲暇的接合点上。

在一个越来越多的工作需要被自动控制操作的世界上，多数的路径监管、质量控制和计算被语言和数字程序履行，设计团队的工作（研究、社会规划、创意革新）是留给人类的**少数有意义并至关重要的事务之一**。整个社会都需要设计师的帮助去建立目标，这是逃不掉的。

社会史学家们告诉我们，20世纪的人类困境无疑可以追溯到五个人的发现：哥白尼、马尔萨斯、达尔文、马克思和弗洛伊德。但就在最近15年中，在社会学、生物学、心理学以及人类学、考古学和医学的交接之处，对于人类的状况已经产生了许多新的见解。有18部著作——罗伯特·阿德里（Robert Ardrey）的《本土律令》（*The Territorial Imperative*）和《狩猎的前提》（*Hunting Hypothesis*），格雷戈里·贝特森（Gregory Bateson）的《心灵与自然》（*Mind and Nature*），巴克敏斯特·富勒的《地球太空船的操作指南》（*Operating Manual for Spaceship Earth*），爱德华·霍尔的《隐秘的纬度》和《生命之舞》（*The Dance of Life*），伊凡·伊利奇（Ivan Illich）的《欢乐的工具》（*Tools for Conviviality*），阿瑟·库斯勒的《机器恶魔》（*The Ghost in the Machine*）和《巴别塔之砖》（*Bricks to Babel*），康拉德·洛伦茨（Konrad Lorenz）的《论侵略》

（*On Aggression*）和《文明人的八宗死罪》（*Civilized Man's Eight Deadly Sins*），詹姆斯·拉伍洛克（J. E. Lovelock）的《盖娅：地球生命新视野》（*Gaia: A New Look At Life On Earth*），戴斯蒙德·莫里斯（Desmond Morris）的《裸猿》（*The Naked Ape*），乔纳森·谢尔（Jonathan Schell）的《地球的命运》（*The Fate of the Earth*），彼得·辛格（Peter Singer）的《扩大的循环》（*The Expending Circle*），拉特雷·泰勒（Rattray Taylor）的《生物时间炸弹》（*The Biological Time Bomb*）以及《如何逃避未来》（*How to Avoid the Future*），爱德华·威尔逊（Edward Wilson）的《社会生物学》（*Sociobiology*），这些著作用一些新的和更为深邃的方式重新定义了人与人以及人与环境之间的关系。富勒讲的一个故事很好地说明了各学科之间的相互依赖：

　　在过去的十年中，学术界出现了两篇重要的论文，一篇是关于人类学的，另一篇是关于生物学的。而且这两位研究者都是在相互间完全独立的情况下进行的。但是，偶然的机会使我看到了这两篇论文。那篇生物学的论文是在考察所有濒临灭绝的生物物种。那篇关于人类学的论文是在考察所有濒临灭绝的人类部落。两篇文章都各自发现了同样的原因——灭绝是过度专门化（over-specialization）的一个后果。因为你变得越来越专门化时，专门化就会近亲繁殖。这是自然而然的。反之，若远缘杂交，就产生一种普遍的适应性。

　　因此，在这里，我们应该警惕，专门化通往灭绝之路，而我们整个社会正是这样组织起来的……

　　人是一种通才。正是他设计出的那些各种延伸（工具和环境）帮助他达到了专门化。但由于错误地设计这些工具或环境，我们经常会获得一个闭环的反馈，这些工具和环境接着会以一种方式影响人和人群，把他们自身永远变成专家。但任何设备、工具或环境的潜在后果在它被构造或制造出来之前都可以被研究。现在，电脑可以产生各种程序、互动和系统的数学模型，并预先研究它们。社会科学新近的发展为之提供了更深刻的洞见，使之对社会更有价值。

　　千百年来，哲学家、艺术家和设计师们都在讨论，在我们的用具和赖以为生的事物中，我们对于美和审美价值的需求。设计师和工程师强调最佳的功能。人们只要朝窗外观望一下，或者往自己的屋子里巡视一番便不难发现，这种要求事物的功能和外观的先入为主之见把我们置于何地：**世界是丑陋的，用起来也不怎么样**！在一个蝇营狗苟的世界中，只专注于把事物做得好看是一种反人类的罪恶。但是设计的事物性能很好，却在其他方面失败了，根本上也是错误的。正如我们在第一章的功能联合体中所看到的那样，人们在狭隘的功利主义之外还需要一些丰富的结构和工具。从心理上说，我们投放给这个世界的快乐、均衡和比例上的愉快和谐（而且要把它们看作是异常清晰的图像）对于我们来说是必需的。不光像人类这样复杂的生物，就连低等的物种似乎也需要这种美学和联想上的丰富性。这里有一则关于鸟类的这种机制的描述，引自一个哲学家—自然学家的话：

每个人都知道，大多数鸟都建造巢穴，而且也很有效率。尽管并不都那么美观，但它们的巢是舒适的，且经常是灵巧别致的。缝叶莺把巢建在一个大叶子里，然后用曲线把边缝合，这样，叶子就不会解开。南美洲的灶巢鸟，体重不到 3 盎司，却能建造重达 7—9 磅的巢，并把这个中空的土球固定在树枝上。在澳大利亚，岩莺建造了一个长长的悬空的巢，并把它绑在蜘蛛网洞的顶部；蜘蛛的反应就不得而知了。在马来半岛，冢雉制造了一些模拟的孵卵器：一堆堆掺着沙子的植被，它们会渐渐地腐烂以使卵温暖。这鸟自身没有普通家禽那么大，但那些巢却有 8 英尺高、24 英尺宽，由从方圆几百码之内采来的原料构成。家燕建造一种整洁的黏土房子，这种房子还有一个前门。一个简单的巢，如红尾鸲的巢，为了原材料需要它单独飞行 600 多次。

而有些鸟建造鸟巢，很简单，就是为了审美效果。在澳大利亚和新几内亚有一些园丁鸟。它们是栖息在树木上的鸟，有 8—15 英寸长，看起来很像我们国家的啄木鸟，但"打扮"得更帅气。它们的特性是独一无二的。

雄鸟在森林中找到一块空地，在其边缘用草和树叶建造了精致的凉亭。在这些空地和凉亭上，它们开始装饰，仔细地选择、堆砌：蓝色的花头，贝壳或明亮的事物，比如玻璃片、子弹壳，甚至玻璃假眼（尽管这很难得到）。最接近它们，对其进行研究的科学家 A.J. 马歇尔（A.J.Marshall）说得很明白，这显然是一种性展示的变通，试图吸引小的雌性，标记每一个单独雄性自己的疆域，并留给它一个合适的舞台去展示它的翅膀和骄傲的姿态。然而，马歇尔也肯定地承认，这些鸟似乎很欣赏它们的凉亭，它们的建筑超越了单纯的功能主义；而且它们在装饰其凉亭的时候展现了非常显著的辨别力，这只能被称作审美选择。一个美国的收集者在新几内亚一路往前穿越丛林，他没有想过园丁鸟，甚至从未见过它们的建筑，然后他就突然来到了一个地方，在那里，下层丛林被清理出了 4 英尺见方的一块地，一间棚屋状的凉亭在里边已经被建造了起来，大约 3 英尺高、5 英尺宽，前面还开了 1 英尺高的门。"这个新奇的建筑面对着空地。前面一块草坪被几堆花和果实加深了印象。就在门底下有一堆整洁的黄色果实。再往外走，草坪上还有一堆蓝色的果实。远处还有 10 朵新采的花。"后来这个探险家看到那位"建筑师"回到了它的凉亭。它做的第一件事是注意到了一根火柴，这是探险家不小心扔在其空地中间的。它跳过来，衔起了火柴，头一甩将其扔出了空地。

于是这个探险家采了几朵粉色与黄色的花朵，还有一朵红色兰花，将它们丢在这片空地里。鸟儿很快回来，并径直朝新鲜的花朵飞了过去。它拾起所有的黄花，并把它们扔掉。接着，犹豫了一会儿，它又把粉红色的移走了。最后鸟儿选定了兰花，决定把它们留下来，并花了些时间将它从自己的这一堆装饰中挪到另一堆，直到找到最适合它的地方为止。

这听起来是不是难以置信？还有一些有关园丁鸟的事实，有过之而无不及。在一只雄鸟建完其凉亭之后，它必须守卫着自己的成果，因为如果它飞出去觅食，一个雄性的竞争对手就会毁掉其凉亭，偷走其装饰物。有些鸟不仅装饰它们的凉亭，还用有色的果浆，从燃烧过的园木中找来木炭粉以及（从附近的人家里）偷来蓝色漂白剂在上面涂涂抹抹。如果一朵展示的花朵凋谢了，它立刻就会被移走；如果有人来过，他造成的破坏将会被修正。有一个观察者从凉亭里取出了几块苔藓，并在森林里较远的地方悬挂起来。一只气宇轩昂的雄鸟就会生气地一次又一次把它取回。后来，这个观察者又进行了一个实验，对此我只能称之为残忍。他点燃了三个凉亭。每一次，都会有一只雄鸟从树丛中冲出来，并紧紧地站在燃烧的凉亭边。"它那美丽的脑袋耷拉着，翅膀也合上了，就像是在哀悼一个出殡的火葬。"啊，科学，有多少罪恶都是以此名义进行的啊！[1]

更多受控实验的开展从美学的意义上证明了富足环境的重要性。加州大学伯克利分校的大卫·克雷奇（David Krech）教授所做的工作提供了许多有益的知识。克雷奇准备了两群实验室老鼠。其中一群被置于"匮乏的"环境，类似于人在贫民窟、城中村[2]、棚户区[3]和少数族裔聚居区[4]。这些老鼠挤在一起，卫生条件很差，食物劣质且贫乏。笼子永久地处在阴暗之中，而且无论在它们醒着或睡觉的时候都会用分贝极高的尖叫和噪音骚扰它们。第二组动物在一个"富足的"环境中饲养。在这里，色彩、质地和材料都经过仔细挑选。有充足的食物和水，丰富的维生素，而且有很多空间是为家庭组织建立的。还给它们的住所送去轻柔欢快的音乐，并慢慢地改变灯罩和颜色以进一步提升环境质量。

1　在世界各地写书的一个难题就在于，有时候资料会丢失。这个引述的关于园丁鸟的有趣的研究也是这样，它所由来的那本书无可挽回地找不到了。它可能轻轻地从维京漂到了丹麦，或者在巴厘岛看完一场皮影戏（shadow-puppet）演出后落在那儿了，我实在是很想答谢并获允征引，但因为既不知道作者也不知道题目，所以就没什么可能了。——原注

2　原文中 barrio 在英语中指美国城市中讲西班牙语居民的集居区，也是贫民区的代称。——译注

3　原文中 favela 指简陋棚屋住宅区，尤指在巴西的贫民区。——译注

4　原文中 getto 原指欧洲城市中以前犹太人被限制的地区，后泛指城市中由少数人居住的地区。由于各种原因，居住在那里要承受来自社会的、经济的或法律上的压力。——译注

该实验的结果说明，"富足的"一群中的成员具有更好的学习能力，智力发育更快，对于新的刺激因素具有更强的机动性和适应性，记忆力也更好。而且它们一直到老都能够保持这种智力才能。在正常的实验室环境中，甚至其后代长大后的尺寸也比"匮乏的"老鼠的后代要大。解剖显示，这些"养尊处优"的老鼠，其大脑皮层的尺寸更大，重量更沉，而且沟回更多。

当实验被重做时，保持环境的不同，**而给两群老鼠喂相同数量的水和食物**，其结果和第一次实验几乎相同。在两个实验中，环境优越的老鼠在大脑中都发展出了一种高度浓缩的、重要的酶，它负责脑组织的发育。实验显示，环境及其与老鼠之间的关系恰恰能够改变基本的脑部化学反应。这并不是说，人和老鼠是相似的，但是很多儿童保育中心、幼儿园、托儿所和学校却在设法重演匮乏的老鼠环境。大多数家长（永远认为学校只不过是儿童照看机构）从来没有问过**学校是不是在剥夺他们孩子大脑的潜力**！

不幸的是，对于人类而言，世界上 90% 以上的地方都好比老鼠的匮乏环境。在过去的 15 年中，人工环境已经开始具有自然生态学的特征：它们相互连接，回应用户，并自我再生。所有的人道都被填进了这种新的生态学，但却没人考虑过一种生物学的机制如何应对一个人背井离乡、被迫生活在其他的环境中的情形。这只需看一下我们的动物园就知道了……

　　学校的辩解者和贫民窟的辩护者（他们常常是同一些人）都会说，生活是严酷的、认真的，生存是一种持续的斗争，只有强者才能获得胜利，而且他们只是告诉年轻人，为了在一个艰难的世界上生存得更容易，他们必须吃苦耐劳。在许多国家，生活的确是艰苦，生存是唯一的目标。在第一章中，我们定义了设计。在**需求**之下，我们列出了三个具有等级秩序的组成部分：生存、认同和目标。（这是我对亚伯拉罕·马斯洛经典描述的简化，该描述由五个递升的层次构成：生理需求、安全、社会肯定、爱和自我实现。）最为紧迫的事情总是生存；只有生存问题解决了之后，我们才关心探寻我们是谁。而且，只有当我们的生存和认同问题已经清楚之后，我们才开始建立目标。在这三个基本的紧迫需求的延伸之外还有：自我实现、个性、意识、共情、爱、狂欢、喜悦和激情。这种强者永远会战胜弱者的观念（"有只靴子永远都踩在你头上"）是一种社会达尔文主义——适者生存，源于19世纪末英、美上升期的资产阶级的故意曲解。它部分起源于这个观念，即这里"就是供应不足"，直到最近这也是一个历史事实。但是在1983年，如果合理地计划、分配并节约使用，对每一个人的供给是绝对足够的。光是投在可怕的核武器上的花费就能够喂饱、教育和治疗每个地方的所有的人。

　　但是，另一个由来已久的谬论是把学校当作吃苦耐劳的体验。据 M.W.沙利文（M.W.Sullivan）博士说，在第二次世界大战期间，南太平洋的美国海军陆战队的成员面临着历史上最无法忍受的环境。气候、植被和野生动物使得生活几乎无法忍受，而危险的战斗和疾病又不时袭来。研究表明，那些从匮乏的环境中来（换句话说，就是曾经"为了生活吃苦耐劳"）的人，**其健康是首先崩溃的**。那些家庭背景要么富足，要么更为稳定的水兵，他们更能忍受环境的破坏和敌人的行动。同样的实验已经被布鲁诺·贝特尔海姆（Bruno Bettelheim）博士对于纳粹集中营同住者的研究所证明，而朝鲜战争中被俘的美国人的境遇尤其说明了同样的问题。[尤金·金凯德，《战争事实上只有一次》(*In Every War but One*)，纽约：诺顿出版社，1959]

在一个戏剧性变化的世界上，在一个（颤抖着）恐惧变革并把年轻人引到一个更为狭窄的专业化领域的世界上，完整地、全面地、重参与的设计师是一个热诚的综合者。大多数期盼都基于这样的事实，即一个社会变得过于庞大、复杂，以至于难以理解自身或对新的事件做出反应，常常意识不到其内部发生的诸多变化。因此，到2000年的时候，一半以上的人将不到20岁——同时，老年人和高龄老年人的比例将大大地超过从前。今天，美国的大学生要比农民多。然而提供给农民的大量慷慨的补贴（所履行的政策是农业工人占到总人口98%的时代，而不是8%的今天）还在增加，而当几百万人挨饿的时候，付给农民钱却并**不是**要增收食物。巴克敏斯特·富勒发现，"今天的每一个小孩的出生几乎都没有误报"。在每一个地方的学校和大学中，这样相当大一部分人口的加速升级将无可避免地影响我们所有的系统。

　　为了不让年轻人认识到他们的能力或实现他们的潜力，学校内外都做了大量的工作。其中的一个回答是战争。"每隔 20 年左右，我们会通过暴力和昂贵的手段毁掉一代人，而很快会困扰我们的将是这种花费而不是毁弃本身。"（迈克尔·英尼斯）在大学中，我们讲授狭隘的、专门化的职业技巧（由于经济衰退，对谋生的强调使之变得更为重要），而对于"培养全面的人"却只是动动嘴皮子。

　　几乎我们所有的人都是利润体制宣传的牺牲品，我们已经不再能够坦率地思考了。

　　在 1971 年，瑞典政府从制药业得到了 10% 的分成。立刻，斯德哥尔摩的一家最主要的报纸就摁下了应急按钮，说如果瑞典的整个制药行业被国有化，那么"他们只会生产所需要的药物！"这真是胡说八道、荒谬可笑，他们的观点很容易理解：在今天的产业界，多数重要的研究所关注的并不是为实际需要的生产，而是蛊惑人们想要已经生产出来的东西。如果**所有国家的产业都只生产所需要的东西，未来看上去的确会更美好**。

　　工业设计职业在很大程度上仍旧强烈地支持一个追逐利润的体制，它造成了最严重的过剩。大卫·查普曼（David Chapman），美国最大的设计公司之一的老板和总监，美国工业设计师协会理事会成员，曾被选为英国皇家艺术协会和位于德国林道[1]的国际艺术和文字协会的成员。下面是他说的他关于真正市场需要的观念：

> 礼物市场是另外一个庞大的领域。在 1966 年，除了圣诞节礼物，9000 万人收到了 1.07 亿份礼物。超过 40% 的桌面设备是礼物，尽管没有人把它们当作礼物去包装和设计。它们在被设计时，人们对于这意味着"工作"一直就有怀疑。好，它们的确如此——但谁真的需要一个搅拌器呢？（见《设计研讨会》，报告，美国钢铁协会，1970 年，第 4—5 页）

对一个不怎么样但却存在的市场，他有点沮丧，继续说道：

> 在美国有 3 500 万只宠物。这些宠物的主人每年在宠物的食物上要花费 3 亿美元，但每年只有 3 500 万花在宠物的"物品"上。为主顾们提供的物品中，没有一件是买给流浪汉的。要想买貂皮领子可能真得去内曼·马库斯

---

1 林道，德国巴伐利亚州的城市，位于博登湖东岸的岛上，德国、奥地利和瑞士三国的交界处，是一座著名的历史文化名城和旅游城市。——译注

（Neiman Marcus）[1]，但是美国没人会买这种东西。

　　查普曼先生也谈到了美国关于食品的需求。在解释完"厨房死气沉沉"以及"厨具业（就像马车夫一样）正在退出"之后，他说我们都应该吃冷冻快餐（TV dinner）。然而，他又肯定地说："由于女性的、心理上的原因，妈妈可能会在食物上加了一捏牛至[2]或少量雪利酒[3]。"

　　"设计师必须了解更多社会因素对于产品和市场的影响，"他继续道，"美国有 7500 万人的年龄在 45 岁以上，其中有 2500 万人年龄超过 65 岁。**他们装了假牙，还有胃病等诸如此类的问题。这是一个全新的市场，**而且他们有很多钱可以花在他们想要的东西上。"在探讨了营养学、老龄化、疾病和贫困等问题之后，查普曼先生洋洋自得地总结道：

　　　　比如一辆新车，标价将近 2 500 美元，但把额外的东西都加上，这辆车要花 4 200 美元。谁需要那些白胎壁轮胎？它们用不了多久，看起来矫揉造作。可能我们

1　内曼·马库斯，创建于 1907 年，是美国以经营奢侈品为主的连锁高端百货商店。——译注

2　牛至，欧亚大陆的一种多年生唇形科草本植物，长有芳香的、可用于烹调的叶子。——译注

3　雪利酒，一种西班牙的高浓度葡萄酒，味道从干到甜，颜色从黄褐色到棕色不一。——译注

错误地看待了我们所面对的这些动物。基本上，它是一种追求完全放纵的生物。

当查普曼先生使用像"动物"和"生物"这样的词时，他指的是你和我：消费者、客户，他的公众。

注：本书第一版发行之后，一些义愤填膺的信件、电话，甚至还有一封电报指责我捏造了"查普曼先生"和上述引文。在来信中，这仍旧是不断被提出的问题。我想确认大卫·查普曼的存在，而且他在设计组织中是一个受人尊敬的发言人；而且，查普曼先生在其任何评论中都没有明显地讽刺什么；事实上，他不怕麻烦地把它们印在了一个小册子上，而且让他的事务所做了几百份拷贝邮给设计师和学生们。如果说有什么不同的话，他的评论比其领域中任何其他人的评论都更为中肯。在北美，更为偏激的观点统治着设计师协会和职业会议，而更令人烦扰的是，这些观点也统治着学校。毫不客气地说，美国的工业设计就是被选出来为大型商业利益的放肆行为去拉皮条的。

具有讽刺意味的是，在美国，大多数学工业设计的学生要面对并喜欢的许多"迷人的工作"都在公司里，而这些公司的策略和实践与公众的兴趣或人们对制造精良、生态负责和审美愉悦的产品的愿望相去甚远。许多美国企业巨头已经卷入与政府合谋的价格垄断、犯罪，或民事共谋、欺诈、妨碍反垄断诉讼或产品责任诉讼中。换句话说，有些公司甚至连当前最低的伦理和道德水平都达不到，我们在教工业设计的时候，就会让年轻人准备去帮助他们、说服他们，司法机关也许能起点作用。

这里有一个来自20世纪70年代的例子：由于17年来共谋阻止反污染设备进入市场，最大的三家汽车公司被告上了最高法院。这三家公司大大方方地承认了。然而，他们乞求法庭不要起诉，作为交换，他们承诺在以后的大约17年中"更加努力地做"。[1]

一个令人高兴的事实是，由于学校那么乐意教的东西没有什么价值，所以今天许多年轻的设计师或学习设计的学生已经不愿意继续以这种有害的方式学习了。这种具有破坏性的、过时的设计的角色正在慢慢地走向尽头。如果我们列出一些在未来的十多年中有望出现的新世代的产品，而且，如果我们进一步把这个单子局限于罗列**西方世界**的产品服务，我们将得到：

促进更强的自主（autonomy）和分散化（decentra-lization）的工具和人造物品

1　1971年6月30日，当联邦政府把那些污染企业归档时，在近80 000家企业里只有50家费心治理污染。最近（1983年9月），我们看到三里岛（Three Mile Island）的负责人因毁灭能够证明其共谋拒绝提高安全标准、遵守卫生规定、停止污染的数据而受到联邦政府的犯罪起诉（ABC晚间新闻，1983年12月8日）。——原注

更好且更小的通信设备

替代性能源

自我诊断医疗工具

单轨铁路系统

超小型的电动车或替代能源车

便携式的人力或电池驱动的个人移动设备

高品质的家用设备（低耗能，易于修理）

大批量生产的多种用途建筑

批量住宅模件（基于该地区的本土风格）

自动化交通

高速铁路网

计算机化的医疗诊断设备

可视电话

电视和教学器械辅助教学

无污染的制造系统

广泛应用生物可降解材料

　　这些新产品的使用将使我们脱离在设计上已经完全过时的道路、汽车工厂、学校、大学、住宅、工厂、医院、报纸、商店、农场和铁路系统。不难理解，为什么大企业害怕那些变革可能会逐渐淘汰其工厂和产品。由于工厂和工业联合企业在规模、复杂性和投资上的增长，他们反对创新的增长。系统的变革，系统本身的替换或部分地替换花费会越来越多、

重度残疾人士使用的餐具。刀片可
适应各种角度，叉子和勺子都有一
个很重的柄。水杯和玻璃杯都是塑
料的（不会摔碎），杯托比较重，
但看起来与标准的瑞典人饮水用的
玻璃杯一样。注意，这些盘子（有
橡胶底足防滑）只有一边是卷起来
的，这样人们更容易把一个盘子的
边拿起来。为瑞典全国性教育协会
康复机构设计，斯德哥尔摩，瑞典。
约翰·查尔顿摄

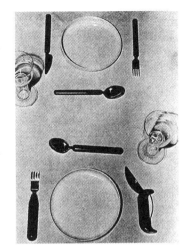

越来越困难，他们不想着手开始。因此，变革的方向不能指
望从大型企业或军事工业联合体（或被束缚的设计师为之工
作的团队）开始，而将从独立的设计团队开始。

　　但在我们开始设计更小、更安全的事物之前，我认为
消费者需要其自身的权利法案——这些指导方针会为他们服
务，也有益于设计师和企业：

消费者权利宣言

　　1. 安全的权利，免受危险品的伤害。

　　2. 知情权，免于被信息缺乏或被操控的错误信息所误导
的权利。

3. 享有基本服务、公平价格和选择的权利——能够获得各种产品和服务，并且，在垄断的确存在的前提下，以合理定额价格获得最低保障的质量。

4. 代表权，即作为顾问被考虑并参与到影响消费者的决策中。

5. 被听证权，即能够接近进行调查的政府官员，有倾诉的渠道，并有公正、迅捷的赔偿程序。

6. 消费者教育权，拥有来自消费者自身观点的终生消费者教育。

7. 最后，也是越来越重要的一点，即享有卫生和安全环境的权利。[1]

在我们开始让我们自己面对这些由消费者权利宣言所引起的诸多问题之前，在我们有足够的智力思考我们所面临的那些更为深刻的问题之前，对人类的状况做大量的研究是必需的。我们必须探究人类的文化在许多时代和地域是如何存在的。这将意味着要把各种文化、宗教、结构知识和社会组织群体行为的信息集合在一起。我们将需要无数人群和社会组织的事实论据：美国平原上的印第安人；塞匹克河[2]下游

---

1 这七点并不精确，基于安瓦尔·法扎勒（Anwar Fazal）的论文《为消费者斗争》（马来西亚政府保护消费者权益和社会研讨会，吉隆坡，1977年9月）。——原注

2 塞匹克河，流经巴布亚新几内亚北部的一条河。——译注

盆地的芒杜古穆尔人[1];印加人[2]、玛雅人[3]、托尔特克人[4]和阿兹特克人[5]的祭司文化;霍皮人[6]的普埃布洛[7]文化;克里特岛上的祭司—女神文化;阿拉佩什山[8]岩画;伯里克利统治时期的希腊;19 世纪末的萨摩亚群岛;纳粹德国;现代瑞典;澳大利亚土著、班图人[9]和因纽特人;在中国权力机构和决策制定者的位置;帝国时期的罗马、贫民窟和隔离区;西班牙支持共和的政权;军队中权力的委派;天主教教堂、现代工业网络;等等。

对于地球上的人类社会来说,什么是理想的状态? 要想回答这个问题,对生存模式、性观念、世界人口迁移、行为

---

1 芒杜古穆尔人,新几内亚土著,有猎取人头吃人肉的习惯,好斗,攻击性强。——译注
2 印加人,古代秘鲁土著。——译注
3 玛雅人,古代中、北美洲印第安人。其文明在公元 300—900 年发展到最高点。玛雅人以其建筑、城市规划、数学、历法和象形文字著称。——译注
4 托尔特克人,公元 10—12 世纪在墨西哥占统治地位的印第安人。——译注
5 阿兹特克人,公元 16 世纪前的墨西哥土著,其文明程度的最高峰处于 16 世纪初西班牙的攻占时期。——译注
6 霍皮人,美国亚利桑那州东南部印第安人,是普埃布洛人的一支。因其精湛的旱作技术,多姿多彩的仪式生活,以及在制陶、银器、编织等方面的精美工艺而闻名。——译注
7 普埃布洛族,美洲约 25 个土著民族之一,包括霍皮人、祖尼人和陶人,居住在新墨西哥的北部、西部及美国亚利桑那州东北部的村庄中。普埃布洛人是居住在悬崖上的阿那萨齐民族的后裔,他们以陶器、编篮、编织和金属制造方面的出色技艺而闻名。——译注
8 阿拉佩什山,巴布亚新几内亚境内的一座山脉,濒临俾斯麦海。——译注
9 班图人,语言上相关联的中部和南部非洲的大量群族中的任何一员。——译注

实验性的灯罩设计。一个"替代性风格"练习，约
亨·格罗斯（Jochen Gros）设计。供图：约亨·格
罗斯，奥芬巴赫与柏林国际设计中心

规范、基本且复杂的各种宗教和哲学以及道德问题的调查将
是必需的。

什么是全球生态和行为系统的参数？ 在这里，各种学科
如生物社会学、气象学、气候学、物理、化学、地质学、冯·诺
依曼（Von Neumann）的博弈论[1]、控制论[2]、海洋学、生物学
以及所有的行为科学，它们一些新的见识是急需的，这当然

---

1 博弈论，一种为在竞争的情况下分析决定最适宜自己一方的策略而制定决
   策所采用的数学方法。1928 年，美籍匈牙利数学家冯·诺依曼证明了博弈
   论的基本原理，宣告了博弈论的正式诞生。——译注
2 控制论，在生物、机械和电子系统方面，联系和控制过程的理论研究，特
   别是有关生物和人造系统这些过程的对比。——译注

也包括在这些学科之间建立新连接的途径。

我们的资源限度是什么？ 根据南伊利诺伊州大学巴克敏斯特·富勒的世界资源总量中心从 1960 年到 1978 年所进行的比较研究，这个问题必将一直和技术变革以及新的发现紧密相连。

人类的局限是什么？

在行星地球上，对于人类的生活来说，什么是基本的家政法则？（或者，用富勒的话说：一份地球太空船上的操作指南。）

还有最后一点，我们不知道什么？

对于这些问题中的任何一个，现在都没什么答案。但是在创造能够帮助我们开始给出一些答案的工具上，人们已经迈出了第一步。国际地球物理年、国际太阳宁静年和国际上地幔计划都是具有跨国界特点的科学数据收集工作。许多机构已经有了。联合国教科文组织、联合国儿童基金会、世界卫生组织、国际劳工组织、水利研究科学委员会、国际科学协会理事会、政府间海洋学委员会和国际人力资源委员会只是现存的众多组织中的一部分，他们在全球范围内收集、存储与检索重要的数据。

在 1970 年，我觉得国际预期全面设计协会（International Council of Anticipatory Comprehensive Design）应该首先建立起来。协会可以得到联合国教科文组织的部分资助，并且还可以合作。从那时候起我就想了很多办法建立这样一个委员会，常常是以一个研究生院的形式。那些被歪曲得那么厉害的东西都需要一种规模感。尼日利亚和坦桑尼亚对我想建立这样一个组织都很感兴趣，他们说："这在撒哈拉以南的非洲将是同类组织中最大的。"我还得到了同样的提议以及"它将是欧洲最大"的承诺。我自己的意思是这样的委员会在规模上必须小。关于规模的问题在本书下面的内容中将更为全面地讨论。

但是，做庞大的研究只是这项工作的 1/3，其运作需要紧紧地抓住世界的需求。

第二部分是立刻停止当前对设计的努力的浪费，并把这些努力重新导向短程的实际设计需求。在第四章，我已经提出了一个能够立刻达到这一点的方法，即"什一税"。它建议设计师和设计事务所立刻开始把他们至少 1/10 的才能和时间投在对于这些社会问题的解决上，而这些问题可能会因设计的方式得以解决。进一步讲，这意味着（正如第十章中所说的那样）设计师拒绝参与对生态和社会具有破坏性的工作（无论是直接的还是间接的）。

光是这样做就将朝着共同的利益迈出一大步。在前面的章节中，我们都觉得惊奇，仅仅通过解决食物的腐败和停止病虫害对食物的破坏，数十亿人的蛋白质摄入总量就将从营养不良提升到尚可接受的水平。同样的事情可以在设计中做到。大多数设计事务所和学校仍旧对设计的社会和道德问题熟视无睹，只要他们负起责任来，就能够满足被忽视的南半球的需要。

最后，即我所谓第三点，在年轻设计师的教育中必须探索全新的方向。尽管我已经用整整一章的篇幅讨论了这一主题，但进一步的观察仍是适宜的。

学校、学院和大学的肆意扩张所产生的环境对于创新是有害的，自然对教育也就没什么好处。光是规模的扩张是有悖于教育宗旨的（我曾经执教过的大学有27 000个学生，还有一些大学的人数三倍于此）。这使得学生觉得他们像一台机器里的一个小齿轮，被简化为数字，并被疏远。这粉碎了他们的努力，真正的学习状态则调动不起来。规模的另一端是私立学校，他们被认为是小规模的，有500—3 000个学生。这些机构用唯我独尊和乡村俱乐部的氛围取代了州立大学的巨大症。第三种学校常常是一种高度专业化的机构，针对艺术、工艺或者你想学的一些特殊问题。这些学校的缺点就是缺乏宽泛的综合资源和探讨的主题，并倾向于永远保持艺术家—手工艺人的排他性和小圈子的构成。第四种可能性就是向所有人开放的大学，就像英国在大约20年前所做的那样，在那里通过函授、广播和电视进行课程教学。

最后提到的这种模式是英国开放大学的电视函授，现在已经进行到第20年了。通过书本、测验、电视节目和小组讨论把观众联系在一起，以及要求参与者积极与组织其事的学者通信联系，开放大学的许多课程都非常有效，尤其是在产品设计、平面设计和环境设计方面。尽管这事实上排除了设计的团队形式，取消了可拓展的交流，却给每一个学生个人留下了设计和综合学习过程中的要点。

在我们的社会中，所有这四种教学方式的存在多半是有道理的、必需的。但是我们常常被迫在数量和排他性之间做出选择。

有些加强动手的设计教育来自手工艺。在今天的手工艺复兴中，编织、制作银制品、吹玻璃、制陶和雕塑都在一些小的中心被实践和讲授，并主要把精力集中在了暑期的生意上。这样的中心在缅因州、加州、新墨西哥、密歇根、威斯康星和北卡罗来纳都有。通过其夏天的学费，这种手工艺中心可以支持一群手工艺人一年中另外 9 个月的生活。北卡罗来纳的潘蓝（Penland）[1] 致力于让职业的手工艺人、工艺教师、大学生、退休夫妇、穿网球鞋的小老太太以及世界知名的设计师自由地交往。在阿巴拉契亚南部那些人迹罕至的小农庄，人们想重新建立一种基于手工艺的村舍工业，对于他们来说，这就是星星之火。

在塔里埃森和西塔里埃森 [2]，弗兰克·劳埃德·赖特曾经试图为建筑和规划的学习创造一种具有传导性的环境氛围。

1　文中所指应为北卡罗来纳州的潘蓝工艺学校（Penland School of Crafts Inc）。——译注

2　塔里埃森与西塔里埃森，是赖特从事建筑设计和传播建筑教育理念的两个场所。1911 年，赖特在威斯康星州斯普林格林（Spring Green）建造了一处居住和工作的总部，他按照祖辈给这个地点起的名字，把它叫作"塔里埃森"（Taliesin）。1938 年起，他在亚利桑那州斯科茨代尔（Scottsdale）附近的沙漠上又修建了一处冬季使用的总部，称为"西塔里埃森"（Taliesin West）。——译注

不幸的是，这个持续了 15 年的实验完全为赖特先生强有力的个性阴影所笼罩。除了这个建筑上的例外，设计和规划作为对社会和在道德上负责任的行动，其学习、研究和实践很少被尝试。

在当今世界的某个地方建立起这样一种实验设计的氛围是极其重要的。在我的脑海中，它不是一个学校，而是一个工作环境。在这里，年轻人可以通过解决真实的问题而不是人为制造出来的练习来学习。这样的学习环境，其规模必然是小的，在任何时候都不能超过 30 名学生。它将作为同样的环境设计工作室的原型被建立起来，成为互动的全球网络的组成部分。最后，同学们就可以在有着 30 000 学生的学校和 1 000 个由 30 人组成的环境之间做出选择。

首选这种原型学校的年轻人将来自世界各地。他们将在里面待一年或更长的时间，并同时参与完整设计的学习和实践。这些青年男女有着各种各样的背景，不同的年龄群，并且有着在不同的领域学习和工作的经验。他们在任何时候都将作为一个多学科的团队工作。他们的工作将与社会有关。团队的成员将不再关心那些只是因为类似于职业设计事务所处理的问题而被选择出来的理论问题（就像今天的学校里所做的那样），而是把他们的注意力导向社会真正需要的地方。在这个环境里所进行的所有工作都将是面向未来的。

这种环境将满足迄今还尚未被满足的一种主要社会需

求：培养大量的设计师，让他们所接受的训练急未来之所急。就像宇航员和太空人被授以技巧，是因为人们希望在几个月和几年之后他们能够登上月球或火星，设计师团队自身也应该为将来的社会变化准备好完整的全面的设计。这些设计问题的解决办法将被移交给关注这些问题的个人、社会团体、政府和跨国组织。

整个实验设计环境的概念是非营利性的。任何因解决真正的问题所得到的钱将被直接返回团队用于购买工具、器械、设备、建筑物和土地。我们只需要检查学习状况，看人们是否觉得值得、有趣，是否达到了学习的理想状态，并明白为什么这种小规模的团体是重要的。

毫无疑问，老师（尤其是设计教师）必须经常参与其实践。但只有建立一个有机的系统，比如这里所建议的这一种，才会消除实践和教学之间的隔阂。

团队所有的成员可以在一起生活和工作。通过公有，他们将生活得很轻松：也就是拥有的少，消费却更多。以今天一个典型的由30名的大学生组成的团体为例：一般而言，他们拥有26辆汽车，31台收音机和15部高保真系统。显而易见，把钱投在短暂的消费品上是自取灭亡。权宜之计是在一些旧建筑、农场或类似的地方开始这样一个"学校"，而最终成形的建筑物将成为这个团队的责任。暂时的圆顶屋、内置信息的小房间，以及一些更为持久的工作间、睡觉的空间和社会空间都将在一个生活—工作的环境里（通过他们自己的思考和劳动，这个环境总是在不断地变化，不断地被提出问题，并被试验性地重构）为团队成员提供有价值的经验。

　　其"课程"将由创造性地解决问题所需要的那些灵活的技巧以宽松的形式构成。工作和休闲活动将不再分开。这个团队将会使用数字编程、电影制作等一些最新的方法。这样一个设计研究和计划中心将不得不对来自许多领域的工人慷慨热情。而在几天、几周，甚至一年的时间里，相关的工人也将把他们的工作和生活经验带到团队中。由于组成该环境的各种组织的试验性，这样的中心最好设在乡村，但要与主要的城市中心离得足够近，以便于研究、实习工作和在城市环境中体验。研究什么，怎么研究，都将源于社会的需求。那里永远都不会有一个固定的"研究计划"。

　　在两三年内，有的成员将会离开，他们心中会装满了如何使这样一个环境更好运作的想法。学生的离开将会积极地促成动态的变化。因为我相信，如果这样一个中心被建立起来，很快，其他相同的中心也将开始"派生"。这些中心将在世界范围内致力于当地的和地域性问题。在这样一个环境网络中，他们将形成各种连接。每一个中心都将鼓励年轻人到处旅行。其中当然也包括在其他中心工作时进行为期几个月或几年的驻留和参与。在此，我建议了两个事情：建立一个由 30 个人组成的学习工作环境，更理想一些的则是为世界建立一个学习中心的网络。

　　在前面的章节中，我探讨了完整的设计师解决问题的方法进展，并将之进行了图表化的阐释。不过，现在我写这整本书显然也是根据同样的图表。它来自许多流程图的导入。这就是为什么它必然缺乏一个圆融的、线性的次序。手头上的工作已经呈现在了读者的面前，它就像七巧板局部的搜集，我强烈地希望读者能用各种有意义的方式把它们组织起来。没有别的办法能够同时呈现各种结果的发生。

像这样的著作在结尾的时候大都会令人眼花缭乱地展望未来，通常会谈论些什么海底的巨大城市，火星和比邻星[1]上的殖民地，以及一些能永远为我们提供各式电子玩物的机器。但这些东西显然都是荒唐至极的。

设计如果要对生态和社会担负起责任，那么它必须具有真正意义上的革命性和激进性。它必须使自身致力于最低程度影响自然这一原则，或者用皮特·皮尔斯（Peter Pearce）的名言就是，"最少的清单，最大的多样性"，或者用最少的付出取得最大的效果。这就意味着要消费少一些，东西用的时间长一些，并节俭地使用可循环材料。

设计师能够带给这个世界的是一个具有真知灼见、视野开阔、非专业化的、互动的团队（先人即猎人的遗产），现在，它必须和一种社会责任感结合在一起。在许多领域，设计师必须学会如何再设计。只有这样，我们才有可能通过设计生存下来。

---

1 比邻星，又称"毗邻星"，是南门二的三合星中的第三颗星，是距离太阳最近的一颗恒星（4.22 光年）。——译注

参考文献

本书第一版的参考文献大概列了500条。在这一版，我又加了200多条。由于本书在讲设计的时候用的是跨学科的方式，所以这个参考书目也是尽可能囊括多个学科。这些书（偶尔也有期刊、图录和小册子）涉及生态学、动物行为学、经济学、生物学、规划学、心理学、文学、人类学以及行为科学，我把它们和有关未来、环境、大众文化和设计的书列到了一起。

对于那些想读一些其他领域的书，从而了解设计和其他学科相互关系的设计师和设计学生来说，这个参考文献所列的书目将是一个很好的开始。

自从文艺复兴有了线性思维以来（开头很好，后来就走偏了），我们就一直认为所有的知识都可以分类，我们继承了各种图表、界限、分类、列表。典型的是，当我们想用根本起不了什么作用的分类法来给这个无涯的知识领域进行分类时，我们就会犯一个大错：我们在培养专家。

但是，当我们在迈向 2000 年的时候，正如我们所看到的那样，各种界限灰飞烟灭，最近的几代人已经从他们那如同统计员一样的心灵陷阱中挣脱了出来，我们发现，我们所需要的不是那些清晰的领域而是整合。不是专家，而是多面手。

以这种方式，一种有意义的有机模式、整合、综合将在你和你读过的书之间成长。也许你会和作者争论不休，也许他写的书会给你带来些启迪和洞见，也许你在他的书中会发现些错误和混淆，不过刨除这些，还是会有一种新的存在滋生出来，这将是你的收获。

在第一版的序言中，我写道："我最想读的书、我最想推荐给我的学生和设计师们的书，找不到……于是我决定写本我想读的那种书。"从那以后，人们又出版了将近一打有关设计的书。其中有几本是很不错的。

Mayal, W. H.*Principles in Design.* New York: Van Nostrand Reinhold, 1979.

Nelson, George. *How to See.* Boston: Little Brown & Co., 1977.

——. *On Design.* New York: Whitney Publications, 1979.

Pile, John F. *Design: Purpose, Form, and Meaning.* Amherst: University of Massachusetts Press,1979.

Pottel, Norman. *What is a Designer: Things, Places, Messages.* Reading, England: Hyphen Press,1980.

Pye, David. *The Nature and Aesthetics of Design.* New York: Van Nostrand Reinhold, 1978.

Williams, Christopher. *Origins of Form.* New York：Architectural Book Publishing Co., 1981.

不幸的是，这些书都不涉及设计的社会和人性尺度。

Critchlow, Keith. *Time Stands Still.* London: Gordon Fraser, 1979.

Doczi, Gyorgy. *The Power of Limits.* Boulder, Colorado: Shambhala Publications, 1981.

Lawlor, Robert. *Sacred Geometry.* London: Thames&Hudson, 1982.

这三本书探讨了设计、生物学和几何学之间的关系。

最后，我还发现了两本书，它们探讨了文化与设计、设计与社会之间的关系。

Keller, Goroslav. *Dizajn.* Zagreb: Vjesnik, 1975.

Selle, Gert. *Ideologie und Utopie des Design: zur Gesellschaftlichen Theorie der Industriellen Formgebung.* Cologne: DuMont, 1975.

这两本书原文都不容易读，而且还没有译本。

结构、自然与设计

Alexander, Christopher. *The Linz Cafe/Das Linz Cafe*. New York: Oxford University Press, 1981.

——.*Notes on the Synthesis of Form*. Cambridge, Massachusetts: Harvard University Press,1964.

——. "Systems Generating Systems, " in *Systemat*. Inland Steel Co., 1967.

——.*A Timeless Way of Building*. New York: Oxford University Press, 1979.

Alexander, Christopher; Ishikawa, Sara; and Silverstein, Murray. *A Pattern Language*. New York:Oxford University Press, 1977.

Alexander, R. McNeill. *Animal Mechanics*. Sidgwick & Jackson, 1968.

Architectural Research Laboratory. *Structural Potential of Foam Plastics for Housing in Underdeveloped Areas*. Ann Arbor, Michigan, 1966.

Baer,Steve. *Dome Cookbook*. Corrales, New Mexico: Lama Foundation, 1969.

Bager, Bertel. *Nature as Designer*. Frederick Sarne. 1971.

"Bionik" Special number of *Urania magazine*. Leipzig, Germany, August, 1969.

Blake, Peter. *Form Follows Fiasco*. Boston: Atlantic. Little, Brown, 1977.

Bootzin, D., and Muffley, H. C (eds.) . *Biomechanics*. New York: Plenum Press, 1969.

Borrego, John. *Space Grid Structures*. Cambridge, Massachusetts: M.I.T. Press, 1968.

Boys, C. V. *Soup-Bubbles*. London: Heinemann Educational Books, 1960.

Brand, Stewart (ed.) . *The Whole Earth Catalog* (all issues) . Menlo Park, California, 1968-1970.

Burkhardt, Dietrich;Schleidt, Wolfgang; and Altner, Helmut. *Signals in the Animal World*. London: Allen &Unwin, 1967.

Clark, Sir Kenneth. *The Nude*. Middlesex: Penguin, 1970.

Cook, Theodore Andrea. *The Curves of Life*. London: Constable & Co., 1940.

Critchlow, Keith. *Order in Space*. London: Thames & Hudson, 1969.

Cundy, M. Martyn, and Rollet, A.P. *Mathematical Models.* (2d ed.) . New York: Oxford University Press, 1962.

Doczi, Gyorgy.*The Power of Limits: Proportional Harmonies in Nature, Art and Architecture.* Boulder, Colorado: Shambhala Publications, 1981.

Fathy, Hassan. *Architecture for the Poor.* Chicago: University of Chicago Press, 1973.

Ganich, Rolf. *Konstruktion, Design, Aesthetik.* Germany: Esslingen am Neckar, 1968.

Gerardin, Lucien. *Bionics.* London: Weidenfeld & Nicolson, 1968.

Grillo, Paul Jacques. *What Is Design?* Chicago: Paul Theobald, 1962.

Hertel, Heinrich. *Structure, Form and Movement: Biology and Engineering.* New York: Van Nostrand Reinhold, 1966.

Heythum, Antonin. *On Art, Beauty and the Useful.* Stierstadt im Taunus, Germany: Verlag Eremiten-Presse, 1955.

Hoenich, P. K. *Robot Art.* Haifa. Israel: Technion, 1962.

Holden, Alan, and Singer, Phyllis. *Crystals and Crystal Growing.* London: Heinemann Educational Books, 1961.

Huntley, H. E. *The Divine Proportion.* New York: Dover, 1970.

Jenny, Hans. Cymatics: *The Structure and Dynamics of Waves and Vibrations.* Basel: Basilius Presse, 1967.

Kare, Morley, and Bernard, E.E. (eds.) . *Biological Prototypes and Manmade Systems.* New York:Plenum Press, 1962.

Katavolos, William. *Organics.* Hilversum, Holland: De Jong& Co., 1961.

Keller, Goroslav. *Dizajn.* Zagreb: Vjesnik, 1975.

——. *Ergonomija za Dizajnere.* Belgrade: " Ergonomija," 1978.

Lawlor, Robert. *Sacred Geometry.* New York: Crossroad, 1982.

Negroponte, Nicholas. *The Architecture Machine.* Cambridge, Massachusetts: M.I.T. Press, 1970.

Oliver, Paul. *Shelter and Society.* London: Barrie &Jenkins, 1970.

——. *Shelter in Africa.* New York: Praeger, 1971.

——. *Shelter, Sign and Symbol.* New York: The Overlook Press, 1977.

Otto, Frei (ed.) *Pneumatic Structures,* Vol.1 of *Tensile Structures.* Cambridge,

Massachusetts: M. I.T. Press, 1967.

——. *Cables,Nets and Membranes*, Vol.2 of *Tensile Structures*. Cambridge, Massachusetts: M. I.T.Press, 1969.

Pawlowski, Andrzej. *Fragmenty Prac Naukowo-Badawczych*. Krakau, Poland, 1966.

Pearce, Peter. *Structure in Nature is a Strategy for Design*. Cambridge, Massachusetts: M.I.T.Press, 1978.

Pearce, Peter, and Pearce, Susan. *Experiments in Form*. New York: Van Nostrand Reinhold, 1978.

——. *Polyhedra Primer*. New York: Van Nostrand Reinhold, 1978.

Popko, Edward. *Geodesics*. Detroit: University of Detroit Press, 1968.

Ritterbush, Philip C. *The Art of Organic Forms*. Washington, D. C.: Smithsonian Press, 1968.

Schillinger, Joseph. *The Mathematical Basis of the Arts*. New York: Philosophical Library, 1948.

Schwenk, Theodor. *Sensitive Chaos: The Creation of Flowing Forms in Water and Air*. Rudolf Steiner Press, 1965.

Selle, Gert. *Ideologie und Utopie des Design*. Cologne: DuMont, 1973.

Sinnott, Edmund W. *The Problem of Organic Form*. New Haven, Connecticut: Yale University Press, 1963.

Thompson, Sir D'Arcy Wentworth. *On Growth and Form* (2 vols.) . Cambridge: Cambridge University Press, 1952.

Turner, John F.C. *Housing by People: Towards Autonomy in Building Environments*. London:Marion Boyars Ltd, 1976.

Watkin, David. *Morality and Architecture*. Oxford: Clarendon Press, 1977.

Wedd, Dunkin. *Pattern & Texture*. New York: Studio Books, 1956.

Weyl, Hermann.*Symmetry*. Princeton, New Jersey: Princeton University Press, 1952.

Whyte, Lancelot Law. *Accent on Form*. New York: Harper, 1954.

——*Aspects of Form*. London: Lund Humphries, 1951.

——*The Next Development in Man*. New York: Mentor, 1950.

Williams, Christopher. *Origins of Form*. New York: Architectural Book Publishing Company,1981.

Zodiac (magazine) . Vol.19. Milan, Italy, 1969.

设计与环境

Arvill, Robert. *Man and Environment.* Middlesex: Penguin,1967.

Baer, Steve. *Sunspots.* Seattle: Cloudburst Press, 1979.

Boughey, Arthur S. *Ecology of Populations.* New York: Macmillan, 1968.

Calder, Ritchie. *After the Seventh Day.* New York: Mentor, 1967.

Commoner, Barry. *Science and Survival.* London: Gollancz, 1966.

Consumer's Association of Penang. *Development and the Environmental Crisis: A Malaysian Case.* Penang: Consumer's Association of Penang, 1982.

Curtis, Richard, and Hogan, Elizabeth. *Perils of the Peaceful Atom.* London: Gollancz, 1970.

DeBell, Garrett (ed.) . *The Environmental Handbook.* New York: Ballantine, 1970.

Dubos, Rene. *Celebrations of Life.* New York: McGraw-Hill, 1981.

——. *Man, Medicine, and Environment.* Middlesex: Penguin, 1970.

——. *The Wooing of Earth.* New York: Charles Scribner, 1980.

Ehrlich, Paul. "Eco-Catastrophe! " Ramparts, September, 1968.

——. *The Population Bomb.* New York: Ballantine, 1970.

Giedion, Siegfried. *Mechanization Takes Command.* New York: Oxford University Press, 1948.

——. *Space, Time and Architecture.* Cambridge, Massachusetts: Harvard University Press, 1949.

——. *The Beginnings of Architecture.* Vol. 2. Princeton, New Jersey: Bollingen Series, Princeton University Press, 1964.

——. *The Eternal Present: The Beginnings of Art.* Vol. 1, Princeton, New Jersey: Bollingen Series,Princeton University Press, 1962.

Johnson, Warren. *Muddling Toward Frugality.* San Francisco: Sierra Club Books, 1978.

Kaprow, Allan. *Assemblage, Environments and Happenings.* New York: Abrams, 1966.

Kouwenhoen, John A. *The Beer Can by the Highway.* New York: Doubleday, 1961.

——. *Half a Truth is Better than None.* Chicago: University of Chicago Press, 1982.

——. *Made in America*. New York. Doubleday, 1948.

Kuhns, Wiliam. *Environmental Man*. New York: Harper & Row, 1969.

Linton, Ron. *Terracide: America' s Destruction of Her Living Environment*. Boston: Little, Brown, 1970.

Lippard, Lucy R.*Overlay: Contemporary Art and the Art of Pre-History*. New York: Pantheon, 1983.

Lovelock ,J.E. *Gaia: A New Look at Life on Earth*. New York: Oxford University Press, 1979.

Lynes, Russell. *The Tastemakers*. New York: Harper. 1954.

——. *Cofessions of a Dilettante*. New York: Harper&Row, 1967.

——. *The Domesticated Americans*. New York: Harper &Row, 1963.

McHarg, Ian L. *Design with Nature*. New York: Natural History Press, 1969.

Marine, Gene. *America the Raped: The Engineering Mentality and the Devastation of a Continent*.New York: Simon & Schuster, 1969.

Marx, Wesley. *The Frail Ocean*. New York: Ballantine, 1970.

Mitchell, Johjn G. (ed.) . *Ecotactics*. New York: Pocketbooks, 1970.

Mollison, Bill. *Perma-Culture One*. Melbourne: Transworld, 1978.

——.*Perma-Culture Two*. Stanley, Tazmania: Tagari Books, 1979.

Mumford, Lewis. *Technics and Civilization*. New York: Harcourt, Brace, 1934.

——.*The Brown Decades*. New York: Dover, 1955.

——.*The City in History*. Middlesex: Penguin, 1966.

——.*The Condition of Man*. New York: Harcourt, Brace, 1944.

——.*The Conduct of Life*. New York: Harcourt, Brace, 1951.

——.*The Culture of Cities*. New York: Harcourt, Brace, 1938.

——.*From the Ground Up*. New York: Harcourt, Brace, 1956.

——.*Sticks and Stones*. New York: Dover, 1955.

Paddock, William, and Paddock, Paul. *Famine 1975!* Boston: Little, Brown, 1967.

Palmstierna, Hans. Plundring, Svält, Forgiftning *Orebro, Sweden*: Rabén &Sjögren, 1969.

Ramo, Simon. *Cure for Chaos*. New York: David McKay, 1969.

Rienow, Robert, and Train, Leona. *Moment in the Sun*. New York: Ballantine, 1970.

Shepard, Paul. *Man in the Landscape.* New York: Knopf, 1967.

Shepard, Paul, and McKinley, Daniel. *The Subversive Science: Essays Toward an Ecology of Man.* Boston: Houghton Mifflin, 1969.

Shurcliff, William A. *S/S/T and Sonic Boom Handbook.* New York: Ballantine, 1970.

Smithsonian Institution. *The Fitness of Man's Environment.* Washington, D. C.: Smithsonian Press,1967.

Sommer, Robert. *Big Art.* Philadelphia: Running Press, 1977.

——.*Design Awareness.* San Francisco: Rinehart Press, 1972.

——.*Personal Space: The Behavioral Basis of Design.* Englewood Cliffs, New Jersey: Prentice-Hall, 1969.

——.*Street Art.* New York: Links Books, 1975.

——.*Tight Spaces.* Englewood Cliffs, New Jersey: Prentice-Hall, 1974.

Sotamaa, Yrjö (ed.) . *Teollisuus, Ymparisto, Tuotesuunnittelu* [*Industry,design, environment*] (4vols., trilingual) . Helsinki, Finland. 1969.

Still, Henry. *The Dirty Animal.* New York: Hawthorn,1967.

Taylor, Gordon Rattray. *The Biological Time Bomb.* London: Panther, 1969.

Todd, John, and Todd, Nancy. *Tomorrow is our Permanent Address.* New York: Harper & Row,1979.

United Nations. *Chemical and Bacteriological* (Biological) *Weapons and the Effects of Their Possible Use.* New York: Ballantine, 1970.

Whiteside, Thomas. *Defoliation.* New York: Ballantine, 1970.

设计与未来

Allaby, Michael. *Inventing Tomorrow.* London: Abacus Books, 1977.

Allen, Edward.*Stone Shelters.* Cambridge, Massachusetts: M.I.T Press, 1969.

Calder, Nigel. *The Environment Game.* London: Panther, 1968.

—— (ed.) . *The World in 1984.* 2 Vols. Middlesex: Penguin, 1965.

Chase, Stuart. *The Most Probable World.* New York: Harper & Row, 1968.

Clarke, Arthur C. *Profiles of the Future.* London: Gollancz, 1962.

Cole, Dandridge M. *Beyond Tomorrow.* Madison, Wisconsin: Amherst Press,1965.

Cook, Peter. *Experimental Architecture.* New York: Universe Books, 1970.

Ellul, Jacques. *The Betrayal of the West.* New York: The Seabury Press, 1978.

——.*The Technological Society.* New York: Vintage, 1967.

——.*The Technological System.* New York: Continuum, 1980.

Ewald, William R Jr. *Environment and Change. The Next Fifty Years.* all: Bloomington, Ind.: Indiana University Press, 1968.

——.*Enviroment and Policy. The Next Fifty Years.*

—— (ed.) . *Environment for Man. The Next Fifty Years.*

Fuller, R. Buckminster. *Education Automation.* Carbondale, Illinois: Southern Illinois University Press, 1964.

——.*Ideas and Integrities.* Englewood Cliffs, New Jersey: Prentice-Hall, 1963.

——.*Nine Chains to the Moon.* Philadelphia: J. B. Lippincott, 1938.

——.*No More Secondhand God.* Carbondale, Illinois: Southern Illinois University Press, 1963.

——.*Operating Manual for Spaceship Earth.* Carbondale, Illinois: Southern Illinois University Press, 1969.

——.*Untitled Epic Poem on the History of Industrialization.* Highlands, North Carolina: Jonathan Williams Press, 1962.

——.*Utopia or Oblivion.* London: Allen Lane, 1970.

—— (ed.) . *Inventory of World Resources, Human Trends and Needs* (World Science Decade 1965-1975: Phase I, Document 1) .

——.*The Design Initiative* (Phase I, Doc. 2) .

Comprehenhensive Thinking (Phase I, Doc.3) .

—— (ed.) .*The Ten Year Program* (Phase I, Doc. 4) .

Comprehensive Design Strategy (Phase I, Doc. 5) .

——.*The Ecological Context: Energy and Materials* (Phase II, Doc. 6) .

——.*Synergetics.* New York: Macmillan, 1975.

——.Synergetics 2. New York: Macmillan, 1979.

——.*Critical Path.* New York: St. Martin' s Press, 1981.

Hellman, Hal. *Transportation in the World of the Future.* New York: J. B. Lippincott, 1968.

Kahn, Herman, and Wiener, Anthony J. *The Year 2000: Scenarios for the Future.* New York: Macmillan, 1967.

Krampen, Martin（ed.）. *Design and Planning.* New York: Hastings House, 1965.

——.*Design and Planning 2.* New York: Hastings House, 1967.

McHale, John. *The Future of the Future.* New York: George Braziller, 1969.

Marek, Kurt W. *Yestermorrow.* New York: Knopf, 1961.

Marks, Robert W. *The Dymaxion World of Buckminster Fuller.* New York: Reinhold, 1960.

Morgan, Chris. *Future Man?* London: David & Charles, 1980.

Prehoda, Robert W. *Designing the Future.* New York: Chilton, 1967.

Ribeiro, Darcy. *The Civilizational Process.* Washington, D. C. : Smithsonian Press, 1968.

Schell, Jonathon. *The Fate of the Earth.* London: Pan Books, 1982.

Skinner, B.F. *Walden Two.* New York: Macmillan, 1948.

Toward the Year 2000: Work in Progress. Daedalus, summer 1967.

侵占、领地、生物系统与设计

Ardrey, Robert. *African Genesis.* London: Collins, 1961.

——.*The Hunting Hypothesis.* New York: Atheneum, 1976.

——.*The Social Contract.* London: Collins, 1970.

——.*The Territorial Imperative.* London: Collins, 1967.

Bates, Marston. *The Forest and the Sea.* New York: Vintage, 1965.

Bateson, Gregory. *Mind and Nature: A Necessary Unity.* New York: E. P. Dutton, 1979.

Birdsal, Derek. *The Living Treasures of Japan.* London: Wildwood House, 1973.

Bliebtreu, John N. *The Parable of the Beast.* London: Paladin, 1970.

Blond, Georges. *The Great Migration of Animals.* New York: Colier, Macmillan, 1962.

Broadhurst, P. L. *The Science of Animal Behavior.* Middlesex: Penguin, 1963.

Brooks, John. *Showing Off in America: From Conspicuous Consumption to Parody Display.* Boston: Little, Brown, 1981.

Brunwald, Jan Harold. *The Vanishing Hitchhiker: American Urban Legends and Their Meanings.* New York: W. W. Norton, 1981.

Burton, John. *The Oxford Book of Insects.* Oxford: Oxford University Press, 1981.

Buxton, Jean. *Religion and Healing in Mandari.* Oxford: The Clarendon Press, 1973.

Callan, Hilary. *Ethology and Society: Towards an Anthropological View.* Oxford: The Clarendon Press, 1970.

Charter, S.P.R. *For Unto Us a Child is Born: A Human Ecological Overview of Population Pressures.* San Francisco: Applegate, 1968.

——.*Man on Earth.* San Francisco: Applegate, 1965.

Cohen, Abner. Custom and Politics in Urban Africa. London: Routledge & Kegan Paul, 1969.

——.*Two-dimensional Man.* London: Routledge &Kegan Paul, 1974.

Critchfield, Richard. *Villages.* New York: Doubleday, 1981.

Darling F. Fraser. *A Herd of Red Deer.* Oxford University Press, 1937.

Douglas, Mary. *Implicit Meanings.* London: Routledge & Kegan Paul, 1975.

——.*Natural Symbols.* New York: Pantheon, 1982.

——.*Purity and Danger.* London: Routledge &Kegan Paul, 1966.

——.*Risk and Culture: An Essay on the Selection of Technical and Environmental Dangers.* Berkeley: University of California Press, 1982.

——.*The World of Goods.* New York: Basic Books, 1979.

Dowdeswell, W.H.*Animal Ecology.* London: Methuen, 1966.

Eiseley, Loren. *The Firmament of Time.* New York: Atheneum, 1966

——.*The Immense Jourgy.* New York. Vintage, 1957,

Elgin, Duane. *Voluntary Simplicity.* New York: William Morrow, 1981.

Evans-pritchard, E.E. *Essays in Social Anthropology.* London: Faber and Faber, 1962.

——.*A History of Anthropological Thought.*London: Faber and Faber, 1981.

——.*The Nuer.* Oxford: The Clarendon Press, 1940.

——.*Nuer Religion.* Oxford: The Clarendon Press, 1956.

——.*The Position of Women in Primitive Societies and Other Essays in Social*

Anthropology. London: Faber and Faber, 1965.

——.*The Sanusi of Cyrenaica.* London: Faber and Faber, 1949.

——.*Social Anthropology.*London: Routledge &Kegan Paul, 1951.

——.*Theories of Primitive Religion.* London: Faber and Faber, 1965.

——.*Witchcraft Oracles and Magic Among the Azande.* London: Faber and Faber, 1937.

—— (ed.) . *Man and Woman Among the Azande.* London: Faber and Faber, 1974

—— (ed.) . *The Zande Trickster.* London: Faber and Faber, 1967.

Evans-Pritchard, E. E., and Fortes, M. *African Political Systems.*London:Oxford University Press,1940.

Farb, Peter, and Armelagos, Ceorge. *Consuming Passions: The Anthropology of Eating.* Boston:Houghton Mifflin,1980.

Fogg., Wiliam. *The Living Arts of Nigeria.* London: Studio Vista, 1971.

Ford, E. B. *Moths.* London: Collins, 1955.

Fox, Robin. *Encounter with Anthropology.* New York: Harcourt Brace Jovanovich, 1973.

Gabus, Jean. *Au Sahara: Arts et Symboles.*Neuchâtel: La Baconniere, 1958.

Gray, James. *How Animals Move.* Middlesex: Penguin, 1959.

Grey, Walter W. *The Living Brain.* Middlesex: Penguin, 1961.

Hall, Edward T. *Beyond Culture.* New York: Doubleday, 1976.

——.*The Dance of Life.* New York: Doubleday, 1976.

——.*The Hidden Dimension.* London: Bodley Head, 1969.

——.*The Silent Language.* New York: Doubleday, 1959.

Hill, Polly. *Rural Hausa.* Cambridge: Cambridge University Press, 1972.

Ingle, Clyde. *From Village to State in Tanzania.* Ithaca: Cornell University Press, 1973.

Koenig, Lilli. *Studies in Animal Behavior.* New York: Apollo Editions, 1967.

Koestler, Arthur. *Bricks to Babel.* New York: Random House, 1980.

——.*The Case of the Midwife Toad.* New York: Random House, 1971.

——.*The Ghost in the Machine.* London: Hutchinson, 1967.

——.*Insight and Outlook.* New York: Macmillan, 1949.

——.*Janus: A Summing Up.* New York: Random House, 1972.

——.*Kaleidoscope.* London: Hutchinson, 1959.

——.*The Roots of Coincidence.* New York: Random House, 1972.

——.*The Sleepwalkers.* London: Hutchinson, 1959.

Kohr, Leopold. *The Breakdown of Nations.* New York: E. P. Dutton, 1978.

——.*Development Without Aid.* New York: Schocken Books,1979.

——.*The Overdeveloped Nations.* New York: Schocken Books, 1979.

Lévi-strauss, Claude. *The Raw and the Cooked.* Vol.1. of *Introduction to a Science of Mythology.*London: Jonathan Cape, 1970.

——.*From Honey to Ashes.* Vol. 2 of *Introduction to a Science of Mythology.* New York: Harper & Row, 1973.

——.*The Origin of Table Manners.* Vol.3 of *Introduction to a Science of Mythology.* New York:Naked & Row, 1978.

——.*The Naked Man.* Vol. 4 of *Introduction to a Science of Mythology.* New York: Harper & Row,1981.

——.*Tristes Tropiques.* Paris: Plon, 1955.

——*The way of the Masks.* Seattle: University of Washington Press, 1982.

LeVine, Robert A. *Culture, Behavior, and Personality.* London: Hutchinson, 1973.

Lienhardt, Godfrey. *Divinity and Experience: The Religion of the Dinka.* Oxford: The Clarendon Press, 1961.

Lindauer, Martin. *Binas Sprak.* Stockholm: Bonniers, 1964.

Lorenz, Konrad. *Behind the Mirror.* New York: Harcourt Brace Jovanovich, 1977.

——.*Civilized Man's Eight Deadly Sins.* London: Metheun, 1974.

——.*Darwin hat recht Gesehen.*Pfullingen, Germany: Guenther Neske, 1965.

——.*Der Vogelflug.* Pfullingen, Germany: Guenther Neske, 1965.

——.*Er redete mit dem Vieh, den Vögeln, and den Fischen.* Vienna, Austria: Borotha-Schoeler,1949.

——.*Man Meets Dog.* London: Methuen, 1955.

——.*On Aggression.* London: Methuen, 1966.

——.*Studies in Animal and Human Behavior.*Volume I. Methuen, 1970.

——.*Ueber tierisches und menschliches Verhalten.* 2 vols. Munich, Germany: Piper, 1966.

——.*The Year of the Greylag Goose.* New York: Harcourt Brace Jovanovich, 1978.

Marais, Eugene. *The Soul of the Ape.* New York: Atheneum, 1969.

Morris, Desmond. *The Biology of Art.* London: Methuen, 1966.

——.*The Naked Ape.* London: Jonathan Cape, 1967.

Mumford, Lewis. *Technics and Human Development.* Vol. 1 of *The Myth of the Machine.* London:Secker & Warburg, 1967.

——.*The Pentagon of Power.* Vol. 2 of *The Myth of the Machine.* London: Secker &Warburg,1971.

National Museum of Chad. L' Art Sao. N' djamena: Debroisse, 1960.

Paturi, Felix R. *Nature, Mother of Invention: The Engineering of Plant Life.* Middlesex: Pelican,1978.

Riefenstahl, Leni. *The Last of the Nuba.* New York: Harper & Row, 1974.

——.*The People of Kau.* New York: Harper & Row, 1976.

——.*Vanishing Africa.* New York: Harmony Books, 1982.

Rifkin, Jeremy. *Entropy.* New York: The Viking Press, 1980.

Shepad, Paul. *The Tender Carnivore and the Sacred Came.* New York: Charles Scribner, 1973.

——.*Thinking Animals.* New York: Viking Press, 1978.

Sheppard, Mubin. *Living Crafts of Malaysia.* Singapore: Times Books International, 1978.

Siebert, Erna and Forman, Werner. *L' Art des Indiens d' Amerique.* Paris: Editiones Cercle d' Art,1967.

Sikes, Sylvia K.*Lake Chad.* London: Eyre Methuen, 1972.

Singer, Peter. *The Expanding Circle: Ethics and Sociobiology.* New York: Farrar, Straus & Giroux,1981.

Stavrianos, L. S. *Global Rift: The Third World Comes of Age.* New York: William Morrow& Co.,1981.

——.*The Promise of the Coming Dark Age.* San Francisco: W. H. Freeman & Co., 1976.

Storr, Anthony. *Human Aggression.* Middlesex: Allen Lane, Penguin Press, 1968.

Taylor, Gordon Rattray. *The Biological Time Bomb.* London: Panther, 1969.

Telfer, William, et al. （eds.）. *The Biology of Organisms.* New York: Wiley, 1965.

——.*The Biology of Populations.* New York: Wiley, 1966.

Thompson, William Irwin. *At the Edge of History.* New York: Harper & Row, 1971.

——.*Darkness and Scattered Light.* New York: Doubleday, 1978.

——.*Evil and World Order.* New York. Harper & Row, 1976.

——.*Passage About Earth.* New York: Harper & Row, 1974.

Thurow. Lester C. *The Zero-Sum Society.* New York: Basic Books, 1980.

Tiger, Lionel. *Optimism: The Biology of Hope.* New York: Simon & Schuster, 1979.

Tinbergen, Nicolaas. *The Herring Gull's World.* London: Collins, 1967.

——.*Social Behavior in Animals.* London: Methuen, 1953.

——.*The Study of Instinct.* London: Oxford University Press, 1951.

von Frisch, Karl. *Animal Architecture.* New York: Harcourt Brace Jovanovich, 1978.

——.*Bees. Their Vision. Chemical Senses and Language.* London: Jonathan Cape, 1968.

——.*The Dancing Bees.* London: Methuen, 1966.

——.*Man and the Living World.* New York: Harvest, 1963.

Wicker, wolfgang. *Mimicry in Plants and Animals.* London: Wiedenfeld and Nicholson, 1968.

Wilson, Edward O. *Sociobiology.* Cambridge, Massachusetts: Harvard University Press, 1974.

——and Lumsden, Charles J. *Promethian Fire.* Cambridge, Massachusetts: Harvard University Press,1974.

Wilson-Hoffenden, J. R. *The Red Men of Nigeria.* London: Frank Cass Ltd., 1967.

Wylie, Philip. *The Magic Animal.* New York: Doubleday, 1968.

Zipf, George K. *Human Behavior and the Principle of Least Effort: An Introduction to Human Ecology.* Boston: Addison-Wesley Press, 1949.

工效学、人体工程学与人为因素设计

Alger, John R. M., and Hays, Carl V.*Creative Synthesis in Design.* New York: Prentice-Hall, 1962.

Anthropometry and Human Engineering. London: Butterworth's, 1955.

Asimov, Morris. *Introduction to Design.* New York: Prentice-Hall, 1962.

Banham, Reyner. *Theory and Design in the First Machine Age.* London: Architectural Press, 1960.

Buhl, Harold R. *Creative Engineering Design.* Ames, Iowa: Iowa State University Press, 1960.

Consumers' Union（ed.）. *Passenger Car Design and Highway Safety.* Mount Vernon, New York: Consumers Union, 1963.

Diffrient, Niels; Tilley, Alvin; and Bardagjy, Joan. *Humanscale 1/2/3.* Cambridge: M. I. T. Press,1974.

——.*Humanscale 4/5/6.* Cambridge: M.L.T. Press, 1981.

——.*Humanscale 7/8/9.* Cambridge: M.L.T. Press, 1981.

Glegg, Cordon L. *The Design of Design.* Cambridge: Cambridge University Press, 1969.

Goss, Charles Mayo（ed.）. Gray's Anatomy（27th ed.）Philadelphia: Lea & Febiger, 1959.

Jones, J. Christopher, and Thronley, D. G. *Conference on Design Methods.* New York: Permagon Press, 1963.

McCormick, Ernest Jr. *Human Engineering.* New York: McGraw-Hill, 1957.

Nader, Ralph. *Unsafe at any Speed.* New York: Grossman, 1965.

Schroeder, Francis, *Anatomy for Interior Designers.*（2d ed.）New York. Whitney Publications,1948.

Starr, Martin Kenneth. *Product Design and Decision Theory.* New York: Prentice-Hall, 1963.

U. S. Navy（ed.）. *Handbook of Human Engineering Data（Second Edition）U. S. Navy Office of Naval Research, Special Devices Center,* by NAVEXOS P-643, Report SDC 199-1-2（NR-783-001. N6onr-199. TOI PDSCDCHE Project 20-6-1）.Tufts University, Medford, Mass., n. d.

Woodson, Wesley, E. *Human Engineering Guide for Equipment Designers.* Berkeley: Univesity of California Press, 1954.

完形、感知、创造力及相关领域

Adorno, T.W. et al. *The Authoritarian Personality.* New York: Harper, 1950.

Allport, Floyd. *Theories of Perception and the Concept of Structure.* New York: Wiley, 1955.

Berne, Dr. Eric. *Games People Play.* London: Penguin, 1970.

——.*Principles of Group Treatment.* London: Oxford University Press, 1966.

——.*The Structure and Dynamics of Organizations and Groups.* New York: J. B. Lippincott, 1963.

——.*Transactional Analysis in Psychotherapy.* New York: Grove Press, 1961.

Bettelheim, Bruno. *The Empty Fortres: Infantile Austism and the Birth of the Self.* New York: Free Press, 1967.

——.*The Informed Heart: Autonomy in a Mass Age.* London: Paladin, 1970.

DeBono, Edward. *New Think.* New York: Basic Books, 1968.

Freud, Sigmund. *Beyond the Principle.* Translated by Strachey. London: Hogarth Press, 1961.

——.*Moses and Monotheism.* Translated by Jones. London: Hogarth Press, 1951.

——.*On Creativity and the Unconscious.* New York: Torchbooks, n.d.

——.*Totem and Taboo.* Translated by Brill. London: Rountledge & Kegan Paul, 1950.

Fromm, Erich. *The Art of Loving.* London: Allen & Unwin, 1957.

——.*The Revolution of Hope.* New York: Harper, 1968.

Ghiselin, Brewster(ed.). *The Creative Process.* New York: Mentor Books.

Gibson, James J. *The Perception of the Visual World.* Boston: Houghton Mifflin, 1950.

Gordon, William J. J. *Synectics.* New York: Harper, 1961.

Gregory, R.L. *The Intelligent Eye.* London: Wiedenfield & Nicholson, 1970.

Gregory, R.L., and Gombrich, E.H. (eds.). *Illusion in Nature and Art.* London: Duckworth, 1973.

Grotjahn, Martin, *Beyond Laughter.* New York: McGraw-Hill, 1957.

Gunther, Bernard. Sense Relaxation. London: MacDonald, 1969.

Jung, C. G. *Archetypes and the Collective Unconscious.* 2 vols. London: Routledge

& Kegan Paul,1922.

——.*Psychology of the Unconscious.* London: Routledge & Kegan Paul, 1922.

Katz, David. *Gestalt Psychology.* New York: Ronald Press, 1950.

Koehler, Wolfgang. Gestalt Psychology. rev. ed. New York: Liveright, 1970.

Koestler, Arthur. *The Act of Creation.* London: Hutchinson, 1969.

Kofka, K. *Principles of Gestalt Psychology.* London: Routledge & Kegan Paul, 1935.

Korzybski, Alfred. *The Manhood of Humanity.* Chicago: Library of General Semantics, 1950.

——.*Science and Sanity.* Chicago: Library of General Semantics, 1948.

Kubie, Lawrence S. *The Neurotic Distortion of the Creative Process.* Lawrence, Kansas: The University of Kansas Press, 1958.

Leonard, George B. *Education and Ecstasy.* London: John Murray, 1970.

Lindner, Robert. *Must You Conform?* New York: Rinehart, 1956.

——.*Prescription for Rebellion.* New York: Rinehart, 1952.

Neumann, Erich. *The Archetypal World of Henry Moore.* London: Routledge & Kegan Paul, 1959.

Parnes, Sidney, and Harding, H. *A Source Book of Creative Thinking.* New York: Scribner, 1962.

Perls, F. S. *Ego, Hunger and Aggression.* New York: Random House, 1969.

——.*Gestalt Therapy Verbatim.* Edited by J. Stephens. Lafayette, California: Real People Press, 1969.

——.*In and Out of the Garbage Pail.* Lafayette, California: Real People Press, 1969.

Petermann, Bruno. *The Gestalt Theory and the Problem of Configuration.* New York: Harcourt, Brace, 1932.

Rawlins, Ian. *Aesthetics and the Gestalt.* London: Nelson, 1953.

Reich, Wilhelm. *The Cancer Biopathy.* New York: Orgone Institute Press, n.d.

——.*The Function of the Orgasm.* London: Panther, 1968.

——.*The Mass Psychology of Fascism.* New York: Orgone Institute Press, 1946.

——.*Selected Writings: An Introduction to Orgonomy.* New York: Vision Press,1972.

——.*The Sexual Revolution.* New York: Vision Press, 1969.

Rolf, Dr. Ida P. *Structural Integration*. Santa Monica, California: Esalen Press, 1962.

Ruesch, Jurgen. *Communication*. New York: Norton, 1951.

——*Disturbed Communication*. New York: Norton, 1957.

——*Non-Verbal Communication*. Berkeley: University of California Press, 1956.

Shanks, Michael. *The Innovators*. Middlesex: Penguin, 1967.

Smith, Paul. *Creativity*. New York: Hastings House, 1959.

Spence, Lewis. *Myth and Ritual in Dance, Game and Rhyme*. London: Watts Ltd., 1947.

Vernon, Magdalen D. *A Further Study of Visual Perception*. Cambridge: Cambridge University Press, 1952.

Wertham, Fredric. *Dark Legend*. New York: Paperback Library, 1966.

——*Seduction of the Innocent*. New York: Macmillan, 1954.

——*The Show of Violence*. New York: Paperback Library, 1966.

——*A Sign for Cain: An Exploration of Human Violence*. New York: Macmillan, 1966.

Wiener, Norbert. *Cybernetics*. New York: Wiley, 1948.

——*The Human Use of Human Beings*. London: Sphere, 1969.

流行文化、社会压力与设计

Adams, Brooks. *The Law of Civilization and Decay*. New York: Vintage, n.d.

Arensberg, Conrad M., and Niehoff, Arthur H. *Introducing Social Change*. Chicago: Aldine, 1964.

Boorstin, Daniel J. *The Image: A Guide to Pseudo-Events in America*. New York: Harper & Row, 1964.

Brightbill, Charles K. *The Challenge of Leisure*. New York: Spectrum, 1960.

Brown, James A. C. *Techniques of Persuasion*. Middlesex: Penguin, 1963.

Cassirer, Ernst. *An Essay on Man*. New Haven, Connecticut: Yale University Press, 1944.

——. *Language and Myth*. New York: Harper & Brothers, 1946.

——. *The Myth of the State*. London: Oxford University Press, 1946.

Galbraith, John Kenneth. *The Voice of the Poor*. Cambridge, Massachusetts: Harvard University Press, 1983.

Goodman, Paul. *Art and Social Nature*. New York: Arts and Science Press, 1946.

——. *Compulsory Mis-education*. Middlesex: Penguin, 1971.

——. *Drawing the Line*. New York: Random House, 1962.

——. *Growing Up Absurd*. London: Sphere, 1970.

——. *Like a Conquered Province: The Moral Ambiguity of America*. New York: Random House, 1967.

——. *Notes of a Neolithic Conservative*. New York. Random House, 1970.

——. *Utopian Essays and Practical Proposals*. New York: Vintage, 1964.

Gorer, Geoffrey. *Hot Strip Tease*. London: Graywells Press, 1934.

Gurko, Leo. *Heros, Highbrows and the Popular Mind*. New York: Charter Books, 1962.

Hofstadter, Richard. *Anti-intellectualism in American Life*. London: Jonathan Cape, 1964.

Hofstadter, Richard, and Wallace, Michael. *American Violence*. New York: Knopf, 1970.

Jacobs, Norman (ed.). *Culture for the Millions?* Boston: Beacon, 1964.

Joad, C. E. M. *Decadence*. London: Faber, 1948.

Kefauver, Estes. *In a Few Hands: Monopoly Power in America*. Middlesex: Penguin, 1966.

Kerr, Walter. *The Decline of Pleasure*. New York: Simon & Schuster, 1964.

Kronhausen, Dr. Phyllis, and Kronhausen, Dr. Eberhard *Erotic Art*. London: W. H. Allen, 1971.

——.*The First International Exhibition of Erotic Art*. Catalogue. Copenhagen, Denmark:

Uniprint, 1968.

——.*The Second International Exhibition of Erotic Art*. Catalogue. Copenhagen, Denmark: Uniprint, 1969.

Künen, James Simon. *The Strawberry Statement: Notes of a College Revolutionary*. New York: Random House, 1969.

Larrabee, Eric, and Meyersohn, Rolf(eds.). *Mass Leisure*. New York: Free Press, 1958.

Legman, Gershon. *The Fake Revolt.* New York: The Breaking Point Press, 1966.

——.*Love and Death: A Study in Censorship.* New York: The Breaking Point Press, 1949.

——(ed.). *Neurotica: 1948-1951.* New York: Hackcr, 1963.

——.*Rationale of the Dirty Joke: An Analysis of Sexual Humour.* London: Panther, 1972.

Levy, Mervyn. *The Moons of Paradise: Reflections on the Female Breast in Art.* New York: Citadel, 1965.

MacDonald, Dwight. *Masscult and Midcult.* New York: Random House, 1961.

McLuhan, Marshall. *Culture is Our Business.* New York: McGraw-Hill, 1970.

——.*The Gutenberg Galaxy.* London: Routledge & Kegan Paul, 1962.

——.*The Mechanical Bride.* London: Routledge & Kegan Paul, 1967.

——.*Understanding Media.* London: Routledge & Kegan Paul, 1964.

——and Carpenter, Edmund. *Explorations in Communication.* London: Jonathan Cape, 1970.

——and Watson, Wilfred. *From Cliché to Archetype.* New York: Viking, 1970.

——and Fiore, Quentin. *The Medium Is the Message.* Middlesex: Penguin, 1971.

——and Parker, Harley. *Through the Vanishing Point.* New York: Harper & Row, 1968.

——and Papanek, Victor J. *Verbi-voco-Visual Explorations.* New York: Something Else Press, 1967.

——and Fiore, Quentin. *War and Peace in the Global Village.* New York: Bantam, 1968.

Mannheim, Karl. *Ideology and Utopia.* London: Routledge & Kegan Paul, 1966.

Mehling, Harold. *The Great Time Killer.* New York: World, 1962.

Mesthene, Emmanuel G. *Technological Change.* Cambridge, Massachusetts: Harvard University Press, 1970.

Molnar, Thomas. *The Decline of the Intellectual.* New York: Meridian, 1961.

Myrdal, Jan and Kessle, Gun. *Angkor: An Essay on Art and Imperialism.* London: Chatto & Windus, 1971.

O'Brian, Edward J. *The Dance of the Machines.* New York: Macaulay, 1929.

Packard. Vance. *The Hidden Persuaders.* Middlesex: Penguin, 1970.

——.*The Status Seekers*. Middlesex: Penguin, 1971.

——.*The Wastemakers*. Middlesex: Penguin, 1970.

Palm, Goran. *As Others See Us.* Indianapolis: Bobbs-Merrill, 1968.

Reich, Charles A. *The Greening of America*. Middlesex Penguin, 1972.

Repo, Satu(ed.). *This Book is About Schools*. New York: Pantheon Books, 1970.

Riesman, David. *Faces in the Crowd*. New Haven, Connecticut: Yale University Press, 1952.

——.*Individualism Reconsidered.* New York: Free Press, 1954.

——.*The Lonely Crowd*. rev. ed. New Haven, Connecticut: Yale University Press, 1950.

Rosenberg, Bernard, and White, David M. *Mass Culture*. New York: Free Press, 1957.

Roszak, Theodore. *The Making of a Counter Culture*. London: Faber, 1971.

Ryan, Willima. *Blaming the Victim*. Orbach & Chambers, 1971.

Snow, C.P. *The Two Cultures: And a Second Look*. Cambridge: Cambridge University Press, 1963.

Thompson, Denys. *Discrimination and Popular Culture*. Middlesex: Penguin, 1970.

Toffler, Alvin. *The Culture Consumers*. New York: St. Martin's, 1964.

Veblen, Thorstein. *The Theory of the Leisure Class*. London: Allen & Unwin, 1971.

Wagner, Geoffrey. *Parade of Pleasure: A Study of Popular Iconography in the USA*. London: Derek & Verschoyle, 1954.

Walker, Edward L., and Heyns, Roger W. *An Anatomy for Conformity.* London: Brooks-Cole, 1968.

Warshow, Robert. *The Immediate Experience*. New York: Doubleday, 1963.

Young, Wayland. *Eros Denied: Sex in Western Society.* London: Corgi, 1968.

设计与其他文化

Austin, Robert, and Ueda, Koichiro *Bamboo*. Tokyo: Weatherhill,1978.

Belo, Jane. *Traditional Balinese Culture.* New York: Columbia University Press,

1970.

Benrimo, Dorothy. *Camposantos*. Fort Worth, Texas: Amon Carter Museum, 1966.

Beurdeley, Jean-Michel *Thai Forms*. Freiburg: Office du Livre, 1979.

Bhagwati, Jagdish. *The Economics of Underdeveloped Countries*. London: Weidenfeld & Nicholson, 1966.

Carpenter, Edmund. *Eskimo*. Toronto: University of Toronto Press, 1959.

Cavarrubias, Miguel. *Bali*. New York: Knopf, 1940.

——. *Mexico South*. New York: Knopf, 1946.

Cordry, Donald, and Cordry, Dorothy. *Mexican Indian Costumes*. Austin: University of Taxas Press, 1968.

Cushing, Frank Hamilton. *Zuni Fetishes*. Flagstaff, Arizona: KC Editions, 1966.

de Bermudez, Graciela Samper(ed.). *Artesanias de Colombia*. Bogota Litografia Arco, 1978.

Dennis, Wayne. *The Hopi Child*. New York: Science Editions, 1965.

DePoncins, Contran. *Eskimos*. New York: Hastings House, 1949.

Eliade, Mircea. *Shamanism: Archaic Techniques of Ecstasy*. London: Routledge & Kegan Paul, 1964.

Gardi, René. *African Crafts and Craftsmen*. New York: Van Nostrand Reinhold, 1969.

——. *Architecture sans Architecte*. Bern: Buchler & Co., 1974.

Glynn, Prudence. *Skin to Skin: Eroticism in Dress*. London: George Allen & Unwin, 1982.

Grass, Antonio. *Animales mitologicos*. Bogota: Litografia Arco, 1979.

——. *Diseno Precolumbina Colombiano*. Bogota: Museo del Oro, 1972.

Harris, Marvin. *Cultural Materialism*. New York: Random House, 1979.

Harrison, Paul. *Inside the Third World*. Middlesex: Penguin, 1979

——. *The Third World Tomorrow*. Middlesex: Penguin, 1980.

Heineken, Ty, and Heineken, Kyoko. *Tansu: Traditional Japanese Cabinetry*. Tokyo: Weatherhill, 1981.

Herrigel, Eugen. *Zen in the Art of Archery*. London: Routledge & Kegan Paul, 1953.

Hiler, Hilaire. *From Nudity to Raiment*. London: W. & G. Foyle Ltd., 1930.

Hokusai. *One Hundred Views of Mount Fuji*. New York: Frederik Publications,

1958.

Kasba 64 Study Group. *Living on the Edge of the Sahara.* The Hague: Government Publishing Office, 1973.

Kwamiys, Takeji. *Katachi: Japanese Pattern and Design in Wood, Paper and Clay.* New York: Abrams, 1967.

Jenness, Diamond. *The People of the Twilight.* Chicago: University of Chicago Press, Phoenix, 1959.

Kakuzo, Okakura. *The Book of Tea.* Tokyo: Tuttle, 1963.

Kitzo, Harumichi. Cha-No-Yu. Tokyo: Shokokusha, 1953.

——. *Fomation of Bamboo.* Tokyo: Shokokusha, 1958.

——. *Formation of Stone.* Tokyo: Shokokusha, 1958.

Kubler, George. *The Shape of Time.* New Haven, Connecticut: Yale University Press, 1962.

Lee, Sherman E. *The Genius of Japanese Design.* Tokyo: Kodansha, 1981.

Leppe, Markus. *Vaivaisukot.* Helsinki, Finland: Werner Soderstrom, 1967.

Liebow, Elliot. *Tally s Corner.* Boston: Little, Brown, 1967.

Linton, Ralph. *The Tree of Culture.* New York: Knopf, 1955.

Lip, Evelyn. *Chinese Geomancy.* Singapore: Times Books International , 1979.

Lopez, Oscar Hidalgo. *Manual de construcción con bambú.* Bogotá: National University of Colombia, 1981.

McPhee, Collin. *A House in Bali.* New York: John Day, 1946.

——. *Music in Bali.* New Haven, Connecticut: Yale University Press, 1966.

Malinowski, Bronislaw. *Magic, Science and Religion.* New York: Anchor, 1954.

——. *Sex and Repression in Savage Society.* London: Routledge & Kegan Paul, 1927.

Manker, Ernst. *People of Eight Seasons: The Story of the Lapps.* New York: Viking, 1964.

Mead, Margaret. *Coming of Age in Samoa.* Middlesex: Penguin, 1971.

——. *Cultural Patterns and Technological Change.* New York: Mentor, n.d.

——. *Growing up in New Guinea.* Middlesex: Penguin, 1970.

——. *Male and Female.* Middlesex: Penguin, 1970.

——. *Sex and Temperament.* New York: Morrow, 1935.

Meyer, Karl. *Teotihuacan.* Milan: Mondadori, 1973.

Michener, James A. *Hokusai Sketchbooks.* Tokyo: Tuttle, 1958.

Mookerjee, Ajit. *Tantra Art.* New Delhi, India: Kumar Gallery, 1967.

Mowat, Farley. *People of the Deer.* New York: Pyramid, 1968.

Nicolaisen, Johannes. *Ecology and Culture of the Pastoral Tuareg.* Copenhagen: National Museum of Copenhagen, 1963.

Oka, Hideyuki. *How to Wrap Five Eggs.* New York: Harper & Row, 1967.

Ortega y Gasset, José. *The Dehumanization of Art.* Translated by Weyl: Princeton, New Jersey: Princeton University Press, 1948.

Ortiz, Alfonso. *The Tewa World: Space, Time, Being, & Becoming in a Pueblo Society.* Chicago: University of Chicago Press, 1969.

Page, Susanne, and Page, Jake. *Hopi.* New York: Abrams, 1982.

Pianzola, Maurice. *Brasil Barroco.* Rio de Janeiro: Edicao Funarte, 1980.

Ramseyer, Urs. *The Art and Culture of Bali.* Oxford: Oxford University Press, 1977.

Reichard, Gladys A. *Navajo Religion: A Study of Symbolism. Princeton.* New Jersey: Bollingen Series, Princeton University Press, 1950.

Richards, Audrey I. *Hunger and Work in a Savage Tribe.* New York: Meridian, 1964.

Rodman, Selven. *Popular Artists of Birazil.* Old Greenwich: Devin-Adair, 1977.

Roediger, Virginia More. *Ceremonial Costumes of the Pueblo Indians.* Berkeley: University of California Press, 1961.

Rudofsky, Bernard. *Architecture without Architects.* New York: Museum of Modern Art, 1964.

——. *Are Our Clothes Modern?* Chicago: Paul Theobald, 1949.

——. *Behind the Picture Window.* New York: Oxford University Press, 1954.

——. *The Kimono Mind.* London: Gollancz, 1965.

——. *The Prodigious Builders.* New York: Harcourt Brace Jovanovich, 1977.

——. *Streets for People.* New York: Doubleday, 1969.

——. *The Unfashionable Human Body.* New York: Doubleday, 1971.

Saunders, E. Dale. *Mudra: A Study of Symbolic Gesture in Japanese Buddhist Sculpture.* London: Routledge & Kegan Paul, 1960.

Schafer, Edward H. *The Golden Peaches of Samarkand: A study of T' ang Exotics.*

Berkeley: University of California Press, 1963.

——. *Tu Wan's Stone Catalogue of Cloudy Forest*. Berkeley: University of California Press, 1961.

Scully, Vincent. *Pueblo: Mountain, Village, Dance*. New York: Viking Press, 1975.

SeSoko, Tsune. *The I-Ro-Ha of Japan*. Tokyo: Cosmo Corporation, 1979.

Spencer, Robert F. *The North Alaskan Eskimo: A Study in Ecology and Society.* Washington, D. C.: Smithsonian Institution Press, 1969.

Spies, Walter, and de Zote, Beryl. *Dance and Drama in Bali*. London: Faber, 1938.

Suzuki, Daisetz T. *Zen and Japanese Culture*. London: Routledge & Kegan Paul, 1959.

Sze, Mai-Mai. *The Tao of Painting*. 2 vols. London: Routledge & Kegan Paul, 1957.

Tange, Kenzo, and Gropius, Walter, *Katsura: Trandition and Creation in Japanese Architecture.* New Haven, Connecticut: Yale University Press, 1960.

Tange, Kenzo, and Kawazoe, Noboru. *Ise: Prototype of Japanese Architecture.* Cambridge, Massachusetts: M. I. T. Press, 1965.

Thiry, Paul and Mary. *Eskimo Artifacts: Designed for Use*. Seattle: Superior Publishing Co., 1977.

Valladares, Clarival and do Prado. *Artesanato brasileiro*. Rio de Janeiro: Edição Funarte, 1980.

Vazquez, Ramirez. *Mexico: The National Museum of Anthropology*. Lausanne: Helvetica Press, 1968.

Viezzer, Moema. *Si me permiten hablar...* Bolivia: underground pamphlet, 1977.

Wagley, Charles. *Welcome of Tears: The Tapirape Indians of Central Brazil.* New York: Oxford University Press, 1977.

Watts, Alan R. *Beat Zen, Square Zen and Zen*. San Francisco: City Lights, 1959.

——. *The Joyous Cosmology*. New York: Pantheon Books, 1962.

——. *Nature, Man and Woman*. New York: Pantheon Books, 1958

Wichmann, Siegfried. *Japonisme*. New York: Harmony Books, 1981.

Wyman, Leland C. (ed.). *Beautyway: A Navajo Ceremonial*. Princeton, New Jersey: Bollingen Series, Princeton University Press, 1957.

Yee, Chiang. *The Chinese Eye*. New York: Norton, 1950.

——. *Chinese Calligraphy*. London: Methuen, 1954.

Yoshida, Mitsukuni, et al. *Japan Style*. Tokyo: Kondansha, 1981.

设计师的个人理念及其他

Akerman, Nordal. *Kan Vi Krympa Sverige?* Stockholm: Rabén & Sjögren, 1980.

Brecht, Bertolt. *Gesamrnelte Werke.* Frankfurt, Germany: Suhrkamp Verlag, 1967.

Cleaver, Eldridge. *Soul on Ice.* London: Jonathan Cape, 1969.

——.*Eldridge Cleaver: Post-Prison Writings and Speeches.* London: Jonathan Cape, 1969.

Debray, Régis, *Revolution in the Revolution.* Middlesex: Penguin, 1968.

Deshusses, Jerome. *The Eighth Night of Creation.* New York: The Dial Press, 1982.

Dow, Alden B. *Reflections.* Midland, Michigan: Northwood Institute, 1970.

Fanon, Frantz. *The Wretched of the Earth.* Middlesex: Penguin, 1967.

Fischer, Ernst. *The Necessity of Art: A Marxist Approach.* Middlesex: Pelican, 1964.

Freire, Paulo. *Cultural Action for Freedom.* Middlesex: Penguin, 1972.

——.*Educacão como Prática da Liberdade.* São Paulo: P. P. C., 1967.

——.*Pedagogy of the Oppressed.* Middlesex: Penguin, 1972.

Frisch, Bruno. *Die Vierte Welt: Modell einer neuen Wirklichkeit.* Stuttgart: DVA, 1970.

Gardner, John. *On Moral Fiction.* New York: Basic Books, 1977.

Gonzales Xavier. *Notes About Painting.* New York: World, 1955.

Greene, Herb. *Mind & Image: An Essay on Art and Architecture.* Lexington: University Press of Kentucky, 1976.

Greenough, Horatio. *Form and Function.* Washington, D. C.: privately published, 1811.

Guevara, Ché. *Bolivian Diary.* London: Cape & Lorrimer, 1968.

——.*Guerrilla Warfare.* Middlesex: Penguin, 1969.

Harris, Marvin. *Cultural Materialism: The Struggle for a Science of Culture.* New York: Random House, 1979.

Kennedy, Robert F. *To Seek a Newer World.* London: Michael Joseph, 1968.

Koestler, Arthur. *Arrow in the Blue.* London: Hutchinson, 1969.

——.*Dialogue with Death.* London: Hutchinson, 1966.

——.*The Invisible Writing.* London: Hutchinson, 1969.

——.*Scum of the Earth.* London: Hutchinson, 1968.

Laing, R. D. *The Politics of Experience.* Middlesex: Penguin, 1970.

Mailer, Norman. *The Armies of the Night.* Middlesex: Penguin, 1970.

——.*Miami and the Siege of Chicago.* Middlesex: Penguin, 1971.

Mao Tse-tung. *Collected Writings.* 5 vols. Peking: Foreign Language Press, 1964.

——.*On Art and Literature.* Peking: Foreign Language Press, 1954.

——.*On Contradiction.* Peking: Foreign Language Press.

——.*On the Correct Handling of Contradictions among the People.* Peking: Foreign Language Press, 1957.

Marcuse, Herbert. *Das Ende der Utopie.* Berlin: Maikowski, 1967.

——.*One-Dimensional Man.* London: Routledge & Kegan Paul, 1964.

Marin, John. *The Collected Letters of John Martin.* New York: Abelard-Schuman, n.d.

Miller, Henry. *My Bike and Other Friends.* Santa Barbara, California: Capra Press, 1978.

Myrdal, Jan. *Confessions of a Disloyal European.* London: Chatto & Windus, 1968.

——.*Report from a Chinese Village.* Middlesex: Penguin, 1967.

——.*Samtida.* Stockholm: Norstedt, 1967.

Perlman Janice E. *The Myth of Marginality: Urban Poverty and Politics in Rio de Janeiro.* Berkeley: University of California Press, 1976.

Richards, M. C. *Centering: In Pottery, Poetry and the Person.* Middletown, Connecticut: Wesleyan University Press, 1964.

Saarinen, Eliel. *Search for Form.* Detroit: Kennikat Press, 1970.

Safdie, Moshe. *Beyond Habitat.* Cambridge, Massachusetts: M.I.T. Press, 1970.

——.*For Everyone a Garden.* Cambridge, Massachusetts: M.I.T. Press, 1974.

——.*Form and Purpose.* Boston: Houghton Mifflin Co., 1982.

St. Exupéry, Antoine de. *Bekenntnis einer Freundschaft.* Düsseldorf, Germany: Karl Rauch, 1955.

——.*Carnets.* Paris: Gallimard, 1953.

——.*Flight to Arras.* Middlesex: Penguin, 1967.

——.*Freiden Order Krieg?* Düsseldorf, Germany: Karl Rauch, 1957.

——.*Gebete der Einsamkeit.* Düsseldorf, Germany: Karl Rauch, 1956.

——.*Lettres a l' amie inventee.* Paris: Plon, 1953.

——.*Lettres a sa mere.* Paris: Gallimard, 1955.

——.*Lettres de jeunesse.* Paris: Gallimard, 1953.

——.*The Little Prince.* Middlesex: Penguin, 1970.

——.*Night Flight.* Middlesex: Penguin, 1939.

——.*A Sense of Life.* New York: Funk & Wagnalls, 1965.

——.*Wind, Sand and Stars.* Middlesex: Penguin, 1971.

——.*The Wisdom of the Sands.* New York: Harcourt, Brace, 1952.

Servan-schreiber, Jean Jacques. *The American Challenge.* London: Hamish Hamilton, 1968.

——.*The World Challenge.* New York: Simon & Schuster, 1981.

Shahn, Ben. *The Shape of Content.* Cambridge, Massachusetts: Harvard University Press, 1957.

Soleri, Paolo. *Arcology: The City in the Image of Man.* Cambridge, Massachusetts: M. I. T. Press, 1970.

Sontag, Susan. *On Photography.* New York: Farrar, Straus and Giroux, 1977.

Sullivan, Louis H. *The Autobiography of an Idea.* Chicago: Peter Smith, 1924.

——.*Kindergarten Chats.* Chicago: Scarab Fraternity, 1934.

Thoreau, Henry David. *Walden and Essay on Civil Disobedience.* London: Dent.

Van Gogh, Vincent. *The complete Letters of Vincent Van Gogh in Three Volumes.* London: Thames & Hudson, 1958.

Weiss, Peter. *Notizen zum Kulterellen Leben in der Demokratischen Republik Viet Nam.* Frankfurt, Germany: Suhrkamp Verlag, 1968.

Wills, Philip. *Free as a Bird.* London: John Murray, 1973.

——.*On Being a Bird.* London: David & Charles, 1977.

——.*Where No Birds Fly.* London: Newnes, 1961.

Wright, Frank Lloyd. *Autobiography.* New York: Duel, Sloane & Pearce, 1943.

——.*The Disappearing City.* New York: William Farquhar Payson, 1932.

——.*The Living City.* New York: Horizon. 1958.

——.*The New Frontier: Broadacre City.* Springreen, Wisconsin: Taliesin Fellowship Publication, vol. 1, no. 1, October, 1940.

——.*A Testament.* New York: Horizon, 1957.

——.*When Democracy Builds.* Chicago: University of Chicago Press, 1945.

Wright, Olgivanna Lloyd. *The Shining Brow.* New York: Horizon, 1958.

Yevtushenko, Yevgeny. *Collected Poems.* London: Calder & Boyars, 1969.

——.*A Precocious Autobiography.* New York: Dutton, 1963.

设计的背景

Arnheim, Rudolf. *Art and Visual Perception.* London: Faber, 1967.

——.*Film as Art.* London: Faber, 1967.

——.*Toward A Psychology of Art.* London: Faber, 1967.

Bayer, Herbert, and Gropius, Walter, *Bauhaus 1919-1928.* Boston: Branford, 1952.

Berenson, Bernard. *Aesthetics and History.* New York: Pantheon Books, 1948.

Biederman, Charles. *Art as the Evolution of Visual Knowledge.* Red Wing, Minnesota: Charles Biederman, 1948.

Boas, Franz. *Primitive Art.* New York: Dover, 1955.

Burckhardt, Lucius. *Der Werkbund.* Stuttgart: DVA, 1978.

Conrads, Ulrich, and Sperlich, Hans G. *The Architecture of Fantasy.* New York: Praeger, 1962.

Danz, Louis. *Dynamic Dissonance in Nature and the Arts.* New York: Longmans Green, 1952.

——.*It is Still the Morning.* New York: Morrow, 1943.

——.*Personal Revolution and Picasso.* New York: Longmans Green, 1941.

——.*The Psychologist Looks at Art.* New York: Longmans Green, 1937.

——.*Zarathustra Jr..* New York: Brentano, 1934.

Dorfles, Gillo. *Kitsch: An Anthology of Bad Taste.* London: Studio Vista, 1970.

Ehrenzweg, Anton. *The Hidden Order of Art.* London: Paladin, 1970.

Feldman, Edmund B. (ed.). *Art in American Higher Institutions.* Washington, D. C.: The National Art Education Association, 1970

Friedmann, Herbert. *The Symbolic Goldfinch: Its History and Signifcance in*

European Devotional Art. Princeton, New Jersey: Bollingen Series, Princeton University Press, 1946.

Gamow, George. *One, Two, Three···Infinity.* rev. ed. New York: Viking, 1961.

Gerstner, Karl. *Kale Kunst?* Basel, Switzerland: Arthur Niggli, 1957.

Gilson, Etienne. *Painting and Reality.* Princeton, New Jersey: Bollingen Series, Princeton University Press, 1957.

Gombrich, E. H. *Art and Illusion.* Oxford: Phaidon, 1962.

——.*Ideal and Idols.* New York: E. P. Dutton, 1979.

——.*The Image and the Eye.* Ithaca: Cornell University Press, 1979.

——.*Meditations on a Hobbyhorse.* Oxford: Phaidon, 1963.

——.*The Sense of Order.* Ithaca: Cornell University Press, 1979.

Graves, Robert. The White Goddess. London: Faber, 1952.

Hatterer, Lawrence J. *The Artist in Society: Problems and Treatment of the Creative Personality.* New York: Grove Press, 1965.

Hauser, Arnold. *The Social History of Art.* 4 vols. London: Routledge & Kegan Paul, 1951.

Hinz, Berthold. *Art in the Third Reich.* New York: Pantheon, 1979.

Hogben, Lancelot. *From Care Painting to Comic Strip.* New York: Chanticleer Press, 1949.

Hon-En Historia. Catalogue. Stockholm: Moderna Museet, 1967.

Huizinga, Johan. *Homo Ludens: A Study of the Play-element in Human Culture.* London: Paladin, 1970.

Hulten, K.G. Pontus. *The Machine as Seen at the End of the Mechanical Age.* New York: Museum of Modern Art, 1968.

Illich, Ivan. *Energy and Equity.* London: Calder & Boyars, 1974.

——.*Tools for Conviviality.* London: Calder & Boyars, 1973.

Keats, John. *The Insolent Chariots.* New York: Crest Books, n.d.

Klingender, Francis D. *Art and the Industrial Revolution.* London: Paladin, 1972.

Kracauer, Siegfried. *From Caligari to Hitler.* Princeton, New Jersey: Princeton University Press, 1947.

Kranz, Kurt. *Variationen über ein geometrisches Thema.* Munich, Germany: Prestel, 1956.

Langer, Susanne K. *Feeling and Form*. London: Routledge & Kegan Paul, 1953.

——.*Philosophy in a New Key*. New York: Scribner, 1942.

——.*Problems of Art*. New York: Scribner, 1957.

Le Corbusier. *The Modulor*. London: Faber, 1954.

——.*Modulor 2*. London: Faber, 1958.

Lethaby, W.R. *Architecture, Nature and Magic*. New York: George Braziller, 1956.

Malraux, André. *The Metamorphosis of the Gods*. New York: Doubleday, 1960.

——.*The Voices of Silence*. New York: Doubleday, 1952.

Maritain, Jacques. *Creative Intuition in Art and Poetry*. Princeton, New Jersey: Bollingen Series, Princeton University Press, 1953.

Middleton, Michael. *Group Practice in Design*. London: Architectural Press, 1968.

Moholy-Nagy, Sibyl. *Native Genius in Anonymous Architecture*. New York: Horizon, 1957.

Neumann, Erich. *The Great Mother: An Analysis of the Archetype*. London: Routledge & Kegan Paul, 1955.

Neutra, Richard. *Survival through Design*. New York: Oxford University Press, 1954.

Nielsen, Vladimir. *The Cinema as Graphic Art*. New York: Hill & Wang, 1959.

Okaley, Kenneth P. *Man the Tool-maker*. London: British Museum, 1963.

Ozenfant, Amedee. *Foundations of Modern Art*. New York: Dover, 1952.

Panofsky, Erwin. *Gothic Architecture and Scholasticism*. Latrobe, Pennsylvania: Archabbey Press, 1951.

——.*Meaning in the Visual Arts*. Middlesex: Penguin, 1970.

Rapoport, Amos. *House, Form and Culture*. Englewood Cliffs, New Jersey: Prentice-Hall, 1969.

Read, Sir Herbert. *The Grass Roots of Art*. New York: Wittenborn, 1955.

——.*Icon and Idea?* London: Faber, 1955.

——.*The Philosophy of Modern Art*. London: Faber, 1965.

Rosenberg, Harold. *The Tradition of the New*. London: Paladin, 1970.

Sahlins, Marshall. *Stone Age Economics*. London: Tavistock Publications, 1974.

Scheidig, Walther. *Crafts of the Weimar Bauhaus*. London: Studio Vista, 1967.

Sempter, Gottfried. *Wissenschaft, Industrie und Kunst*. Mainz, Germany: Florian

Kupferberg, 1966.

Singer, Charles(ed.). *A History of Technology.* 5 vols. Oxford University Press, 1954-1958.

Sahlins, Marshall. *Stone Age Economics.* London: Tavistock Publications, 1974.

Scheidig, Walther. *Crafts of the Weimar Bauhaus.* London: Studio Vista, 1967.

Sempter,Gottfried.Wissenschaft,Industrie and Kunst,Mainz,Germany:Florian Kupflerberg,1966.

Singer, Charles.(ed).*A History of Technology.S vols.* Oxford University Press, 1954-1958.

Snaith, William. *The Irresponsible Arts.* New York: Atheneum, 1964.

Thompson, E. P. *William Morris: Romantic to Revolutionary.* New York: Pantheon, 1977.

Von Neumann. *Game Theory. Cambridge.* Massachusetts: M.I.T. Press, 1953.

Willett, John. *Art & Politics in the Weimar Period.* New York: Pantheon, 1978.

Wingler, Hans M. *The Bauhaus.* Cambridge, Massachusetts: M.I.T. Press, 1969.

Youngblood, Gene. *The Expanded Cinema.* London: Studio Vista, 1971.

设计实践与哲学

Albers, Anni. *On Designing.* New Haven, Connecticut: Pellango Press, 1959.

Anderson, Donald M. *Elements of Design.* New York: Holt, Rinehart & Winston, 1961.

Art Directors' Club of New York. *Symbology.* New York: Hastings House, 1960.

——.*Visual communication: International.* New York: Hastings House, 1961.

Baker, Stephen. *Visual Persuasion.* New York: McGraw-Hill, 1961.

Bayer, Herbert. *Visual Communication, Architecture, Painting.* New York: Reinhold, 1967.

Bill, Max. *Form.* Basel, Switzerland: Karl Werner, 1952. Text in German, English, French.

Doxiadis, Constantinos. *Architecture in Transition.* London: Hutchinson, 1965.

——.*Between Dystopia and Utopia.* London: Faber, 1966.

——.*Ekistics.* London: Hutchinson, 1968.

Gropius, Walter. *Scope of Total Architecture.* New York: Harper, 1955.

Itten, Johannes. *The Art of Color.* New York: Reinhold, 1961.

——.*Design and Form.* New York: Reinhold, 1963.

Kandinsky, Wassily. *On the Spiritual in Art.* New York: Wittenborn, 1948.

——.*Point to Line to Plane.* New York: Guggenheim Museum, 1947.

Kepes, Gyorgy. *Language of Vision.* Chicago: Paul Theobald, 1949.

——.*The New Landscape in Art and Science.* Chicago: Paul Theobald, 1956.

——.*Vision-Value Series.* Vol. 1, *Education of Vision.* Vol. 2, *Structure in Art and Science.* Vol. 3, *The Nature and Art of Motion.* Vol. 4, *Module Proportion Symmetry Rhythm.* Vol. 5, *The Man-made Object.* Vol.6, *Sign, Image, Symbol.* New York: George Braziller, 1966.

——(ed.). *The Visual Arts Today.* Middletown, Connecticut: Wesleyan University Press, 1960.

Klee, Paul. *Pedagogical Sketch Book.* London: Faber, 1968.

——.*The Thinking Eye.* London: Lund Humphries, 1961.

Kranz, Stewart, and Fisher, Robert. *The Design Continuum.* New York: Reinhold, 1966.

Kuebler, George. *The Shape of Time.* New York: Schocken, 1967.

Kumar, Satish(ed.). *The Schumacher Lectures.* London: Blond & Briggs, 1980.

Larrabee, Eric, and Vignelli, Massimo. *Knoll Design.* New York: Abrams, 1981.

Lethaby, W. R. *A Continuing Presence: Essays from Form in Civilization.* Manchester, England: British Thornton Ltd., 1982.

——.*Architecture, Mysticism and Myth.* New York: George Braziller, 1975.

——.*Architecture, Nature & Magic.* New York: George Braziller, 1956.

Lovins, Amory B. *Soft Energy Paths.* New York: Harper & Row, 1979.

Malevich, Kasimir. *The Non-objective World.* Chicago: Paul Theobald, 1959.

Mayall, W.A. *Principles in Design.* New York: Van Nostrand Reinhold, 1979.

Moholy-Nagy, László. *The New Vision.* 4th ed. New York: Wittenborn, 1947.

——.*Telehor.* Bratislava, Czechoslovakia: 1968.

——.*Vision in Motion.* Chicago: Paul Theobald, 1947.

Moholy-Nagy, Sibyl. *Moholy-Nagy: Experiment in Totality*. New York: Harper, 1950.

Mondrian, Piet. *Plastic and Pure Plastic Art*. New York: Wittenborn, 1947.

Mundt, Ernest. *Art, Form & Civilization*. Berkeley: University of California Press, 1952.

Nelson, George. *How to See*. Boston: Little, Brown, 1977.

——.*On Design*. New York: Watson-Guptill, 1979.

——.*Problems of Design*. New York: Whitney Publications, 1957.

Newton, Norman T. *An Approach to Design*. Boston: Addison-Wesley Press, 1951.

Niece, Robert C. *Art: An Approach*. Dubuque, Iowa. William C. Brown & Co., 1959.

Papanek, Victor. *"Big Character" Poster No. 1: Work Chart for Designers*, Charlottenlund, Denmark: Finn Sloth Publications, 1973.

——.*Design For Human Scale*. New York: Van Nostrand Reinhold, 1983.

——. "Die Aussicht von Heute" [The view from today] in *Design ist Unsichtbar (Design is Invisible)*. Vienna, Austria: Löcker Verlag, 1981.

—— "Kymmenen Ympäristöä" [Environments for discovery]. *Ormamo* Magazine(bilingual). Helsinki, Finland: February, 1970.

——. "Socio-environmental Consequences of Design." In *Health & Industrial Growth*. Holland: Associated Scientific Publishers, 1975. (CIBA Symposium XXII).

——. "Areas of Attack for Responsible Design." In *Man-made Futures*. London: Hutchinson, 1974.

——. "Friendship First, Competition Second!" *Casabella*(Milan), December 1974.

——. "Project Batta Köya." *Industrial Design*, July-August 1975.

——. "On Resolving Contradictions Between Theory and Practice." *Mobilia* (Denmark), July-August 1974.

Papanek, Victor, and Hennessey, James. *How Things Don' t Work*. New York: Pantheon Books, 1977.

——.*Nomadic Furiture*. New York: Pantheon, 1973.

—— .*Nomadic Furniture 2*. New York: Pantheon, 1974.

Pentagram. *Living by Design*. London: Lund Humphries. 1978.

——.*Pentagram*. London: Lund Humphries, 1972.

Pile, John F. *Design*. Amherst: University of Massachusetts Press, 1979.

Potter, Norman. *What is a Designer: Things, Places, Messages*. London: Hyphen Press, 1980.

Pye, David. *The Nature & Aesthetics of Design*. New York: Van Nostrand Reinhold, 1978.

Rand, Paul. *Thoughts on Decsign*. London: Studio Vista, 1970.

Schumacher, E. F. *Good Work*. New York. Harper & Row, 1979.

Vignelli, Massimo, and Vignelli, Lella. *Design: Vignelli*. New York: Rizzoli, 1981.

工业与产品设计

Aluminum Company of America. *Design Forecast No.1 & No. 2*. Pittsburgh: Aluminum Company of America, 1959, 1960.

Beresford. Evans J. *Form in Engineering Design*. Oxford: Clarendon Press, 1954.

Black, Misha. *Australian Papers*. Melbourne: Trevor Wilson, 1970.

Braun-Feldweg, Wilhelm. *Industrial Design Heute*. Hamburg, Germany: Rowohlt, 1966.

——.*Normen und Formen Industrieller Produktion*. Ravensburg, Germany: Otto Maier, 1954.

Chase, Herbert. *Handbook on Designing for Quatity Production*. New York: McGraw-Hill, 1950

The Design Collection: Selected Objects. New York: Museum of Modern Art, 1970.

Doblin, Jay. *One Hundred Great Product Designs*. New York: Reinhold, 1969.

Drexler, Arthur. *Introduction to Twentieth Century Design*. New York: Museum of Modern Art, 1959.

——.*The Package*. New York: Museum of Modern Art, 1959.

Dreyfuss, Henry. *Designing for People*. New York: Simon & Schuster, 1951.

Eksell, Olle. *Design = Ekonomi*. Stockholm: Bonniers, 1964.

Ekuan, Kenji. *Industrial Design Lectures*. Melbourne: Trevor Wilson, 1973.

Farr, Michael. *Design in British Industry.* Cambridge: Cambridge University Press, 1955.

Friedman, William. *Twentieth Century Design: U.S.A.* Buffalo, N.Y.: Albright Art Gallery, 1959.

Functie en Vorm: Industrial Design in the Netherlands. Bussum, Holland: Moussault' s Uitgeverij, 1956.

Gestaltende Industrieform in Deutschland. Düsseldorf, Germany: Econ, 1954.

Gloag, John. *Self Training for Industrial Designers.* London: Allen & Unwin, 1947.

Hiesinger, Cathryn B., and Marcus, George H. (eds.). *Design Since 1945.* Philadelphia: Museum of Art, 1983.

Holland, Laurence B. (ed.). *Who Designs America?* New York: Anchor, 1966.

Jacobson, Egbert. *Basic Color.* Chicago: Paul Theobald, 1948.

Johnson, Philip. *Machine Art.* New York: Museum of Modern Art, 1934.

Latham, Richard. Industrial Design Lectures. Melbourne: Trevor Wilson, 1972.

Lippincot, J. Gordon. *Design for Business.* Chicago: Paul Theobald, 1947.

Loewy, Raymond. *Never Leave Well Enough Alone.* New York: Simon & Schuster, 1950.

Lucie-smith, Edward. *A History of Industrial Design.* New York: Van Nostrand Reinhold, 1983.

Noyes, Eliot F. *Organic Design.* New York: Museum of Modern Art, 1941.

Pevsner, Nikolaus. *An Enquiry into Industrial Art in England.* Cambridge: Cambridge University Press, 1937.

——.*Pioneers of Modern Design.* Middlesex: Penguin, 1970.

Read, Sir Herbert. *Art in Industry.* London: Faber, 1966.

Teague, Walter Dorwin. *Design this Day.* New York: Harcourt, Brace, 1940.

Van Doren, Harold. *Industrial Design.* 2d ed. New York: McGraw-Hill, 1954.

Wallance, Don. *Shaping Americas Products.* New York: Reinhold, 1956.

Yran, Knut⋯ *A Joy Forever.* Melbourne: IDLA, 1980.

Zanuso, Marco. *Industrial Design Lectures.* Melbourne: Trevor Wilson, 1971.

以下杂志也可供参考：

Architectura Cuba (Cuba)

Arkkitehti-Lehti (Finland)

Aspen (U.S.A.)

China Life (Peking)

Craft Horizons (U.S.A.)

Der Spiegel (Germany)

Design (England)

Design & Environment (U.S.A.)

Design in Australia (Australia)

Design Quarterly (U.S.A.)

Design Studies (England)

Designcourse (U.S.A.)

Designer (England)

Designscape (New Zealand)

Domus (Italy)

Dot Zero (U.S.A)

Draken (Sweden)

Environment (U.S.A)

Form (Sweden)

Form (Germany)

Form & Zweck (German Democratic Republic)

Graphis (Switzerland)

IDEA (Japan)

IDSA Journal (U.S.A.)

Industrial Design (U.S.A.)

Journal of Creative Behavior (U.S.A.)

Kaiser Aluminum News (U.S.A.)

Kenchiko Bunko (Japan)

Mimar: Architecture in Development (Singapore)

Mobilia (Denmark)

Modo (Italy)

Newsweek (U.S.A.)

Ornamo (Finland)

Ottagono (Italy)

Start (Yugoslavia)

Stile Industria (Italy)

Sweden NOW (Sweden)

Time (U.S.A.)

Ulm (Germany)

&/sdo (Helsinki and Stockholm)

以下新闻资料也可供参考：

All Things Considered (U.S.A.)

BBC (England)

CBC (Canada)

NBC (U.S.A.)

CBS (U.S.A.)

ABC (U.S.A.)

ABC (Australia)

PBS (U.S.A.)

Associated Press

United Press International

再版译后记

    《为真实的世界设计》是西方当代设计理论的经典著作。该书1970年于瑞典首次出版,1971年有了英文版。书中激进的观点虽然不被当时保守的业界所接受,但迅速得到了青年设计师的支持和响应,被称为"负责任设计运动的《圣经》"。本书的出版使维克多·帕帕奈克确立了其作为当代设计思想先驱的位置。其观点早年虽屡受诋毁,20世纪90年代之后却声誉日隆,为各国设计学界所重。如今,《为真实的世界设计》已被翻译为20多种语言,成为世界上阅读最广泛的设计著作之一。我们今天诸多正在被使用和发展的设计理论和方法,如可持续设计、生态设计、通用设计、全因素设计、社会设计、设计人类学等,追根溯源,都与帕帕奈克的设计思想以及这本名著所涉及的广泛议题密切相关。有关本书在现代设计思想中的位置和影响,参见拙著《现代设计伦理思想史》中的相关讨论,兹不赘述。

    我与本书结缘于2005年。当时,我要申请读博,因对设计伦理问题感兴趣,所以请老友田亮帮忙购得此书,在提交研究意愿时也选择维克多·帕帕奈克与现代设计伦理问题作为题目，得到了导师许平教授的肯定。许老师又怕研究方向太专，恐会阻挡来日学问进深，于是与我商议定下"西方现代设计思想史"作为研究方向，并支持我们一干学生编译了《设计真言：西方现代设计思想经典文选》，其中帕帕奈克的文章就是我翻译的。当时因为既要主持《设计真言》的编译工作，又要写博士论文，力不从心，所以本书译到六七成就搁置了。但很幸运的是，后来中信出版社购买了本书的版权，又蒙周志兄推荐并联系到我，使我有机会将全书译完，并于2013年出版了第一个中译本。它所依据的是《为真实的世界设计》1984年的英文修订版，在这个版本中，作者根据现实的设计状况对第一版进行了修订，增加了一些新的见解，并对第一版出版后在设计界遇到的问题做了回应。不过，为了有助于中文读者更全面地了解这本书，我们在书的前面加上了美国著名建筑师巴克敏斯特·富勒为1971年版写的序言。并请中国设计界的硕学前辈柳冠中先生、何人可先生和许平先生作序，他们的文章极大地增进了中文读者对本书主旨的理解。

中信版《为真实的世界设计》出版之后，在全国的设计界和设计教育界产生了很大的影响，许多学校的设计专业都将之列为学生的必读书或教学参考书，这对译者的工作也是一种肯定和鼓舞。但是，因为种种原因，第一个译本还是有些错误和不尽如人意的地方，所以我也期待在本书再版的时候能够对这些问题加以改正和完善。如今，"理想国"又购买了该书的版权，使我的一些想法得以实现，甚感欣慰。这个新的译本保持了原译本的基本结构，但更加忠实于原著，不但修订了前译本的一些错误和不足，在译文的行文上也更多地照顾到了中文的阅读习惯，调整了一些句子的语序。同时，我也请维克多·帕帕奈克基金会主席、维也纳实用艺术大学的艾莉森·J.克拉克教授作序，相信她的序可以为中国读者了解本书增加一个新的重要视角。

本书译本的修订稿去年4月就完成了，因为各种原因到现在才出版，未能早点与读者见面，不能不说是个遗憾。期间，又赶上新冠肺炎疫情肆虐全球，全世界的设计师都在困顿和迷茫中思考着"设计何为"的问题。实话讲，年来过往种种很令人惶惑甚至于沮丧，不过，这些巨变和挑战又恰恰表明，本书作者在50年前关于"人类生态与社会变革"的设计思考是颇具智慧和前瞻性的。

最后，希望这部兼具理论突破和实践指南价值的设计名著，能够对我们的设计师和学者思考当代中国乃至全球的设计问题有所帮助。尤其是朝气蓬勃的年轻学子，希望他们能够从中得到启发。

周博

2020年9月10日

于中央美术学院

Design for the Real World: Human Ecology and Social Change

by Victor Papanek

Copyright © 1971 by Victor Papanek

Introduction copyright © 1971 by R. Buckminster Fuller

All rights reserved.

北京出版外国图书合同登记号：01-2020-6024

图书在版编目 (CIP) 数据

为真实的世界设计 / (美) 维克多·J. 帕帕奈克著；
周博译 . -- 北京：北京日报出版社，2020.11（2022.12 重印）
ISBN 978-7-5477-3765-1

Ⅰ . ①为… Ⅱ . ①维… ②周… Ⅲ . ①设计学 Ⅳ .
① TB21

中国版本图书馆 CIP 数据核字 (2020) 第 146385 号

责任编辑：许庆元
特约编辑：周　玲
装帧设计：张　卉
内文制作：陈基胜

出版发行：北京日报出版社
地　　址：北京市东城区东单三条 8-16 号东方广场东配楼四层
邮　　编：100005
电　　话：发行部：（010）65255876
　　　　　总编室：（010）65252135
印　　刷：山东韵杰文化科技有限公司
经　　销：各地新华书店
版　　次：2020 年 11 月第 1 版
　　　　　2022 年 12 月第 3 次印刷
开　　本：787 毫米 ×1092 毫米　1/32
印　　张：16.375
字　　数：340 千字
定　　价：69.00 元